基于机理特征学习的
化工过程异常工况智能识别

田文德　崔　哲　李传坤 ◉ 著

化学工业出版社

·北京·

内容简介

《基于机理特征学习的化工过程异常工况智能识别》通过动态模拟重构深度学习的标签样本，采用定量相关系数和复杂网络相结合的机理特征提取方法，实现对化工异常工况的半监督学习。同时融合基于动态机理贝叶斯网络，采用异常参数估计的反演机制，阐明动态模拟与半监督学习协同的化工异常诊断策略。本书有助于丰富和发展基于动态模拟/半监督学习的化工过程异常识别和诊断理论和方法，为实现化工过程安全稳定运行提供理论依据。

全书共分 10 章。内容涵盖了"数据处理→数据检测→异常识别→异常诊断→后果分析"的化工安全分析各个阶段，构成了机理分析与深度学习协同作用的化工异常工况分析思路。

《基于机理特征学习的化工过程异常工况智能识别》可作为化工、安全及相关学科的研究生学习化工安全分析的教材及教师参考书，也可供相关学科的工程技术人员参考使用。

图书在版编目（CIP）数据

基于机理特征学习的化工过程异常工况智能识别/田文德，崔哲，李传坤著. —北京：化学工业出版社，2021.10
ISBN 978-7-122-39644-0

Ⅰ.①基… Ⅱ.①田…②崔…③李… Ⅲ.①化工过程-安全监测 Ⅳ.①TQ02

中国版本图书馆 CIP 数据核字（2021）第 156997 号

责任编辑：刘俊之 　　　　　　　　　　　文字编辑：刘志茹
责任校对：宋　夏 　　　　　　　　　　　装帧设计：韩　飞

出版发行：化学工业出版社（北京市东城区青年湖南街 13 号　邮政编码 100011）
印　　装：凯德印刷（天津）有限公司
787mm×1092mm　1/16　印张 15¼　字数 358 千字　2021 年 10 月北京第 1 版第 1 次印刷

购书咨询：010-64518888 　　　　　　　　售后服务：010-64518899
网　　址：http://www.cip.com.cn
凡购买本书，如有缺损质量问题，本社销售中心负责调换。

定　　价：86.00 元

· 前 言 ·

外界波动、设备故障、人为误操作等会引发化工过程异常工况，若不能及时识别和处置，则极可能导致严重的安全生产事故。基于模型或者知识的传统异常识别方法，还存在着建模复杂、知识碎片化、泛化能力低等问题。相对比，数据驱动的深度学习可提升识别准确率和泛化能力，有望构建智能化工异常识别系统。然而，化工过程数据维度高、非线性强、标签成本高，以及深度学习网络推理融合化工过程机理能力不强，均严重制约了化工异常工况深度学习系统的发展。

本书系统地介绍了作者近年来在动态模拟结合深度学习进行化工过程异常工况识别和诊断领域所取得的学术成就，其特点是：专业性强、内容新、实用性好。本书通过动态模拟重构深度学习的标签样本，采用定量相关系数和复杂网络相结合的机理特征提取方法，实现对化工异常工况的半监督学习。继而融合基于动态机理贝叶斯网络，采用异常参数估计的反演机制，阐明动态模拟与半监督学习协同的化工异常诊断策略。

《基于机理特征学习的化工过程异常工况智能识别》有助于丰富和发展基于动态模拟/半监督学习的化工过程异常识别和诊断的理论和方法，为实现化工过程安全稳定运行提供理论依据。全书内容完整涵盖了"数据处理→数据检测→异常识别→异常诊断→后果分析"的化工安全分析各个阶段，有机构成了机理分析与深度学习协同作用的化工异常工况分析思路，可作为化工、安全及相关学科的研究生学习化工安全分析的教材及教师参考书，也可供相关学科的工程技术人员参考使用。

本书由青岛科技大学的田文德、崔哲和中石化青岛安全工程研究院的李传坤撰写，其中第1章由崔哲撰写，第2章由李传坤撰写，第3~10章由田文德撰写，青岛科技大学的博士研究生洪娟和硕士研究生王少辰、瞿健、张家炜、陶冶等参与了部分校正工作，在此一并表示感谢。

由于著者水平有限，书中不足之处在所难免，恳请读者批评指正。

著者
2021 年 3 月
于青岛科技大学

目 录

第 3 章　基于维度压缩和聚类分析的化工报警阈值优化　　49

第 4 章　基于特征工程的化工过程异常检测　　77

第 7 章　基于图论的化工异常识别　148

第 8 章　基于 DBN 的化工过程异常识别　167

第 9 章　基于机理分析的化工过程故障诊断　186

第 10 章 化工过程异常的动态定量后果分析 210

第1章

绪　论

1.1　化工过程安全

1.1.1　化工生产特点

化工生产是一种涉及复杂的物理变化和苛刻条件的化学反应的生产过程，其生产方式以大型连续化生产为主。化工生产过程的设备类型具有多样性的特点，常用的设备有塔设备、反应器和换热器等。

当前，化工生产过程主要呈现出如下 7 种特性[1]：

① 大部分化工原材料、中间产物和产品属于高危化学品。如气相烷基化法制备异丙苯，其原料丙烯和苯均属于易燃和有毒的危险化学物品，反应产物异丙苯具有易燃和易爆等特性。

② 化工过程的生产条件苛刻。化工生产过程涉及高压或者高真空度等苛刻的生产条件，生产过程的风险性大，极易引发火灾和爆炸等事故。如环氧丙烷生产丙二醇，其反应过程的压力高达 120MPa，属于危险的高压反应过程。

③ 化工生产装置集群化。随着化工产业链的发展，逐渐形成了大型的化工园区，园区内的化工生产方式趋向于智能化与无人化。

④ 化工过程的生产线流程复杂。化工生产设备数量和种类多，生产的产品往往需要数十道加工过程。例如混合芳烃加氢工艺，原料混合芳烃需要经历 3 次加氢脱硫反应和 3 次精馏过程，最终才能得到所需产品。

⑤ 化工过程涉及多相态。生产的原材料、中间产物和产品存在气相、液相和固相三种相态，而且相态之间存在互相转换。

⑥ 化工生产空间密闭化。设备之间的原料、中间产物和产品必须通过密封性良好的管道运输。同时，化工生产设备也必须属于密闭设备。

⑦ 化工设备材质和运输管道材质具有严格的生产标准。

1.1.2　化工过程异常工况

实际化工过程的工况类型复杂多变，主要包括正常工况、异常工况、紧急工况和事故状态四种类型[2]。

正常工况是指在化工生产过程中，由于集散控制系统的作用，各装置无异常现象，工艺参数处于平稳运行的阈值范围，产品的质量和产量保持稳定，工艺作业人员无须进行辅助干预的状态。

异常工况是指在化工生产过程中，由于发生设备卡阻、催化剂中毒或者设备严重结焦等异常事件，导致温度或者液位等工艺参数超出了系统预先设定的阈值范围，引起工艺参数的剧烈波动，但自动化控制系统不能使工艺参数回归正常工况，要求工艺作业人员必须进行及时有效干预的状态。

紧急工况是指在化工生产过程中，自动化控制系统和工艺作业人员均未能及时有效地阻止异常工况恶性发展，安全联锁系统自动强制保护化工设施，更严重的情况下可能触发紧急停车系统，造成直接经济损失，但无人员伤亡的状态。

事故状态是指在化工生产过程中，紧急工况进一步恶性发展，工艺参数出现剧烈升高或降低的严重劣化趋势，触发了安全联锁系统和紧急停车系统，发生了火灾和爆炸等严重的安全事故，造成较大的经济损失，甚至出现人员伤亡的状态。

为了保障工艺作业人员的生命财产安全，减少不必要的生命财产损失，有效防止发生化工事故，化工过程通常采取如图 1-1 所示的防护措施。该保护层包含三个主要部分：预防、保护和缓解。预防部分主要包括本质安全工艺设计、基本过程控制系统、设备报警和人员响应，其依赖于工艺作业人员和自动化控制系统来保持化工过程的安全平稳运行[3]。当预防措施失效时，则进入保护部分，主要包括安全仪表系统和物理保护，其作用是防止化工过程的紧急工况恶性发展为事故状态。保护部分失效将导致缓解部分发生作用，缓解部分主要包

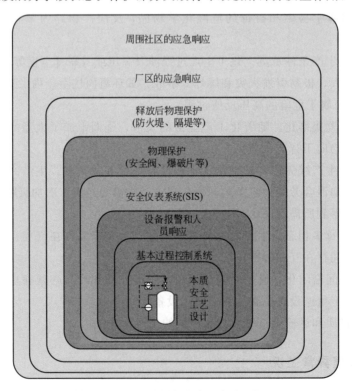

图 1-1　化工过程的安全保护措施

括释放后的物理保护、化工厂区的应急响应和周围社区的应急响应。

1.1.3　化工安全生产的意义

化工产品遍及我们日常生活的各个方面，化工产品收入占国家总体收入的比重较高，是国民经济的重要组成部分之一。与此同时，化工行业是一种具有高度危险性的行业，一旦操作不当容易引起连锁性的化工事故，造成巨大的财产损失和环境污染。2020 年，我国大约有 30 万家危险化工生产企业，其中抵御风险能力弱的个体化工企业占总数的八成，化工事故频繁发生。例如，2019 年江苏响水的一家化工有限公司发生"3·21"爆炸事故，此次事故共造成 78 人死亡，76 人重伤，640 人住院治疗，财产损失高达 19.86 亿元。事故的直接引发原因是公司旧固废库内的硝化废料自燃，进而引发了爆炸。事后调查还显示，该公司存在着众多的安全隐患。例如，该公司部分设备缺少紧急切断阀，未启用安全联锁装置，运输装卸现场的防泄漏措施不完善等。本次事故暴露出部分化工企业安全防护措施不到位，仪表监测系统不完善，事故应急处置能力低等问题。同年另一起事故，是山东济南的一家制药有限公司发生"4·15"重大火灾中毒事故，本次事故共导致 10 人死亡，12 人轻伤。该事故的起始原因是作业人员安全意识不足，在地下室内动火切割乙二醇溶液输送管线，引燃周围存放的易燃固体冷媒缓蚀剂，产生氮氧化物等剧毒气体，导致现场作业人员呼吸困难致死致伤。本次事故暴露出企业的安全管理意识不足，对危险化学物品认识不充分，应对事故的紧急处置能力差等问题。

然而，即使在化工企业配套了先进的自动化控制系统和完善的安全保护措施的前提下，由于化工行业工艺作业人员之间的技能水平参差不齐，企业工艺作业人员的技能素质仍不能完全满足岗位需求，加之化工企业员工离职率高、新员工工作经验欠缺和培训过程不系统等问题，许多企业员工的安全生产意识仍然不足。当发生异常工况时，工艺作业人员不能够及时准确地识别异常工况并作出有效反应，导致工况恶性发展，甚至发生事故。因此，如何及时准确地识别异常工况，提高化工企业的智能化检测和诊断能力，智能指导工艺作业人员针对性地作出反应，遏制异常工况的恶性发展并恢复正常生产过程，是化工企业安全平稳运行面临的重大难题。

1.2　故障识别与诊断

本质上，化工过程异常工况识别属于故障识别与诊断（fault detection and diagnosis，FDD）领域。FDD 首先通过过程数据检测来判别是否发生了故障，可通过某一变量是否超过阈值、是否偏离正常状态来判断；当检测出故障后再对故障进行识别，即对过程数据进行分析，判断故障所属的类型；最后确定故障发生的根原因，从而做出相应的动作。FDD 流程如图 1-2 所示。

随着工业系统在复杂化、智能化、集成化等方向上的发展，对于工艺过程 FDD 的要求也随之增高，继而越来越多的科研团队投入工艺过程的 FDD 中，新的异常识别方法也由此层出不穷。目前，应用于工业系统的 FDD 方法主要分为三大类，分别是基于解析模型的

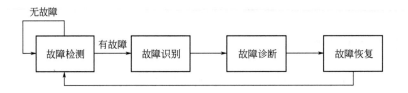

图 1-2　故障识别与诊断流程

方法、基于知识的方法和基于数据驱动的方法[4,5]，如图 1-3 所示。

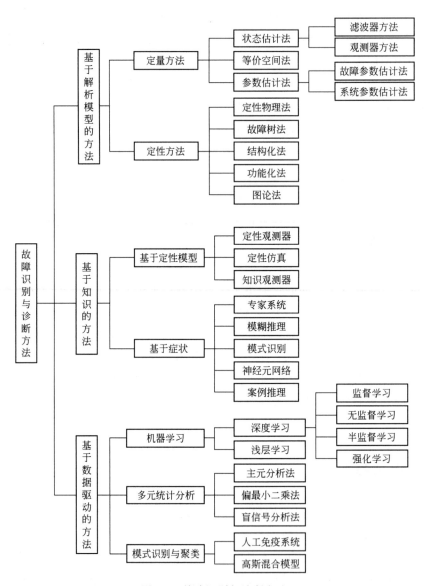

图 1-3　故障识别与诊断方法

1.2.1　基于解析模型的方法

基于解析模型的方法研究最早，其思想如图 1-4 所示。首先，将实时数据分别输入过程系统和残差产生器中的解析模型中。然后，通过对解析模型的模拟结果和过程系统的输出结果进行重构，构成残差序列。最后，通过对残差序列分析进行故障诊断，推理得到故障源。

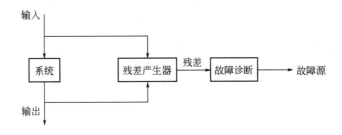

图 1-4　基于解析模型的故障诊断基本步骤

基于解析模型的方法可分为定量方法和定性方法。定量方法主要包括状态估计法、等价空间法、参数估计法等，定性方法主要包括定性物理法、故障树法、图论法、结构化法、功能化法等。其中，基于定性符号有向图（signed directed graph，SDG）和故障树分析法（fault tree analysis，FTA）应用最为广泛。

符号有向图是由节点与节点之间的有向连线构成的网络图，其节点代表工艺流程中的温度、压力等变量，有向连线表示节点之间的相互因果影响关系。鉴于符号有向图可携带大量工艺信息，所以在异常识别过程中常被用于寻找故障在系统中的传播路径。

故障树分析法是将故障形成原因以树状结构进行分析演绎的方法，根据引发故障的各因素来定义故障树的树枝结构，计算各因素的发生概率，进而找出故障的发生规律及特点。故障树分析法主要用于故障预测、分析与诊断，并用于寻找造成故障的主要原因，采取相应对策杜绝故障发生。

基于解析模型的方法在异常识别方面得到了广泛应用。Han 等[6]提出了一种基于主成分分析与符号有向图结合的在线过程监控系统，用于多种运行状态的检测和诊断，其中故障检测的真正类率（true positive rate，TPR）为 98%，误识率（false accept rate，FAR）为 1.56%。Liu 等[7]将一种 SDG 模型的规则矩阵用于故障检测与诊断，并建立状态矩阵来实现 SDG 的在线推理。Cao 等[8]提出了一种综合二元决策图和故障树分析的方法，解决了故障诊断领域中使用故障树分析法引起的组合爆炸问题，并以热模锻压力机为案例，证明了该系统的可靠性。Duan 等[9]提出了一种基于故障树分析和贝叶斯网络（Bayesian networks，BN）的故障诊断方法，使用零抑制二元决策图（zerosuppressed binary decision diagram，ZBDD）通过故障树的定性分析生成所有最小割集，将故障树映射到等效贝叶斯网络来计算组件和最小割集的诊断重要性因子（diagnostic importance factor，DIF）。Jeong 等[10]提出了一种基于模型的故障检测与隔离（fault detection and isolation，FDI）技术，来实现对机器健康状况的诊断。该方法基于故障信号和观测器理论之间的关系，通过提取故障的大小或形状等故障信号信息来识别故障。作者对该方法在各种情况下的故障检测和识别能力进行了数值模拟，并与其他数据驱动方法进行了对比。Bousserhane 等[11]提出了一种基于自适应模糊推理系统参数估计器（adaptive fuzzy inference systems parameter estimators，AFISPEs）的故障诊断方法，用于检测和估计卫星姿态控制系统（attitude control systems，

ACSs）出现的故障。仿真结果表明了即使存在干扰的情况下，开发的三轴稳定卫星 ACSs 执行器 FDI 方案仍具有有效性。

基于解析模型的方法通常需要对工艺流程进行分析，建立精确的数学模型，如物料衡算和能量衡算等。因此，基于解析模型的方法具有很多优点，例如变量的物理含义清晰，变量间的因果关系明确，以及能够快速准确地实现故障识别。但是，由于当前化工工艺流程日趋集成化、复杂化和智能化，导致各变量之间存在高度耦合性、强时变性，以致很难建立严格的解析模型。因此，基于解析模型的方法在化工行业中的应用也受到很大制约。

1.2.2　基于知识的方法

基于知识的方法与基于解析模型的方法不同，不需要建立精确的数学模型[12]。其通过专家知识和被诊断对象的信息进行异常识别，适用于具有大量专家知识储备和生产过程信息的场景。基于知识的方法主要包括两大类：基于症状的方法和基于定性模型的方法[13]，其中专家系统应用较为广泛。

专家系统（expert system，ES）是将大量的专家知识与经验融合成一个计算机程序系统，利用其中的专家知识来解决所遇到的异常工况问题。专家系统能够模仿专家处理问题的思路，给出推理过程，并且能够对得出的结论进行解释。专家系统主要由人机交互接口、知识库、数据库、推理机、解释机和知识获取 6 个部分构成，如图 1-5 所示。

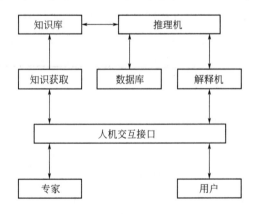

图 1-5　专家系统结构图

基于知识的方法在异常识别方面的研究成果也在不断更新。Toufik Berredjem 等[14]提出了一种基于改进的距离重叠（improved range overlaps，IRO）和模糊专家系统的故障诊断方法，对存在高噪声的轴承系统进行故障识别与诊断。Yang 等[15]提出了一种基于故障树分析的专家系统，用于齿轮机的故障识别与诊断，并在 .NET 平台上由 C♯ 开发了面向 Web 的专家系统，通过与传统专家系统对比，发现所提出的方法能够更精确、快速地实现故障识别与诊断。Qian 等[16]介绍了一种化工过程实时故障诊断专家系统的开发和实现过程，在发生异常情况时该专家系统可为现场操作员提供操作建议。在炼油厂流体催化裂化过程中的工业应用表明，该专家系统可以迅速并且有效地诊断出异常事件。Niu 等[17]提出了一种神经网络和专家系统相结合的故障诊断方法，通过对高压断路器进行故障诊断，表明了该方法的有效可行性。Peng 等[18]通过改进尖峰神经 P 系统（spiking neural P systems，SNP 系统），提出了模糊推理尖峰神经 P 系统（fuzzy reasoning spiking neural P systems，FRSN P 系统），并以变压器模型为例，证明了所提出的 FRSN P 系统在故障识别与诊断中的有效性。Ren 等[19]人提出了一种新的基于模糊证据推理（fuzzy evidential reasoning，FER）方法和动态自适应模糊 Petri 网络（dynamic adaptive fuzzy Petri nets，DAFPNs）的故障诊断和原因分析（fault diagnosis and cause analysis，FDCA）模型，并以一个实际的故障诊断为例，证明了该模型的实用性。Sun 等[20]提出了一种新型的井涌诊断模式识别模型，用于减少井喷事件的发生，降低对安全和环境的影响。该模型是通过模式识别来解决早期井涌检测问题的新尝试，已成功应用于某油田的井涌故障实时诊断，其能够准确地提取和快速识别出井涌和非井涌事件，灵敏度得到显著改进，模糊数据引起的误报率也得到降低。Costa 等[21]提出了一种基于模式识别技术的故障诊断系统，并利用实际系统的仿真模型进行了设计和测试，验证了方法的可行性。Khosravani 等[22]提出了一种基于案例的推理（case-based reasoning，CBR）方法，用于注塑成型滴头生产的智能故障检测。通过案例分析，表明所提出的系统能够有效地进行故障检测，减少了停机时间，实现了高生产率的快速生产。Zhao 等[23]提出了一种改进的基于案例的推理方法来预测 TE 过程的状态。与其他方法相比，通过该方法得到的诊断结果具有较高的准确性。

基于知识的方法可通过众多专家的知识和经验，对故障进行分析和推理，快速准确地得出正确结论。但正是由于其过于依赖专家知识，此类方法目前最大的难点在于如何解决知识"瓶颈"问题，即如何收集、提取海量的专家知识和操作经验，并且基于知识的方法在逻辑推理过程中还容易出现"组合爆炸""匹配冲突"等现象。所以基于知识的方法在处理化工过程这种高度集成化、复杂化的工艺流程时，往往因为专家知识储备不充分、推理机逻辑推理能力弱等原因，造成化工过程异常识别结果不理想。

1.2.3 基于数据驱动的方法

基于数据驱动的方法从大量数据出发，利用各种分析方法挖掘隐藏在数据中的变化规律。相对于基于解析模型和基于知识的方法，基于数据驱动的方法仅需要工艺的数据信息，不需要分析严谨的数学关系和海量的专家知识，所以对于多参数、强耦合、强时变的复杂化工过程异常工况识别更适用。目前，基于数据驱动的方法主要分为三大类：机器学习类方法，包括人工神经网络（artificial neural network，ANN）[24]和支持向量机（support vector machine，SVM）[25]等方法；多元统计分析类方法，包括主元分析（principal component analysis，PCA）[26,27]、偏最小二乘（partial least squares，PLS）、独立主元分析（independent component analysis，ICA）[28,29]及 Fisher 判别分析方法[30,31]等方法；模式识别与聚类方法，包括人工免疫系统、高斯混合模型、隐马尔科夫模型、支持向量数据描述、条件随机场、最大熵模型、核回归、自组织特征映射模型及仅含单隐层的多层感知器等方法[32-35]。

机器学习类方法在异常识别方面的进展如下：Javad 等[36]提出了一种基于负序电压和三相位移监测的反向传播训练的前馈多层感知神经网络，并使用定子模型生成训练和测试神经网络所需的数据，验证了该方法的准确性。Wu 等[37]提出了一种基于离散小波变换（discrete wavelet transform，DWT）和 ANN 的汽车发电机故障诊断系统，包括使用离散小波变换的特征提取以及使用人工神经网络技术的分类。Hou 等[38]提出了一种基于多类 SVM 的过程监控和故障诊断方法，来预测 TE 过程的状态。在对数据进行预处理之后，使用 PCA 来降低特征维度，并通过使用网格搜索方法完成 SVM 参数的优化，以提高预测精度和降低计算量。Chen 等[39]以复杂工业过程为重点，研究了基本多变量统计方法（即 SVM 和 PCA）的多故障分类效果。Alaa 等[40]提出了蝙蝠算法（bat algorithm，BA）来优化支持向量机的参数，从而减少分类误差，并通过实验证明了该模型能够找到支持向量机参数的最优值，避免局部最优问题。

多元统计分析类方法在异常识别方面的进展如下。Du 等[41]提出了一种识别和诊断 TE 过程中随机故障的新方法，将集合经验模式分解（ensemble empirical mode decomposition，EEMD）、主成分分析和累积和（cumulative sum，CUSUM）相结合，以诊断一组用之前所提方法无法准确检测或诊断出的故障。Baligh 等[42]给出了两种新的基于数据的故障诊断方法，并已成功应用于 CSTR 过程。Tong 等[43]提出一种用于统计过程监测的纯粹基于数据的残差生成方法，该方法利用 PLS 算法，以分布式为每个变量构建特定的回归模型。Zhang 等[44]提出了一种新的动态核偏最小二乘（dynamic kernel partial least squares，D-KPLS）建模方法和相应的过程监控方法。与标准核偏最小二乘模型相比，D-KPLS 模型在输入变量和输出变量之间建立了更稳定的关系。Ali 等[45]将独立主元分析用于实际涡轮系统中的故障检测和诊断，实验结果表明，所提出的方法可以避免由于操作条件和模型不确定性的变化而导致的误报和故障误诊。Zhang 等[46]采用基于 Hibert-Schmidt 独立准则的核独立分量分析方法，代替定点 ICA 算法进行故障监测，以提高独立元素的准确性。Hussain 等[47]提出了一种新的离散小波变换、核 Fisher 判别分析（Fisher discrimination analysis，FDA）和支持向量机相结合的多尺度特征提取方法，使用 TE 过程作为基准，应用结果显示与多尺度 KFDA-GMM（84.94%）相比，平均诊断精度可达 96.79%。Jia 等[48]提出了一种基于全局局部边缘 Fisher 分析法（global-local margin Fisher analysis，GLMFA）的轴承故障识别与诊断方法，并验证了该方法的可行性。

模式识别与聚类方法在异常识别方面的进展如下。Zhao 等[49]提出了一种基于遗传算法的故障抗体特征选择优化（fault antibody feature selection optimization，FAFSO）算法，同时优化故障抗体特征和抗体库阈值，通过 TE 验证了该算法的性能。Palhares 等[50]提出了一种基于免疫理论的故障检测方法，其关键是如何确定正常和潜在有害活动之间的差异。Lu 等[51]提出了一种基于 Elman 网络观测器和支持向量回归（support vector regression，SVR）的液压伺服系统性能退化预测方法。Peng 等[52]提出了一种实用的质量相关的故障诊断技术和方案，该方法更侧重于根原因诊断，并用于多模式工业过程。Khan 等[53]提出了一种隐式马尔科夫（hidden Markov model，HMM）模型与 BN 相结合的故障检测与识别方法，其中 HMM 通过标准条件下的操作数据来训练，然后识别系统的异常行为，同时基于过程历史知识来开发贝叶斯网络结构，对于 TE 的 10 个选定的故障进行测试，成功检测并诊断出其中的 8 个。Huang 等[54]提出了一种改进的 HMM 算法，用于城市轨道交通电机设备的故障识别与诊断。通过对城市轨道交通电机驱动系统故障识别与诊断的实验，证明了该方法的可行性。Meng 等[55]提出了一种基于支持向量数据描述（support vector data description，SVDD）的飞机故障检测方法，该方法将遗传算法、阈值比例因子、快速异常检测、修正核函数和基于等损失的 SVDD 模型边界引入到故障检测算法中。实证分析表明，该算法具有优秀的故障检测能力。Yin 等[56]提出了一种基于增量 SVDD 和增量输出结构极限学习机的实时故障诊断方法。对 11 种不同工况下运行的柴油机进行识别实验，基于增量支持向量机数据描述和增量输出结构极限学习机的在线故障诊断方法运行良好。Huang 等[57]引入了条件随机场弥补 HMM 模型固有假设的某些缺点，提出了一种基于判别概率模型的方法。在模拟连续搅拌釜反应器系统和实验性混合罐系统上进行的验证研究表明，与现有方法相比，该算法具有更优越的性能。Zhang 等[58]提出了一种新的基于最大熵（maximum entropy，ME）的混合推理机，以提高混合连续离散变量诊断决策的准确性。Grbovic 等[59]提出了一种在过程监控传感器网络中进行分散式故障检测和诊断的方法，达到了与完全集中式方法相当的精度，同时在容错性、可重用性和可扩展性方面表现出了优势。Fang 等[60]提出了一种基于自组织映射的轴承状态监测指标，以便快速检测到轴承早期故障。该方法计算成本低，并且对负载水平和电机转速的变化具有较强的鲁棒性，非常适用于轴承的在线状态监测。Yan 等[61]提出了一种自组织映射和相关成分分析相结合的故障识别与诊断方法。通过 TE 过程的案例研究表明，该方法能够在复杂化工过程中进行实时监测、识别和诊断。Jedliński 等[62]为了对变速箱进行早期故障检测，使用小波变换进行数据预处理，再通过神经网络进行故障检测。

化工过程是一个连续生产的过程，各工段之间紧密联系、相互作用，具有高度连续性。这使得化工过程异常工况具有很强的隐蔽性，变量之间存在维度高、耦合性强等特点。针对化工过程这种复杂的变量关系，机器学习中的深度学习算法凭借其优秀的特征提取能力和良好的泛化能力，在异常工况识别方面得到越来越多的关注。

1.3　机器学习

随着化工生产规模的不断扩大，对逐渐庞大的数据集合进行人工分析越来越困难，所以单纯的数据收集已很难获得任何经济优势，只有借助机器学习手段，才能更好地分析来自传感器和执行器的大数据。随着计算机技术的发展，人工智能新时代已经到来，计算机智能系统可以独立地从数据洪流中找到特征和规律，并且还能进行自我优化。

机器学习是指从有限的数据样本中学习出事物的一般规律，并将这些规律应用到未知样本的过程。根据对特征学习的深度，将机器学习分为浅层学习（shallow learning，SL）与深度学习（deep learning，DL），它们对原始数据预测的前提是要对其进行特征处理。

1.3.1　浅层学习

最早的机器学习模型是通过浅层学习实现的，浅层网络通常只包含一或两层隐藏节点，其数据处理流程如图 1-6 所示。浅层学习源自反向传播算法（back propagation，BP），作为统计模型的机器学习算法，它可以使人工神经网络模型从大量训练样本中学习统计规律，从而对未知样本进行预测。这种基于统计的机器学习方法比起过去基于人工规则的系统，在很多方面显示出优越性。常见的浅层学习算法包括：支持向量机（support vector machine，SVM)[63]、随机森林（random forest，RF)[64]、极限梯度提升（extreme gradient boosting，XGBoost)[65]等。

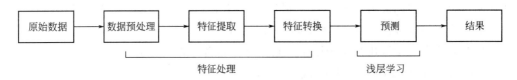

图 1-6 传统机器学习的数据处理流程

支持向量机提供了稀疏的解决方案模型和对模型复杂度的灵活控制，即使在训练数据集样本很少的情况下，也能高效解决非线性问题。它采用结构风险最小化（structure risk minimization，SRM）原则，这不仅使训练误差最小，还使由训练误差和置信区间之和组成的泛化误差的上限最小化[66]。SVM 通常与不同的内核函数一起使用，以将输入空间映射到高维特征空间，从而在解决方案中引入非线性，并在特征空间中执行线性回归[67]。Onel 等[68]提出了一种新颖的基于非线性（依赖于内核）SVM 的特征选择算法应用于连续过程的过程监控和故障检测。孙伯寅等将支持向量机用来预测水中化学需氧量浓度，结果显示该模型预测性能良好，可以为水质预测提供新思路[69]。

随机森林是 Breiman 在 2001 年首次提出的一种树状集成学习方法，它已广泛用于各个领域的分类和回归。与其他方法相比，随机森林拥有两种随机选择程序：引导聚合和特征的随机选择。引导聚合的主要思想是通过从原始训练集中抽取带有替换（引导）的随机样本来生成更多训练集，然后训练各种模型引导样本和模型结果汇总在一起，以做出最终决定。随机森林在树的每个节点上随机选择特征，并且不进行修剪，以达到减少方差并保持低偏差的目的。Liu 等[70]针对复杂工业过程中的故障分类，提出了一种基于层次聚类选择的加权随机森林模型，通过 TE 过程证明了该模型良好的分类性能。Muhammad 等[71]对太阳能热力系统进行预测建模，比较了支持向量回归（support vector regression，SVR）、RF、极端随机树（extra trees，ET）和决策树（decision trees，DT）的预测性能。结果表明，与 RF、ET 和 DT 相比，SVR 在训练和测试数据集上均显示出相对较低的准确性，同时，基于树的算法的训练准确性会因为训练数据集的增加而降低。在训练时长方面，与 RF 和 ET 相比，SVR 的训练时间明显更长。

XGBoost 是一个梯度提升决策树，它使用正则化和缓存感知的结构树进行整体学习，通过组合多个预测变量来提高模型的预测准确性和泛化能力。与随机森林的并行方式添加多个预测变量不同，XGBoost 顺序添加模型，通过不断修正现有模型预测误差的机制提高其预测准确性。Shi 等[72]基于 XGBoost 建立行为特征与相应风险等级之间的联系来预测驾驶中车辆的风险水平，风险预测的准确性达到 89%。Bikmukhametov 等[73]研究了 XGBoost 在石油生产系统中通过可用的现场测量值来预测油量方面的功能。结果表明，该算法对数据缩放不敏感，可以更直观地进行调整，并且为嵌入在算法学习中的特征影响提供了机理解释。张荣涛等[74]提出了一个基于深度学习特征提取与 XGBoost 结合的故障诊断模型，结果表明，RF 的稳定性不如 XGBoost 算法，和 BP 神经网络相比，XGBoost 算法在防止过拟合方面有一定的优势，SVM 与深度网络的结合具有局限性。

1.3.2 深度学习

2006 年，机器学习领域泰斗 Hinton 教授在 *Science* 上发表一篇题为 "Reducing the di-mensionality of data with neural networks" 的文章开启了机器学习的新时代。他指出多隐层的人工神经网络具有优异的特征学习能力，学习得到的特征对数据有更本质的刻画，从而有利于可视化或分类；深度神经网络在训练上的难度，可以通过"逐层初始化"来有效克服[75]。深度学习的实质是通过更多隐含层的网络结构来实现样本特征的最佳表示，其数据处理过程如图 1-7 所示。

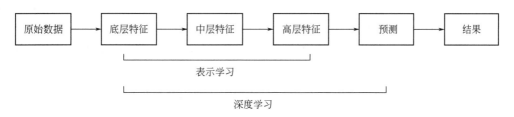

图 1-7　深度学习的数据处理过程

深度模型通常在输出层之前先对输入数据进行多次转换，其包含了表示学习（repre-sentation learning，RL）的过程，即对原始数据的底层、中层和高层特征进行有效的表示。浅层学习和深度学习模型之间的主要区别在于输入数据在到达输出之前经历的线性或非线性变换的数量。浅层学习的局限性是在有限样本和计算单元情况下对复杂函数的表示能力有限，针对复杂分类问题的泛化能力受到一定制约。深度学习可通过学习一种深层非线性网络结构，实现复杂函数逼近，表征输入数据分布式表示，并展现出了强大的从少数样本集中学习数据集本质特征的能力。目前深度学习已广泛应用于图像、语音和语义识别领域[76,77]，常见的深度学习模型包括卷积神经网络（convolutional neural networks，CNN)[78]、深度置信网络（deep belief networks，DBN)[79]、长短期记忆网络（long short-term memory，LSTM)[80] 等。

CNN 被认为是计算机视觉方面表现出色的网络，它的一般功能包括特征提取和分类，它将原始数据转换为更高级别的表示，并使用全连接层将转换后的表示分类。在训练阶段需要基于反向传播程序的标记数据，在每次批量计算后更新神经元的权重（权值）和偏差，其目的是最大限度地减少训练误差。Wu 等[81]搭建了一个深度 CNN 模型并考虑了数据的时序特征，将其应用于 TE 过程进行故障识别，最终 20 个故障类型的平均识别率达到 88.2%。Wang 等[82]提出了一种自适应时间序列窗的 CNN，具有针对不同的稳态操作优化数据自适应时间序列窗口的能力，可以有效地从过程中提取稳态最佳运行条件的时间序列数据[80]。

DBN 作为一种半监督学习算法，具有非监督学习和监督调节功能，可以充分挖掘数据的深层特征，从而获得更好的识别结果。为了激励不同的隐藏层学习不同的特征，DBN 中的每个隐藏层都从其上一层的输出中提取特征信息，从而减小输入数据的尺寸，降低计算成本而不会引起重大的信息损失。因此，无监督的 DBN 预训练可有效地从输入数据中提取相对高级的抽象表示[83]。Wang 等[84]提出了一种扩展的 DBN 模型，以充分利用原始数据中有价值的潜在信息，在 TE 案例的验证中（除故障 3、9、15 外），该模型的平均故障诊断率达到 94.31%，比 DBN 提高 0.42%。Tian 等[85]提出了一种基于数据补全的特征 DBN 网络，通过生成式对抗网络补全数据样本，再输入特征 DBN 网络进行故障识别，以 TE 过程为例，比较了三种特征选择方法，最终证明皮尔逊相关系数的特征选择方法最优，模型对 21 个工况的平均识别率为 89.70%。

传统神经网络的一个缺陷是它们无法解释当前信息的时间序列结果。最早尝试解决这一问题的方法是基于反馈模型的循环神经网络（recurrent neural network，RNN），但是，该方法仍然会在某些应用中导致梯度消失。作为 RNN 的一种变体，LSTM 被认为是时间序列预测中的出色网络[86,87]。LSTM 中的神经元可以保持其细胞状态的记忆，以学习长时间序列来消除梯度问题，通过记住历史和当前时间点的信息来预测变量随时间的变化。Kim 等[88]将计算流体动力学（computational fluid dynamics，CFD）与 LSTM 相结合预测地形复杂的化工厂的泄漏位置，模型最终的预测准确率达 97.1%。Li 等[89]提出了一种基于规范变量分析和 LSTM 的动态过程监控方法，将两者结合使用从早期阶段获得的数据来预测故障发生后的系统行为[87]。

1.3.3　深度学习算法分类

依据对于化工过程数据标签的需求不同，深度学习算法划分为监督学习（supervised learning，SL）、无监督学习（unsupervised learning，UL）和半监督学习（semi-supervised learning，SSL）三种学习类型[90]。

（1）监督学习

监督学习是指采集的化工过程数据具有标签，其标签代表着已知化工过程工况的信息，将有标签的化工过程数据及其标签作为源域，通过源域训练异常识别模型。例如，若已知化工设备泄漏时，则标记化工过程数据为泄漏工况。目前基于监督学习的异常识别方法实现了各工业领域的广泛应用，其异常识别准确率能够达到 92%[91]。现阶段监督学习方法主要以卷积神经网络（convolutional neural networks，CNN）[92]、循环神经网络（recurrent neural networks，RNN）[93]、深度置信网络（deep belief network，DBN）[94]和稀疏自编码机（sparse autoencoder，SAE）[95]为代表。Zhang 等[96]提出了一个基于生成式对抗网络（generative adversarial network，GAN）和长短期记忆网络（long short-term memory network，LSTM）的石化系统管道泄漏方法，预测高压加氢换热器管路泄漏的 F1 分数达到了 81.66%。Li 等[97]提出了一种基于自适应时间序列窗口（adaptive time-series window，ATSW）的 CNN 预测方法，应用于工业熔炉的仿真，案例表明，预测结果的平均精度达到了 99.12%。由于实际化学工业生产过程复杂多变，大部分的化工过程数据缺乏标签，同时标记无标签过程数据的人工成本高，故专家们提出了基于不需要标签过程数据的无监督学习的异常识别方法，期望利用无标签过程数据实现异常识别模型的学习与提高。

（2）无监督学习

无监督学习是指采集的化工过程数据均不含有标签，不需要使用标签过程数据训练异常识别模型，仅学习无标签过程数据的异常识别模型就能够具有高精度的异常识别准确率。例如，若化工设备的泄漏未知时，则该过程数据的标签未知，但模型可以识别出这一泄漏情形。Zhou 等[98]提出了一种基于无监督的分类对抗自动编码器诊断轴承的异常工况。在经典的旋转机械数据集上验证表明，该方法在具有环境噪声和电机负载变化的情况下仍具有良好的鲁棒性。针对收集的设备故障数据多数是无标签过程数据的情况，Francesco Di Maio 等[99]提出了一种具有相似特性的暂态信号识别方法，该方法引入谱聚类技术，嵌入无监督模糊 C-均值算法，进行核汽轮机停机瞬态的无监督故障诊断。综上可见，无监督故障诊断工作多数是采用聚类的方式确定故障类型，该方法不需要提供难以获得的过程数据标签，基于无监督数据驱动的方式进行异常识别模型的自学习。由于异常识别模型缺乏有效的指导，得到的异常识别结果往往是不准确的。因此基于无监督学习的异常识别模型并没有得到广泛的应用。

（3）半监督学习

半监督学习是指采集的化工过程数据小部分赋予了标签，而大部分过程数据不含有标签，半监督学习结合了监督学习异常识别精度高和无监督学习可以利用无标签过程数据的优势。半监督学习基于有标签的化工过程数据及其标签初步训练异常识别模型，确定异常识别模型的超参数和权值，然后基于无标签的化工过程数据微调异常识别模型的权值，最大限度地提高异常识别模型的精度。半监督学习利用了无标签过程数据，避免了监督学习对于无标记过程数据的浪费，提高了异常识别模型的泛化性能和识别性能。半监督学习包含纯半监督学习和直推学习两种类型，如图 1-8 所示。纯半监督学习认为测试数据是化工过程未知的无标签过程数据，期望的学习效果是在未知的无标签过程数据上表现最优。直推学习假设测试数据是训练数据中的无标签过程数据，期望的学习效果是在训练数据中的无标签过程数据上表现最优。

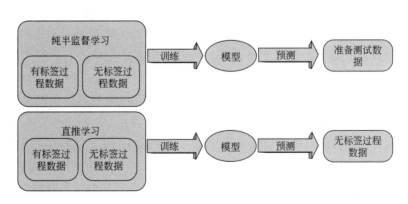

图 1-8　纯半监督学习和直推学习

半监督学习方法包含生成式模型的方法、基于半监督支持向量机的方法、基于图的方法和基于分歧的方法四种学习方式。

基于生成式模型的方法是指由同一个潜在的异常识别模型产生所有的无标签过程数据，异常识别模型在学习的过程中不断地调整模型参数，提高无标签过程数据与识别目标的相关度。其中，无标签过程数据代表异常识别模型的缺失参数，基于最大期望算法的极大似然估计得到异常识别模型的缺失参数。例如，基于 Gamma 分布，Mansour Jamzad 等[100]采用相应类的有标签图像为每个语义类构造初始生成模型，基于改进的最大期望算法合并无标签图像，更新构造的生成模型参数。与有监督的标记模型相比，融合了无标签过程数据的标记模型具有更高的标记精度。Song 等[101]提出一种半监督学习的钢铁表面缺陷分类方法，该方法基于深度卷积生成对抗网络（deep convolutional generative adversarial network，DCGAN）生成大量的无标签过程数据。与使用有限标签化工过程数据的监督学习方法相比，该方法具有更高的识别准确性和更优异的鲁棒性，其分类识别率达到了 99.56%。

基于半监督支持向量机（semi-supervised support vector machine，SSVM）的方法是指在监督 SVM 确定标签过程数据最大间隔划分超平面的基础上，同时考虑无标签过程数据，最终确定穿过所有过程数据低密度区域的最大间隔划分超平面。为了解决补充训练数据的传统 SVM 必须重新训练的弊端，Liu 等[102]开发了一种在线自适应的半监督最小二乘支持向量机。实验结果表明，即使仅拥有少量的标签过程数据，该算法仍能够达到高异常识别率。传统上直推式支持向量机存在预设正类样本数量、频繁交换类别标签和大量无标签过程数据的要求。Wen 等[103]将主动学习（active learning，AL）与转置支持向量机相结合，提高了异常识别模型的分类性能。在迭代学习过程中，现有的主动半监督支持向量机（active semi-supervised support vector machine，ASSVM）倾向于查询最接近当前分类超平面的无标签过程数据，而忽略了其他的无标记过程数据。Leng 等[104]将 AL 与 SSVM 结合，提出了 AS-SSVM 识别模型。实验结果表明，AS-SSVM 识别模型优于传统的主动半监督识别模型，能够进一步减少人工添加标签的工作量。

基于图的方法是指将无标签过程数据映射为一张图，图中的节点表示过程变量，根据无标签过程数据之间的相似性确定连接节点之间的边的大小，实现信息在图上的传播。例如，为了标记大量的手写数字图像，Hubert Cecotti[105]基于图像变形模型获得了一个 k 最近邻图，通过标签传播功能实现自动标记过程数据。在 332 张有标签图像的 MNIST 训练数据中的应用表明，其平均准确率高达 98.54%。大多数基于图的半监督学习采用两个阶段的方法推测无标签过程数据的标签类别。然而，SSL 和图的构造是分离的，它们之间不共享任何公共信息，减少了信息的利用率。为了增强图与 SSL 之间的信息共享，Zhao 等[106]采用自适应低秩模型构建图。结果表明，学习标签类别的 SSL 可以为图的构造提供更多的判别信息，更新后的图可以进一步提高 SSL 的分类准确率。

基于分歧的方法是协同训练方法的演化方法，指的是两个相异的基学习器分别学习两个不同的训练集，分别识别无标签过程数据的伪标签置信度，并将伪标签置信度高的过程数据标签确定为该数据的标签并添加到对方训练数据池，基于新标签的过程数据重新训练基学习器，实现基学习器之间的互相学习，共同提高识别性能。Zhou[107]综述了基于分歧的半监督学习的研究历程，从理论层面探讨了充分多训练集的必要性，最后阐述了目前基于分歧的半监督学习方法在各个领域的应用。Zhou 等[108]提出了一种新的半监督风格的分歧训练算法 tri-training，该算法不需要充分且冗余的训练集，也不需要对有监督算法添加任何约束，因此 tri-training 的适用性更加广泛。在两个基学习器具有较大差异的情况下，Zhou 等[109]证明了即使没有两个充分且冗余的训练集，协同训练算法也可以获得较高的准确率。为了保证伪标签置信度高的无标签过程数据的可靠性，Wen 等[110]结合伪标签置信度和最近邻两个标准，选择符合标准的无标签过程数据，基于主动学习查询选定数据的标签。

1.3.4 深度学习在化工故障诊断中的应用

深度学习的应用并不局限于图像、文本、视频、语音等领域[111,112]，在化工过程的故障诊断领域也已得到应用。如王康成等提出了几乎无需人工干预的基于深度神经网络（DNN）软测量的结构和参数自动调整方法，极大地简化了参数调整过程[113]。王功明等将深度置信网络（DBN）和偏最小二乘回归（PLSR）相结合，提出了一种自适应的基于深度置信网络的污水处理过程出水总磷预测方法[114]。Jiang 等[115]提出了一种主动学习的深度神经网络，用于化工过程的连续故障诊断。通过深度学习开发具有深层结构的深度神经网络，随后使用堆叠去噪自编码器（SDAE），以无监督方式从原始传感器数据学习合适的特征表示，并通过逐层学习处理这些特征。Cho 等[116]结合深度神经网络和随机森林（random forest，RF）对 CFD 离散模拟结果进行训练，跟踪和诊断化工装置泄漏源位置。Zhang 等[117]提出了可扩展的深度置信网络，从连续过程数据中提取空域和时域中的故障特征，提出了一种改进的带有 OCON（one class one network）架构的 DBN。他们研究并比较了高斯和 Sigmoid 两类激活函数的分类性能，并将这种深度学习网络应用在 TE 过程的故障诊断中。DBN 在压缩机[118]、齿轮箱[119-121]、滚动轴承[122-129]等的故障诊断中也有所应用。在化工安全领域，Na 等[130]结合变分自动编码器（VAE）和卷积神经网络（CNN），构建了毒气泄漏的实时在线分析模型。Lv 等[131]提出了一种基于 SAE 的时间序列权重故障诊断方法，在 TE 过程中通过与其他统计分析方法对比，取得了目前最优的分类效果。

随着集散控制系统（DCS）和实时数据库技术在化工企业的广泛应用，保存装置长周期运行过程中的数据成为可能。所以利用数据分析技术挖掘隐藏在数据中的信息，获取过程变化的规律，可实现对装置的实时检测和诊断。目前，基于数据驱动的方法需要对数据进行处理，提取数据的特征。相比于主元分析（PCA）、独立主元分析（ICA）等浅层的数据驱动方法，深度学习在提取大规模高维数据的特征方面具有独特的优势。同时，半监督深度学习可以利用化工过程中的大量无标签数据完成模型的预训练过程，进而提高模型的诊断性能。深度学习的这些优势对化工过程生产数据的特征具有很强的针对性，因此理论上非常适合化工过程的故障诊断。

1.4 特征工程

1.4.1 特征提取与特征选择

由于实际化工过程生产监控的需要，化工过程的显示仪表和控制仪表数量众多。每一个仪表可视为一个变量，故化工过程属于高维度变量的工业过程。由于化工过程的变量维度高、变量之间的耦合性强，因此存在着严重的变量冗余和大量干扰变量的噪声。虽然原始化工过程变量具有明确的物理意义，但是直接用于训练异常识别模型容易出现模型学习的特征缺乏针对性、模型学习的效率低和模型学习效果差等问题，所以需要根据具体异常识别模型的特性，针对性地提取过程数据的特征变量，通常采用特征提取[132]和特征选择[133,134]技术确定化工过程的特征变量。特征提取和特征选择能够压缩过程变量维度、消除干扰变量和建立针对性的特征变量，可以提高异常识别模型的学习能力和识别准确率。

（1）特征提取

特征提取是在保留大部分信息的前提下，按照特定的规则将化工过程数据从高维度空间映射到低维度空间，创建一组低维度化工特征子集的一种特征变换方法。Deng 等[135]提出了一种判别全局保持核慢特征分析（discriminant global preserving kernel slow feature analysis，DGKSFA）方法，该方法能够提取间歇过程的判别特征，同时保留观测变量局部和全局的结构信息。Francisco Jaramillo 等[136]提取了硝化反应阶段传感器测量值的时域和频域特征，采用支持向量机学习提取的特征，进而估计硝化阶段的持续时间。

（2）特征选择

特征选择是在保留大部分信息的前提下，按照特定的规则从化工过程变量集中选择出特定化工特征子集的一种特征变换方法。Zhao 等[137]提出了一种基于遗传算法的故障抗体特征选择优化算法（fault antibody feature selection optimization，FAFSO）。与单一人工免疫系统相比，FAFSO 方法取得了更优异的化工过程故障诊断性能。Cang 等[138]提出了一种基于过滤器的化工过程特征选择方法，在化工分类相关的数据集上应用，显示出了良好的故障识别性能。Zhang 等[139]提出了一种特征选择与支持向量机融合的化工过程故障诊断框架，该方法同时得到了最优的特征集合和支持向量机超参数。

1.4.2　特征自适应

当化工过程发生异常工况时，工艺变量的幅值和概率分布将会发生变化[140]。例如工艺变量的均值、标准差和最大值等时域特征会发生改变，工艺变量的直流分量、偏度和峰度等频域特征也会发生改变。由于化工过程是一个时刻处于动态波动的过程，故其发生的异常工况类型也具有多样性。即使相同类型的化工过程异常工况，其过程运行数据的概率分布也不完全相同。由于基于数据驱动的异常识别模型假设源域（训练集）和目标域（测试集）必须服从同一概率分布[141]，因此基于数据驱动的异常识别模型不适用于时刻处于动态平衡的化工过程，故需要采用特征自适应的方法适配化工过程工艺变量的原始概率分布，满足基于数据驱动的异常识别模型的前提假设。

特征自适应的目标是将基于数据驱动的异常识别模型从源域迁移到目标域，保证高精度无监督地识别目标域的异常工况。Yang 等[142]最早提出了边缘分布自适应的方法，该方法缩短了不同域之间的边缘分布距离。Saito 等[143]利用条件分布自适应的方法减少了不同域之间的条件分布距离。Long 等[144]提出了联合分布自适应（joint distribution adaptation，JDA）方法，同时考虑了边缘概率分布和条件概率分布。后续相关工作均是在 JDA 方法的基础上添加额外损失项，如优化类内距和类间距[145]、结构不变性控制[146]、流形对齐[147]等。但是基于以上特征自适应方法的异常识别模型均存在着表示能力有限和泛化能力不足等问题，不能获得化工过程数据的高度抽象和鲁棒的特征表示[148]，因此有必要采用深度学习的方法作为基于特征自适应方法的异常识别模型。

1.5　研究思路

　　针对化工过程操作复杂、变量耦合性强等原因导致的异常工况识别困难，本文提出了基于机理特征学习的化工过程异常工况智能识别方法。针对原始化工过程数据分布不一致，监督异常识别方法需要大量化工过程标签数据训练异常识别模型，化工过程标签数据稀少，添加化工过程数据标签费时费力等问题，该方法中采用了一种特征自适应与动态主动深度分歧的异常识别方法。提取化工过程异常工况的特征变量，对特征变量构成的源域和目标域的数据分布进行适配，通过少量的标签过程数据和大量的无标签过程数据训练 FA-DADD 异常识别模型。在保证 FA-DADD 异常识别模型识别准确率的基础上，最大限度地减少标签过程数据的使用量，同时增加无标签过程数据的使用量。针对化工过程异常工况识别方法无法实时监控、识别率低，异常工况的风险评估多为启发式分析，无法捕获潜在的风险问题，本文基于深度学习模型提出了一种动态定量风险评估方法，将时间序列转换为监督学习问题，搭建的预测模型提供多工况下的风险变量预测，通过 QRA 发现潜在的风险，计算每个异常工况动态的危害范围，再针对高风险工况设计控制方案。该异常工况识别方法的工作流程和研究思路如图 1-9 所示。

　　上述流程的实施步骤如下：

　　① 化工过程数据采集　仿真过程直接采集过程数据，实际工业过程通过标准 OPC（OLE for process control）数据采集协议实现 DCS 数据的实时采集。对于实际过程中不好获得的化工过程异常工况的运行数据，搭建化工过程的机理仿真模型，通过 HAZOP 等安全分析方法梳理化工过程的常见异常工况，基于机理仿真模型模拟化工过程常见的异常工况并采集异常工况的离线运行数据，建立完整的动态数据集。

　　② 基于 GAN 网络的缺失数据重建　在实际工业数据采集过程中，由于数据采集设备故障、存储介质故障等机械原因都会造成数据缺失，严重影响异常工况识别效果。本文提出了由 CNN 和 DAE 构成的 GAN 模型，分别对非随机缺失数据和随机缺失数据进行重建。

　　③ 判断统计量是否处于正常状态，对于异常工况则启动下面的异常识别程序。

　　④ 对于有标签的有监督学习模式，运用特征工程进行特征子集选择，对特征子集进行特征提取。化工过程工艺复杂，变量维度高，导致异常工况识别模型运行负荷大、耗时长。所以首先对采集的工艺变量预处理，根据变化量和位置相关性删除冗余变量。然后利用斯皮尔曼秩相关方法计算变量之间的相关性，通过图论可视化和平均加权度选取工艺中的关键变量，压缩数据集的维度，建立可供神经网络学习的特征变量数据集。本文使用 SRCC 对过程变量进行特征变量选择，去除冗余变量，提高模型效率。最后，基于 DBN、LSTM 等网络进行异常工况识别，通过 F1 分数评估模型性能。

　　⑤ 对于无标签的半监督学习模式，首先提取化工过程数据的时域特征和频域特征。基于分歧的半监督异常识别方法要求构建两个充分冗余且满足条件独立性的源域和目标域。针对构建基于分歧的异常识别方法的两个基学习器的特性，分别提取化工过程离线数据的时域特征和频域特征。基于提取的化工过程离线数据的时域特征构建一个源域和目标域，提取的

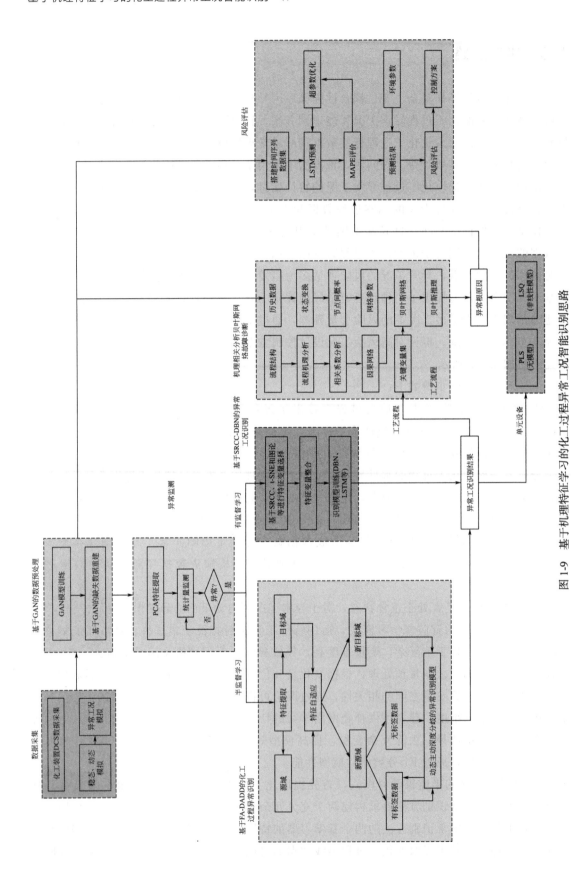

图1-9 基于机理特征学习的化工过程异常工况智能识别总思路

频域特征同样构建一个源域和目标域。自适应源域和目标域特征的数据分布，获得特征分布一致的新源域和新目标域。基于分歧的异常识别模型、假设源域和目标域服从同一分布，因此对时刻处于动态变化的化工过程并不适用，故采用特征自适应的方法适配化工过程数据的分布差异。最后，基于新源域的标签过程数据来初步训练动态主动深度分歧的异常识别模型。通过训练的 DADD 异常识别模型的两个基学习器分别预测新源域的无标签过程数据，动态主动学习挑选 CNN 基学习器和 LSTM 基学习器预测结果有分歧的高熵值无标签过程数据，专家标注高熵值无标签过程数据，将该无标签过程数据及其数据标签加入预测错误的基学习器的新源域标签过程数据集，重新训练 DADD 异常识别模型，最终识别新目标域的异常工况。

基于分歧的异常识别方法是一种半监督学习方法，起源于 Blum 和 Mitchell 提出的协同训练方法。该方法的核心思想是两个基学习器对抗学习，共同提升各自的异常识别精度，准确识别化工过程目标域的异常工况。传统上基于分歧的异常识别方法通过浅层网络学习化工过程的数据特征，但由于表示能力有限和泛化能力低等问题，导致传统的基于分歧的异常识别模型不能获得高度抽象和鲁棒的特征表示。为此采用 LSTM 基学习器和 CNN 基学习器学习化工过程的数据特征，提取过程数据的深层次特征。基于分歧的异常识别方法要求输入数据具有两个充分冗余且满足条件独立性的源域和目标域。为此提取化工过程数据的时域特征和频域特征，自适应时域特征构成的源域和目标域特征的数据分布，通过时域特征构成的新源域和新目标域训练 LSTM 基学习器；自适应频域特征构成的源域和目标域特征的数据分布，通过频域特征构成的新源域和新目标域训练 CNN 基学习器。结合工业的验证和确认（verification and validation，V&V）思想，指导 LSTM 基学习器和 CNN 基学习器选择超参数。基于动态主动学习挑选高熵值无标签过程数据并添加标签，通过学习高熵值标签过程数据提升 LSTM 基学习器和 CNN 基学习器的学习上限，最终提高 FA-DADD 异常识别模型的识别性能。

⑥ 对于工艺流程，首先进行机理分析，然后用相关系数判断历史数据相关性大小，确定变量之间的因果关系，构建贝叶斯网络结构；用历史数据求取节点的先验概率与条件概率，得到贝叶斯网络的参数，结合贝叶斯网络的结构得到工艺的贝叶斯网络；检测到故障发生后，依据贝叶斯网络进行故障传播路径的推理，确定出导致故障的根原因。对于单元设备，则进行故障参数分析。在确定具体的故障类型后，利用混合 LSQ 和 PLS 的反演算法求解反问题，进行故障参数的反演。其中，PLS 利用由 LSQ 产生的故障参数来分析故障参数的发展趋势。因此，上述混合反问题的参数估计方法是由非线性模型和无模型的简单回归部分组成的复杂优化方法。

⑦ 在风险评估中，首先基于 LSTM 学习异常工况数据，添加时间序列，将时间序列转换为监督学习问题，把数据集按合理比例分隔，通过正交试验选取最优网络超参数，对工艺流程中未知工况的变量进行预测；然后引入环境变量，通过定量风险计算和风险矩阵评估多个工况的风险，对高风险工况进行动态危害模拟；最后设计安全控制方案，并通过机理模型验证其可靠性。

本章小结

目前，化工过程工艺日趋复杂，自动化控制程度不断提升，但是生产过程中出现的异常工况识别方法还停留在人工经验水平。对于一些未曾经历过实际开停车及某些关键操作的操作人员来说，这种注重人工经验的处置方法很难保证装置长周期安全平稳运行。因此，如何及时准确地实现对异常工况的自动识别，降低对操作人员个人经验的要求，从而减少由于人员误操作引发的事故是化学工业面临的突出问题。深度学习网络作为一种新兴的数据表征方法，可以通过过程数据实现特征的自动提取，而无须依靠人工经验，以实现化工过程异常工况的智能识别。

参考文献

[1] 张祥 . 基于 LSTM 和动态模型的化工过程混合故障诊断 . 青岛：青岛科技大学，2018.

[2] 张卫华 . 基于 SDG 的多种故障诊断方法融合的异常工况管理系统研究 . 北京：北京化工大学，2010.

[3] 李乐宁 . 基于深度学习网络的精馏过程异常工况识别 . 青岛：青岛科技大学，2019.

[4] Dash S, Venkatasubramanian V. Challenges in the industrial applications of fault diagnostic systems. Computers & Chemical Engineering, 2000, 24（2）: 785-791.

[5] Venkatasubramanian V, Rengaswamy R, Kavuri S N, et al. A review of process fault detection and diagnosis: Part III: Process history based methods. Computers & Chemical Engineering, 2003, 27（3）: 327-346.

[6] Han X, Tian S, Romagnoli J A, et al. PCA-SDG Based Process Monitoring and Fault Diagnosis: Application to an Industrial Pyrolysis Furnace. IFAC-PapersOnLine, 2018, 51（18）: 482-487.

[7] Liu Y K, Wu G H, Xie C L, et al. A fault diagnosis method based on signed directed graph and matrix for nuclear power plants. Nuclear Engineering and Design, 2016, 297: 166-174.

[8] Cao C, Li M, Li Y, et al. Intelligent fault diagnosis of hot die forging press based on binary decision diagram and fault tree analysis. Procedia Manufacturing, 2018, 15: 459-466.

[9] Duan R, Zhou H. A new fault diagnosis method based on fault tree and bayesian networks. Energy Procedia, 2012, 17: 1376-1382.

[10] Jeong H, Park B, Park S, et al. Fault detection and identification method using observer-based residuals. Reliability Engineering & System Safety, 2019, 184: 27-40.

[11] Bellali B, Hazzab A, Bousserhane I K, et al. Parameter estimation for fault diagnosis in nonlinear systems by ANFIS. Procedia Engineering, 2012, 29: 2016-2021.

[12] Jiang B, Staroswiecki M. Fault diagnosis for nonlinear uncertain systems using robust/sliding mode observers. Control and intelligent systems, 2005, 33（3）: 151-157.

[13] Wu J D, Huang C W, Huang R. An application of a recursive Kalman filtering algorithm in rotating machinery fault diagnosis. Ndt & E International, 2004, 37（5）: 411-419.

[14] Berredjem T, Benidir M. Bearing faults diagnosis using fuzzy expert system relying on an improved range overlaps and similarity method. Expert Systems with Applications, 2018, 108: 134-142.

[15] Yang Z L, Wang B, Dong X H, et al. Expert system of fault diagnosis for gear box in wind turbine. Systems Engineering Procedia, 2012, 4: 189-195.

[16] Qian Y, Li X, Jiang Y, et al. An expert system for real-time fault diagnosis of complex chemical processes. Expert Systems with Applications, 2003, 24（4）: 425-432.

[17] Niu X, Zhao X. The study of fault diagnosis the high-voltage circuit breaker based on neural network and expert system. Procedia Engineering, 2012, 29: 3286-3291.

［18］ Peng H, Wang J, PéRez-JiméNez M J, et al. Fuzzy reasoning spiking neural P system for fault diagnosis. Information Sciences, 2013, 235: 106-116.

［19］ Liu H C, Lin Q L, Ren M L. Fault diagnosis and cause analysis using fuzzy evidential reasoning approach and dynamic adaptive fuzzy Petri nets. Computers & Industrial Engineering, 2013, 66（4）: 899-908.

［20］ Sun X, Sun B, Zhang S, et al. A new pattern recognition model for gas kick diagnosis in deepwater drilling. Journal of Petroleum Science and Engineering, 2018, 167: 418-425.

［21］ Oliveira A R C, da Costa J M G S. Hierarchic Fault Diagnosis by Pattern-Recognition Approaches Applied to DAMADICS Benchmark. IFAC Proceedings Volumes, 2011, 44（1）: 7737-7742.

［22］ Khosravani M R, Nasiri S, Weinberg K. Application of case-based reasoning in a fault detection system on production of drippers. Applied Soft Computing, 2019, 75: 227-232.

［23］ Zhao H, Liu J, Dong W, et al. An improved case-based reasoning method and its application on fault diagnosis of Tennessee Eastman process. Neurocomputing, 2017, 249: 266-276.

［24］ Zhu Q, Jia Y, Peng D, et al. Study and application of fault prediction methods with improved reservoir neural networks. Chinese Journal of Chemical Engineering, 2014, 22（7）: 812-819.

［25］ Tang X, Zhuang L, Cai J, et al. Multi-fault classification based on support vector machine trained by chaos particle swarm optimization. Knowledge-Based Systems, 2010, 23（5）: 486-490.

［26］ Ge Z, Yang C, Song Z. Improved kernel PCA-based monitoring approach for nonlinear processes. Chemical Engineering Science, 2009, 64（9）: 2245-2255.

［27］ Rato T, Reis M, Schmitt E, et al. A systematic comparison of PCA-based Statistical Process Monitoring methods for high-dimensional, time-dependent Processes. AIChE Journal, 2016, 62（5）: 1478-1493.

［28］ Fan J, Wang Y. Fault detection and diagnosis of non-linear non-Gaussian dynamic processes using kernel dynamic independent component analysis. Information Sciences, 2014, 259: 369-379.

［29］ Zhong N, Deng X. Multimode non-Gaussian process monitoring based on local entropy independent component analysis. The Canadian Journal of Chemical Engineering, 2017, 95（2）: 319-330.

［30］ Chiang L H, Russell E L, Braatz R D. Fault diagnosis in chemical processes using Fisher discriminant analysis, discriminant partial least squares, and principal component analysis. Chemometrics and intelligent laboratory systems, 2000, 50（2）: 243-252.

［31］ Zhao J, Shu Y, Zhu J, et al. An Online Fault Diagnosis Strategy for Full Operating Cycles of Chemical Processes. Industrial & Engineering Chemistry Research, 2014, 53（13）: 5015-5027.

［32］ Ge Z, Song Z, Gao F. Review of Recent Research on Data-Based Process Monitoring. Industrial & Engineering Chemistry Research, 2013, 52（10）: 3543-3562.

［33］ Chao N, Chen M, Zhou D. Hidden Markov Model-Based Statistics Pattern Analysis for Multimode Process Monitoring: An Index-Switching Scheme. Industrial & Engineering Chemistry Research, 2014, 53（27）: 11084-11095.

［34］ Wang F, Tan S, Yang Y, et al. Hidden Markov Model-based Fault Detection Approach for Multimode Process. Industrial & Engineering Chemistry Research, 2016, 55（16）: 4613-4621.

［35］ Tian Y, Du W, Qian F. High dimension feature extraction based visualized SOM fault diagnosis method and its application in p-xylene oxidation process. Chinese Journal of Chemical Engineering, 2015, 23（9）: 1509-1517.

［36］ Lashkari N, Poshtan J, Azgomi H F. Simulative and experimental investigation on stator winding turn and unbalanced supply voltage fault diagnosis in induction motors using Artificial Neural Networks. ISA transactions, 2015, 59: 334-342.

［37］ Wu J D, Kuo J M. An automotive generator fault diagnosis system using discrete wavelet transform and artificial neural network. Expert Systems with Applications, 2009, 36（6）: 9776-9783.

[38] Gao X, Hou J. An improved SVM integrated GS-PCA fault diagnosis approach of Tennessee Eastman process. Neurocomputing, 2016, 174: 906-911.

[39] Jing C, Hou J. SVM and PCA based fault classification approaches for complicated industrial process. Neurocomputing, 2015, 167: 636-642.

[40] Tharwat A, Hassanien A E, Elnaghi B E. A BA-based algorithm for parameter optimization of support vector machine. Pattern Recognition Letters, 2017, 93: 13-22.

[41] Du Y, Du D. Fault detection and diagnosis using empirical mode decomposition based principal component analysis. Computers & Chemical Engineering, 2018, 115: 1-21.

[42] Mnassri B, Ouladsine M. Reconstruction-based contribution approaches for improved fault diagnosis using principal component analysis. Journal of Process Control, 2015, 33: 60-76.

[43] Tong C, Lan T, Yu H, et al. Distributed partial least squares based residual generation for statistical process monitoring. Journal of Process Control, 2019, 75: 77-85.

[44] Jia Q, Zhang Y. Quality-related fault detection approach based on dynamic kernel partial least squares. Chemical Engineering Research and Design, 2016, 106: 242-252.

[45] Ajami A, Daneshvar M. Data driven approach for fault detection and diagnosis of turbine in thermal power plant using Independent Component Analysis (ICA). International Journal of Electrical Power & Energy Systems, 2012, 43(1): 728-735.

[46] Feng L, Di T, Zhang Y. HSIC-based kernel independent component analysis for fault monitoring. Chemometrics and Intelligent Laboratory Systems, 2018, 178: 47-55.

[47] Nor N M, Hussain M A, Hassan C R C. Fault diagnosis and classification framework using multiscale classification based on kernel Fisher discriminant analysis for chemical process system. Applied Soft Computing, 2017, 61: 959-972.

[48] Zhao X, Jia M. Fault diagnosis of rolling bearing based on feature reduction with global-local margin Fisher analysis. Neurocomputing, 2018, 315: 447-464.

[49] Ming L, Zhao J. Feature selection for chemical process fault diagnosis by artificial immune systems. Chinese journal of chemical engineering, 2018, 26(8): 1599-1604.

[50] Laurentys C A, Palhares R M, Caminhas W M. A novel artificial immune system for fault behavior detection. Expert Systems with Applications, 2011, 38(6): 6957-6966.

[51] Liu H, Zhang J, Lu C. Performance degradation prediction for a hydraulic servo system based on Elman network observer and GMM-SVR. Applied Mathematical Modelling, 2015, 39(19): 5882-5895.

[52] Ma L, Dong J, Peng K. Root cause diagnosis of quality-related faults in industrial multimode processes using robust Gaussian mixture model and transfer entropy. Neurocomputing, 2018, 285: 60-73.

[53] Don M G, Khan F. Dynamic process fault detection and diagnosis based on a combined approach of hidden Markov and Bayesian network model. Chemical Engineering Science, 2019, 201: 82-96.

[54] Huang D R, Ke L Y, Chu X Y, et al. Fault diagnosis for the motor drive system of urban transit based on improved Hidden Markov Model. Microelectronics Reliability, 2018, 82: 179-189.

[55] Zhou Y, Wu K, Meng Z, et al. Fault detection of aircraft based on support vector domain description. Computers & Electrical Engineering, 2017, 61: 80-94.

[56] Yin G, Zhang Y T, Li Z N, et al. Online fault diagnosis method based on incremental support vector data description and extreme learning machine with incremental output structure. Neurocomputing, 2014, 128: 224-231.

[57] Fang M, Kodamana H, Huang B, et al. A novel approach to process operating mode diagnosis using conditional random fields in the presence of missing data. Computers & Chemical Engineering, 2018, 111: 149-163.

[58] Zhang X, David M, Xu R, et al. A maximum entropy based approach to fault diagnosis using discrete and continuous features//Fault Detection, Supervision and Safety of Technical Processes 2006. Elsevier Science Ltd, 2007: 438-443.

[59] Grbovic M, Li W, Xu P, et al. Decentralized fault detection and diagnosis via sparse PCA based decomposition and maximum entropy decision fusion. Journal of Process Control, 2012, 22（4）: 738-750.

[60] Li Z, Fang H, Huang M, et al. Data-driven bearing fault identification using improved hidden Markov model and self-organizing map. Computers & Industrial Engineering, 2018, 116: 37-46.

[61] Chen X, Yan X. Using improved self-organizing map for fault diagnosis in chemical industry process. Chemical engineering research and design, 2012, 90（12）: 2262-2277.

[62] Jedliński Ł, Jonak J. Early fault detection in gearboxes based on support vector machines and multilayer perceptron with a continuous wavelet transform. Applied Soft Computing, 2015, 30: 636-641.

[63] Han H, Cui X, Fan Y, et al. Least squares support vector machine（LS-SVM）-based chiller fault diagnosis using fault indicative features. Applied Thermal Engineering, 2019, 154: 540-547.

[64] Cho J, Kim H, Gebreselassie A L, et al. Deep neural network and random forest classifier for source tracking of chemical leaks using fence monitoring data. Journal of Loss Prevention in the Process Industries, 2018, 56: 548-558.

[65] Guo F, Liu Z, Hu W, et al. Gain prediction and compensation for subarray antenna with assembling errors based on improved XGBoost and transfer learning. IET Microwaves, Antennas & Propagation, 2020, 14（6）: 551-558.

[66] Dong B, Cao C, Lee S E. Applying support vector machines to predict building energy consumption in tropical region. Energy and Buildings, 2005, 37（5）: 545-553.

[67] Li Q, Meng Q, Cai J, et al. Applying support vector machine to predict hourly cooling load in the building. Applied Energy, 2009, 86（10）: 2249-2256.

[68] Onel M, Kieslich C A, Guzman Y A, et al. Simultaneous Fault Detection and Identification in Continuous Processes via nonlinear Support Vector Machine based Feature Selection. Int Symp Process Syst Eng, 2018, 44: 2077-2082.

[69] 孙伯寅, 董国庆, 张荣. 支持向量机在水源水化学耗氧量预测中的应用. 环境与健康杂志, 2016, 33（06）: 544-547.

[70] Liu Y, Ge Z. Weighted random forests for fault classification in industrial processes with hierarchical clustering model selection. Journal of Process Control, 2018, 64: 62-70.

[71] Ahmad M W, Reynolds J, Rezgui Y. Predictive modelling for solar thermal energy systems: A comparison of support vector regression, random forest, extra trees and regression trees. Journal of Cleaner Production, 2018, 203: 810-821.

[72] Shi X, Wong Y D, Li M Z, et al. A feature learning approach based on XGBoost for driving assessment and risk prediction. Accid Anal Prev, 2019, 129: 170-179.

[73] Bikmukhametov T, Jäschke J. Oil Production Monitoring using Gradient Boosting Machine Learning Algorithm. IFAC-PapersOnLine, 2019, 52（1）: 514-519.

[74] 张荣涛, 陈志高, 李彬彬, 等. 基于深度卷积神经网络模型和XGBoost算法的齿轮箱故障诊断研究. 机械强度, 2020, 42（05）: 1059-1066.

[75] Hinton G E, Salakhutdinov R R. Reducing the Dimensionality of Data with Neural Networks. Science, 2006, 313（5786）: 504-507.

[76] Lecun Y, Bengio Y, Hinton G. Deep learning. Nature, 2015, 521（7553）: 436-444.

[77] Silver D, Huang A, Maddison C J, et al. Mastering the game of Go with deep neural networks and tree search. Nature, 2016, 529（7587）: 484-489.

［78］ Krizhevsky A, Sutskever I, Hinton G E. ImageNet classification with deep convolutional neural networks. Communications of the ACM, 2017, 60（6）: 84-90.

［79］ Rizk Y, Hajj N, Mitri N, et al. Deep belief networks and cortical algorithms: A comparative study for supervised classification. Applied Computing and Informatics, 2019, 15（2）: 81-93.

［80］ Bengio Y, Simard P, Frasconi P. Learning long-term dependencies with gradient descent is difficult. IEEE Trans Neural Netw, 1994, 5（2）: 157-166.

［81］ Wu H, Zhao J. Deep convolutional neural network model based chemical process fault diagnosis. Computers & Chemical Engineering, 2018, 115: 185-197.

［82］ Wang Y, Li H. A novel intelligent modeling framework integrating convolutional neural network with an adaptive time-series window and its application to industrial process operational optimization. Chemometrics and Intelligent Laboratory Systems, 2018, 179: 64-72.

［83］ Bengio Y, Lamblin P, Popovici D, et al. Greedy layer-wise training of deep networks//Advances in Neural Information Processing Systems, 2007: 153-160.

［84］ Wang Y, Pan Z, Yuan X, et al. A novel deep learning based fault diagnosis approach for chemical process with extended deep belief network. ISA Trans, 2020, 96: 457-467.

［85］ Tian W, Liu Z, Li L, et al. Identification of abnormal conditions in high-dimensional chemical process based on feature selection and deep learning. Chinese Journal of Chemical Engineering, 2020, 28（7）: 1875-1883.

［86］ Xu P, Du R, Zhang Z. Predicting pipeline leakage in petrochemical system through GAN and LSTM. Knowledge-Based Systems, 2019, 175: 50-61.

［87］ Lyu P, Chen N, Mao S, et al. LSTM based encoder-decoder for short-term predictions of gas concentration using multi-sensor fusion. Process Safety and Environmental Protection, 2020, 137: 93-105.

［88］ Kim H, Park M, Kim C W, et al. Source localization for hazardous material release in an outdoor chemical plant via a combination of LSTM-RNN and CFD simulation. Computers & Chemical Engineering, 2019, 125: 476-489.

［89］ Li X, Duan F, Loukopoulos P, et al. Canonical variable analysis and long short-term memory for fault diagnosis and performance estimation of a centrifugal compressor. Control Engineering Practice, 2018, 72: 177-191.

［90］ Schmidhuber J. Deep learning in neural networks: An overview. Neural Networks, 2015, 61: 85-117.

［91］ Yu J, Zheng X, Wang S. A deep autoencoder feature learning method for process pattern recognition. Journal of Process Control, 2019, 79: 1-15.

［92］ Jing L, Zhao M, Li P, et al. A convolutional neural network based feature learning and fault diagnosis method for the condition monitoring of gearbox. Measurement, 2017, 111: 1-10.

［93］ Lei J, Liu C, Jiang D. Fault diagnosis of wind turbine based on Long Short-term memory networks. Renewable Energy, 2019, 133: 422-432.

［94］ Zhao G, Liu X, Zhang B, et al. A novel approach for analog circuit fault diagnosis based on Deep Belief Network. Measurement, 2018, 121: 170-178.

［95］ Sun M, Wang H, Liu P, et al. A sparse stacked denoising autoencoder with optimized transfer learning applied to the fault diagnosis of rolling bearings. Measurement, 2019, 146: 305-314.

［96］ Xu P, Du R, Zhang Z. Predicting pipeline leakage in petrochemical system through GAN and LSTM. Knowledge-Based Systems, 2019, 175: 50-61.

［97］ Wang Y, Li H. A novel intelligent modeling framework integrating convolutional neural network with an adaptive time-series window and its application to industrial process operational optimization. Chemometrics and Intelligent Laboratory Systems, 2018, 179: 64-72.

［98］ Liu H, Zhou J, Xu Y, et al. Unsupervised fault diagnosis of rolling bearings using a deep neural network based on generative adversarial networks. Neurocomputing, 2018, 315: 412-424.

［99］ Baraldi P, Di Maio F, Rigamonti M, et al. Clustering for unsupervised fault diagnosis in nuclear turbine shut-down transients. Mechanical Systems and Signal Processing, 2015, 58-59: 160-178.

［100］ Hamid Amiri S, Jamzad M. Automatic image annotation using semi-supervised generative modeling. Pattern Recognition, 2015, 48 (1): 174-188.

［101］ He Y, Song K, Dong H, et al. Semi-supervised defect classification of steel surface based on multitraining and generative adversarial network. Optics and Lasers in Engineering, 2019, 122: 294-302.

［102］ Liu Y, Xu Z, Li C. Online semi-supervised support vector machine. Information Sciences, 2018, 439-440: 125-141.

［103］ Wang X, Wen J, Alam S, et al. Semi-supervised learning combining transductive support vector machine with active learning. Neurocomputing, 2016, 173: 1288-1298.

［104］ Leng Y, Xu X, Qi G. Combining active learning and semi-supervised learning to construct SVM classifier. Knowledge-Based Systems, 2013, 44: 121-131.

［105］ Cecotti H. Active graph based semi-supervised learning using image matching: Application to handwritten digit recognition. Pattern Recognition Letters, 2016, 73: 76-82.

［106］ Zhao M, Zhang Y, Zhang Z, et al. ALG: Adaptive low-rank graph regularization for scalable semi-supervised and unsupervised learning. Neurocomputing, 2019, 370: 16-27.

［107］ 周志华. 基于分歧的半监督学习. 自动化学报, 2013, 39 (11): 1871-1878.

［108］ Zhou Z-H, Li M. Tri-training: Exploiting unlabeled data using three classifiers. IEEE Transactions on Knowledge & Data Engineering, 2005, 17 (11): 1529-1541.

［109］ Wang W, Zhou Z-H. Analyzing co-training style algorithms//Proceedings of the 18th European conference on Machine Learning, Warsaw, 2007: 454-465.

［110］ Zhang Y, Wen J, Wang X, et al. Semi-supervised learning combining co-training with active learning. Expert Systems with Applications, 2014, 41 (5): 2372-2378.

［111］ Graves A, Mohamed A, Hinton G. Speech recognition with deep recurrent neural networks//Acoustics, speech and signal processing (ICASSP), 2013 IEEE international conference on. IEEE, 2013: 6645-6649.

［112］ Ijjina E P, Mohan C K, et al. Human action recognition in RGB-D videos using motion sequence information and deep learning. Pattern Recognition, 2017, 72: 504-516.

［113］ 王康成, 尚超, 柯文思, 等. 化工过程深度神经网络软测量的结构与参数自动调整方法. 化工学报, 2018 (03): 900-906, 1253.

［114］ 王功明, 李文静, 乔俊飞. 基于 PLSR 自适应深度信念网络的出水总磷预测. 化工学报, 2017, 68 (5): 1987-1997.

［115］ P Jiang, Z Hu, J Liu, et al. Fault Diagnosis Based on Chemical Sensor Data with an Active Deep Neural Network. Sensors, 2016, 16 (10): 1695-1716.

［116］ Jaehoon Cho, Hyunseung Kim, Addis Lulu Gebreselassie, et al. Deep neural network and random forest classifier for source tracking of chemical leaks using fence monitoring data. Journal of Loss Prevention in the Process Industries, 2018 (Available online).

［117］ Zhang Z, Zhao J S. A Deep Belief Network Based Fault Diagnosis Model for Complex Chemical Processes. Computers & Chemical Engineering, 2017, 107: 395-407.

［118］ Van Tung Tran, et. al. An approach to fault diagnosis of reciprocating compressor valves using Teager Kaiser energy operator and deep belief networks. Expert Systems with Applications, 2014, 41: 4113-4122.

［119］ Chuan Li, et. al. Multimodal deep support vector classification with homologous features and its application to gearbox fault diagnosis. Neurocomputing, 2015, 168: 119-127.

［120］ Zhiqiang Chen, Chuan Li, et. al. Multi-layer neural network with deep belief network for gearbox fault diagnosis. Journal of Vibroengineering, 2015, 17（5）: 2379-2392.

[121] Li C, Sanchez R V, Zurita G, et al. Gearbox fault diagnosis based on deep random forest fusion of acoustic and vibratory signals. Mechanical Systems & Signal Processing, 2016, 76-77: 283-293.

[122] Shao H, Jiang H, Wang F, et al. Rolling bearing fault diagnosis using adaptive deep belief network with dual-tree complex wavelet packet. Isa Transactions, 2017: 187-201.

[123] Xingqing Wang, Yanfeng Li, et. al. Bearing fault diagnosis method based on Hilbert envelope spectrum and deep belief network. Journal of Vibroengineering, 2015, 17（3）: 1295-1308.

[124] Meng Gan, Cong Wang, Chang'an Zhu. Construction of hierarchical diagnosis network based on deep learning and its application in the fault pattern recognition of rolling element bearings. Mechanical Systems and Signal Processing, 2016, 72-73（2）: 92-104.

[125] 单外平, 曾雪琼. 基于深度信念网络的信号重构与轴承故障识别. 电子设计工程, 2016, 24（4）: 67-71.

[126] Jie Tao, et. al. Bearing Fault Diagnosis Based on Deep Belief Network and Multi-sensor Information Fusion. Shock and Vibration, 2016, 7: 1-9.

[127] 李巍华, 单外平, 曾雪琼. 基于深度信念网络的轴承故障分类识别. 振动工程学报, 2016, 29（2）: 340-347.

[128] Chuan Li, Rene-vinicio Sanchez, et. al. Fault Diagnosis for Rotating Machinery Using Vibration Measurement Deep Statistical Feature Learning. Sensors, 2016, 16（6）: 895-913.

[129] H Shao, H Jiang, H Zhang, et al. Rolling bearing fault feature learning using improved convolutional deep belief network with compressed sensing. Mechanical Systems & Signal Processing, 2018, 100: 743-765.

[130] Na J, Jeon K, Lee W B. Toxic gas release modeling for real-time analysis using variational autoencoder with convolutional neural networks. Chemical Engineering Science, 2018, 181: 68-78.

[131] Lv F, Wen C, Liu M, et al. Weighted time series fault diagnosis based on a stacked sparse autoencoder. Journal of Chemometrics, 2017, 31（4）: 2912-2927.

[132] Zheng H, Cheng G, Li Y, et al. A new fault diagnosis method for planetary gear based on image feature extraction and bag-of-words model. Measurement, 2019, 145: 1-13.

[133] 董玉玺, 李乐宁, 田文德. 基于多层优化 PCC-SDG 方法的化工过程故障诊断. 化工学报, 2018, 69（03）: 1173-1181.

[134] Tian W, Zhang G, Zhang X, et al. PCA weight and Johnson transformation based alarm threshold optimization in chemical processes. Chinese Journal of Chemical Engineering, 2018, 26（8）: 1653-1661.

[135] Zhang H, Tian X, Deng X, et al. Batch process fault detection and identification based on discriminant global preserving kernel slow feature analysis. ISA Transactions, 2018, 79: 108-126.

[136] Jaramillo F, Orchard M, MUñOZ C, et al. On-line estimation of the aerobic phase length for partial nitrification processes in SBR based on features extraction and SVM classification. Chemical Engineering Journal, 2018, 331: 114-123.

[137] Ming L, Zhao J. Feature selection for chemical process fault diagnosis by artificial immune systems. Chinese Journal of Chemical Engineering, 2018, 26（8）: 1599-1604.

[138] Wang Y, Cang S, Yu H. Mutual information inspired feature selection using kernel canonical correlation analysis. Expert Systems with Applications: X, 2019, 4: 100014.

[139] Wei J, Zhang R, Yu Z, et al. A BPSO-SVM algorithm based on memory renewal and enhanced mutation mechanisms for feature selection. Applied Soft Computing, 2017, 58: 176-192.

[140] 时培明, 梁凯, 赵娜, 等. 基于深度学习特征提取和粒子群支持向量机状态识别的齿轮智能故障诊断. 中国机械工程, 2017, 28（09）: 1056-1061, 1068.

[141] Chen C, Jiang B, Cheng Z, et al. Joint Domain Matching and Classification for cross-domain adaptation via ELM. Neurocomputing, 2019, 349: 314-325.

[142] Pan S J, Yang Q. A Survey on Transfer Learning. IEEE Transactions on Knowledge and Data Engineering,

2010, 22（10）: 1345-1359.

[143] Saito K, Ushiku Y, Harada T. Asymmetric Tri-training for Unsupervised Domain Adaptation//Proceedings of the 34th International Conference on Machine Learning, Sydney, 2017: 2988-2997.

[144] Long M, Wang J, Ding G, et al. Transfer Feature Learning with Joint Distribution Adaptation//2013 IEEE International Conference on Computer Vision, Sydney, 2013: 2200-2207.

[145] Tahmoresnezhad J, Hashemi S. Visual domain adaptation via transfer feature learning. Knowledge & Information Systems, 2016, 50（2）: 1-21.

[146] Hsiao P, Chang F, Lin Y. Learning Discriminatively Reconstructed Source Data for Object Recognition With Few Examples. IEEE Transactions on Image Processing, 2016, 25（8）: 3518-3532.

[147] Wang X, Ren J, Liu S. Distribution Adaptation and Manifold Alignment for complex processes fault diagnosis. Knowledge-Based Systems, 2018, 156: 100-112.

[148] 龙明盛. 迁移学习问题与方法研究. 北京: 清华大学, 2014.

数 据 预 处 理

数据预处理的目的主要是将过程数据转换成更易于模型处理的形式。不同于实验室测量数据，工业过程通常含有数以千计的在线监测仪表，再加上长年累月的连续化生产使得数据库存储有海量的历史数据，而工业过程产生的历史数据一般存在数据缺失、异常、数据漂移和数据相关等问题。因此，在对数据进行深度学习之前进行数据的检查和预处理就显得十分必要。数据预处理中，首先初步选择过程原始变量，并识别和处理数据中的缺失和异常；然后对数据进行去噪处理，校正数据漂移，并对数据的发展趋势进行预测。

2.1 基于 GAN 的缺失数据重建

生成式对抗网络（GAN）可以将采得的历史数据经过神经网络的复杂运算，生成具有和历史数据相似的数据，对历史数据缺失值重建具有很好的效果[1]。训练良好的生成式对抗网络能够很好地提取真实数据集的特征，重建数据集与真实数据集的相似度直接影响后续异常工况识别的结果，对后续工作有着重大意义。通过对 GAN 进行无监督训练，神经网络可以自动提取变量之间的相关性、负荷波动规律等复杂的时空关系，使得生成器可以生成与真实数据集相似度极高的重建数据集。

本节所讲的生成式对抗网络由 CNN 和 DAE 构成，CNN 和 DAE 分别充当生成器 G 和判别器 D。生成器通过提取真实数据集的分布规律特征，生成与真实数据集相似度尽可能高的数据集，判别器本质上是一个二分类器，用于区分数据集为真实数据集还是生成数据集。因此使用特征提取能力强的卷积神经网络[2,3]作为生成器，使用具有分类能力优异的深度自编码器[4,5]作为判别器。

GAN 的训练过程是 G 和 D 交替进行的，先固定 G，优化 D；然后固定 D，继续训练 G，使得 D 的判别标准率最小化。当且仅当判别器的真实样本概率分布和生成器的数据概率分布相等时达到全局最优解。GAN 的结构原理图如图 2-1 所示。

2.1.1 生成式对抗网络 GAN

GAN 模型受博弈论中零和博弈思想的启发而提出，由生成器 G 和判别器 D 构成[6]。生

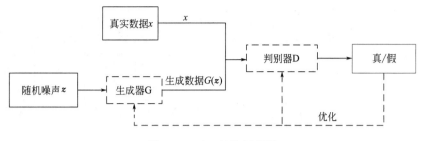

图 2-1　GAN 结构原理图

成器 G 用来学习真实数据集的概率分布 P_{data}，并利用随机噪声 z 生成与真实数据集分布规律一致的样本 $G(z)$。判别器 D 本质是一个二分类器，用于估计输入样本是真实样本的概率。如果样本为真实样本，则判别器输出大概率；如果样本为生成样本，则判别器输出小概率。GAN 的训练过程即不断调整 G 和 D 的参数，直至 D 不能把生成样本从真实样本中区分出来。训练过程中，通过调整 G 的参数，使其尽可能地生成让 D 无法区别出来的样本；通过调整 D 的参数，使其尽可能地区分出生成样本。当 D 无法区别出生成样本时，可以认为 G 达到最优状态。假设真实样本数据为 x，生成样本数据为 $G(z)$，则 G 和 D 的损失函数分别为式（2-1）和式（2-2）：

$$F_{\text{G}}(z) = D(G(z)) \tag{2-1}$$

$$F_{\text{D}}(x,z) = D(x) + \max{}^*(1 - D(G(z))) \tag{2-2}$$

式中，$D(\cdot)$ 表示判别器将输入样本判别为真实样本的概率。$\max{}^*(\cdot) = \max(0, \cdot)$。

由式（2-1）和式（2-2）可知，当生成器损失函数 $F_{\text{G}}(z)$ 最小化时，即为判别器损失函数 $F_{\text{D}}(x, z)$ 中的第二项最大化，所以 GAN 的优化过程就是解决极小极大化问题的过程。GAN 的目标函数如式（2-3）所示：

$$\min_G \max_D L(D, G) = E_{x \in P_{\text{data}}(x)}(\lg D(x)) + E_{z \in P_z(z)}\left[\lg(1 - D(G(z)))\right] \tag{2-3}$$

式中，$P_{\text{data}}(x)$ 和 $P_z(z)$ 分别表示真实样本和初始噪声样本的概率分布；$E(\cdot)$ 表示计算期望值。

在 GAN 学习过程中，生成器要使 $D(G(z))$ 尽可能接近 1，此时目标函数最小化；而判别器是使 $D(x)$ 尽可能接近 1，$D(G(z))$ 尽可能接近 0，此时目标函数最大化。因此，只有当判别器的真实样本概率分布和生成器的生成样本概率分布相等时达到全局最优解。

2.1.2　卷积神经网络

卷积神经网络（CNN）通常由卷积层（convolution layer）、激活层（activation layer）、池化层（pooling layer）、全连接层（fully connection layer）、输入/输出层（input/output layer）构成，有权重共享、局部连接、下采样三个结构特性，这些特性使卷积神经网络在特征提取方面更具优势[7]。

在 CNN 中采用卷积层来代替全连接层，使得下层的神经元只和上层局部窗口内的神经元相连接，这就是局部连接特性，如图 2-2 所示。

通常一维卷积运算用式（2-4）表示：

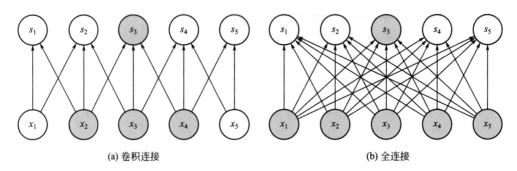

(a) 卷积连接　　　　　　　　　　　　(b) 全连接

图 2-2　局部连接和全连接

$$x_j^{(l)} = f\left(\sum_{i \in M_j} x_i^{(l-1)} * k_{ij}^{(l)} + b_j^{(l)} \right) \tag{2-4}$$

式中，$x_j^{(l)}$ 表示第 l 层中第 j 个神经元的输出；$f(\cdot)$ 表示激活函数；M_j 表示第 j 个神经元的卷积核尺寸；* 表示卷积运算；$k_{ij}^{(l)}$ 表示从第 $l-1$ 层中第 i 个神经元到第 l 层中第 j 个神经元的权重；b 表示偏置。

式(2-4) 还可以写成：

$$\boldsymbol{x}^{(l)} = f(\boldsymbol{x}^{(l-1)} * \boldsymbol{k}^{(l)} + \boldsymbol{b}^{(l)}) \tag{2-5}$$

式中，$\boldsymbol{x}$ 表示输出矩阵；$\boldsymbol{b}$ 为偏置矩阵；$\boldsymbol{k}$ 表示权重矩阵。其中 $\boldsymbol{k}^{(l)}$ 对于第 l 层所有的神经元都是相同的，即权重共享特性。

虽然使用卷积层来代替全连接层降低了一定的特征维度，但是此时的特征维度依然很高，还需进一步降低特征维度。因此，有学者提出池化的概念，也称为次采样，即通过聚合统计局部区域的特征值作为整个区域的特征值。次采样函数如式(2-6) 所示：

$$x_j^{(l+1)} = f(\beta_j^{(l+1)} * \mathrm{down}(x_i^{(l)}) + b_j^{(l+1)}) \tag{2-6}$$

式中，$\beta_j^{(l+1)}$ 表示次采样层权重；$\mathrm{down}(\cdot)$ 表示次采样函数。

2.1.3　深度自编码器

深度自编解码器（DAE）由编码器、解码器和隐藏层构成，DAE 的网络结构决定了它优异的分类能力[8]。编码器是将输入 x 映射到隐含表示 h 的网络，表示为：

$$h = f(x) = S_{\mathrm{f}}(W + b_n) \tag{2-7}$$

式中，S_{f} 是编码器的激活函数，一般为逻辑函数，其表达式为：

$$\mathrm{Sigmoid}(z) = \frac{1}{1 + z^{-1}} \tag{2-8}$$

解码器函数 $g(h)$ 将隐藏层数据映射回重构 y，表示为：

$$y = g(h) = S_{\mathrm{g}}(W'h + b_y) \tag{2-9}$$

式中，S_{g} 一般为线性函数或 Sigmoid 函数。DAE 的训练过程就是寻找参数 $\theta = \{W, b_y, b_h\}$ 的最小化重构误差的过程，表达式为：

$$J_{\mathrm{AE}} = \sum_{x \in D} L(x, g(f(x))) \tag{2-10}$$

式中，L 为重构误差函数。常用的重构误差函数包括平方误差函数和交叉熵损失函数，分别表示为：

$$L(x, y) = \| x - y \|^2 \tag{2-11}$$

$$L(x, y) = -\sum_{i=1}^{d_x} x_i \lg y_i + (1 - x_i) \lg (1 - y_i) \tag{2-12}$$

DAE 的训练过程可分为 DAE 预训练和反向微调。

(1) DAE 预训练过程

DAE 预训练过程先采用无监督学习对 DAE 的输入层和隐藏层进行初始化，再利用逐层贪心训练算法训练每个隐藏层，达到输入数据重构的目的，具体步骤如下：

① 通过无监督学习算法训练网络的最底层，将其输出作为原始输入的最小化重构误差；

② 每个隐藏层的输出作为下个隐藏层的输入，通过无监督学习算法继续训练下个隐藏层，并将重构误差控制在理想范围内；

③ 重复步骤②，直至完成所有隐藏层的训练；

④ 将最上层隐藏层的输出作为输出层的输入，并初始化输出层的参数，DAE 预训练过程如图 2-3 所示。

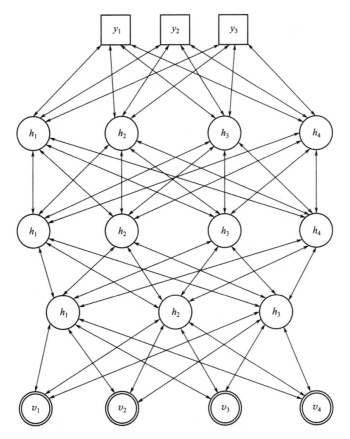

图 2-3　DAE 预训练过程

(2) DAE 反向微调过程

DAE 的反向微调过程采用有监督学习算法对预训练后的网络进行调整，通过多次迭代对权重和偏置进行优化。具体步骤如下：

① 对网络的权值、偏置和阈值进行赋值；

② 使用 BP 算法对随机选取的标签样本进行训练，计算各层的输出；

③ 根据输出求出各层的重构误差，并根据算得的误差修正权值和偏置；

④ 判断误差能否满足网络要求，如果无法满足要求则重复步骤②和③，直至误差满足期望要求为止。

2.1.4 GAN 模型搭建

为解决数据采集过程中极易出现的数据缺失问题，本节基于 TE 案例搭建了生成式对抗网络。其中用于生成器的卷积神经网络和用于判别器的深度自编码器的网络结构、迭代代数（又称迭代次数）、激活函数等超参数由试验决定，主要通过暴力枚举的方法进行选择。

由于 TE 过程包括 41 个变量，所以生成器网络的输入为 41 维的隐变量。输出卷积层滤波器数量为 41，对应每组数据中的 41 个变量，各卷积层卷积核等超参数则通过人为设计，以确保最终输出维度与实际数据变量个数相同。

2.1.5 GAN 缺失数据重建结果

为验证所提出的 GAN 对缺失数据重建效果，证明其有效性，选择 TE 流程进行验证。以 TE 过程的 41 个测量变量为研究对象，对 9 种工况数据进行训练。首先使用历史数据样本训练 GAN 模型，此时历史数据是不包含缺失值的完整数据样本。

使用 TE 过程进行数据采集，每种异常工况的每个变量采得 480 个连续时间间隔的数据，每种异常工况采 300 组数据，则共计 2700 组数据。2700 组样本数据，按 7∶2∶1 比例划分训练集、测试集和验证集，则训练集维度为（1890，480，41，9）、测试集维度为（540，480，41，9）、验证集维度为（270，480，41，9）。

（1）GAN 模型超参数选择

超参数的选择对于缺失数据重建任务的完成效果至关重要，在这里重点讨论网络层数和激活函数对缺失数据重建任务的影响。

① 评价标准 缺失数据重建效果的评价标准，由生成数据集与真实数据集的相似度 $\mathrm{Sim}(Z，X)$ 衡量，见式（2-13）和式（2-14）。

$$\mathrm{Sim}(Z,X) = \frac{1}{|Z|} \sum_i \max_{j \in \{1,\cdots,|X|\}} \left[\mathrm{Sim}(Z_i,X_j)\right] \tag{2-13}$$

$$\mathrm{Sim}(Z_i,X_j) = \frac{(Z_i - \overline{Z})(X_j - \overline{X})}{|Z_i - \overline{Z}| * |X_j - \overline{X}|} \tag{2-14}$$

式中，Z 表示生成器重建的数据集；X 表示真实数据集合；$\mathrm{Sim}(Z，X)$ 表示生成数据集与训练数据集的相似度，用来衡量重建数据是否学习到真实数据的特征。

② 网络层数 网络的层数和结构对于 GAN 模型的性能至关重要，网络层数和结构直接影响重建数据集和真实数据集的相似度。并且随着网络层数的增多，网络的复杂性也会增加，从而增加了网络的训练测试时间，因此需要对 GAN 模型的层数均进行讨论。

首先对除网络层数外的超参数进行预设，将网络的学习率均设为 10^{-3}，迭代代数设为 1500，batch size 设为 128，隐藏层的激活函数预设为 Sigmoid 函数，判别器输出层使用 Softmax 函数进行分类，生成器和判别器的损失函数分别如式（2-1）和式（2-2）所示。训练数据输进输入层之前，先对其进行标准化处理。为避免出现过拟合和不收敛的现象，在网络中添加 Dropout 层。经 TE 过程数据训练后，不同层数结构对 GAN 数据重建效果的影响如表 2-1 所示。

表 2-1　不同网络层数对 GAN 模型数据重建效果的对比

模型	结构	相似度/%
1	卷积层-激活层-池化层-全连接层-隐藏层-隐藏层-Softmax	80.1
2	卷积层-激活层-池化层-卷积层-激活层-池化层-全连接层-隐藏层-隐藏层-Softmax	85.2
3	卷积层-激活层-池化层-卷积层-激活层-Dropout 层-激活层-全连接层-隐藏层-隐藏层-Softmax	88.7
4	卷积层-激活层-池化层-卷积层-激活层-池化层-卷积层-激活层-Dropout 层-激活层-全连接层-隐藏层-隐藏层-Softmax	92.3
5	卷积层-激活层-池化层-卷积层-激活层-池化层-卷积层-激活层-池化层-卷积层-激活层-Dropout 层-激活层-全连接层-隐藏层-隐藏层-Softmax	92.1
6	卷积层-激活层-池化层-卷积层-激活层-池化层-卷积层-激活层-Dropout 层-激活层-全连接层-隐藏层-隐藏层-Softmax	**93.2**
7	卷积层-激活层-池化层-卷积层-激活层-池化层-卷积层-激活层-Dropout 层-激活层-全连接层-隐藏层-隐藏层-隐藏层-隐藏层-Softmax	93.3

表 2-1 展示了 7 种不同网络层数和结构对重建数据集与真实数据集相似度的影响。在探究合适的网络层数时，首先固定判别器层数，选择生成器层数。从表中可以看出，模型 4 和模型 5 重建数据集与真实数据集的相似度相近并且不再增长，所以停止调整生成器层数，开始调整判别器层数。模型 6 和模型 7 重建的数据效果较其他模型有明显优势，重建数据集与真实数据集的相似度可达 93% 以上。虽然模型 7 与模型 6 重建数据的效果非常相近，但模型 7 结构较模型 6 要复杂，训练测试耗时更长，因此认为模型 6 为最佳模型。

③ 激活函数和迭代代数　迭代代数的大小直接影响网络的训练测试耗时和重建数据效果。若迭代代数太少，网络得不到充分的训练，重建数据与真实数据的相似度低；若迭代代数太多，一方面会造成训练测试耗时过长，另一方面会出现过拟合现象。激活函数的选择会影响网络的收敛速率，从而对网络的训练测试耗时产生影响，并且激活函数的选择还会对网络重建数据的效果产生影响。因此，需要对 GAN 模型的激活函数的迭代代数进行研究。另外，还对 Sigmoid、PReLU 和 ReLU 三种函数对 GAN 模型重建数据集与真实数据集的相似度的影响进行了探究，如图 2-4 所示，并根据相似度随迭代代数的变化情况，确定了 GAN 模型适宜的迭代代数。

由图 2-4 可以看出，当选择 Sigmoid 函数作为隐藏层激活函数时，表现出比 PReLU 函数和 ReLU 函数更好的相似度。从理论角度分析，Sigmoid 函数的准确度最高，应该与其函数性质有关。ReLU 函数为左侧硬饱和（即负值强制为 0），PReLU 函数为两侧均不饱和（即两侧导数均不为 0），Sigmoid 函数为两侧软饱和（即两侧导数逐渐趋近于 0）。从图中还

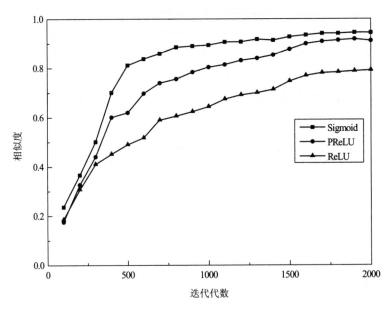

图 2-4　激活函数对 GAN 模型重建数据效果的影响

可以看出，当迭代代数超过 1700 代后，Sigmoid 函数下的重建数据集与真实数据集的相似度基本保持不变，所以认为 1700 代为 GAN 模型适宜的迭代代数。

通过反复迭代修正，确定了用于 TE 过程的 GAN 缺失数据重建模型，生成器包括：三个卷积层、四个激活层、两个池化层、一个 Dropout 层、一个全连接层，判别器为三层深度自编码器。其中，隐藏层激活函数选择 Sigmoid 函数，迭代代数为 1700 代。

（2）随机缺失数据重建

随机数据缺失是指由于通信干扰或者通信攻击造成的短时间内数据丢失。图 2-5 展示了

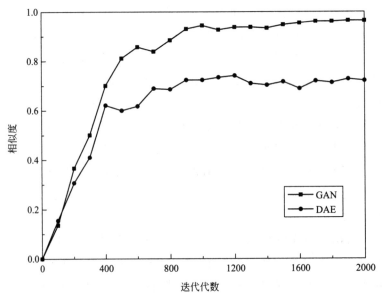

图 2-5　GAN 和三层 DAE 方法下重建数据的相似度

GAN 和三层 DAE 方法重建的随机缺失数据与真实数据相似度随迭代代数变化情况。由图 2-5 可以看出，基于 GAN 模型重建的随机缺失数据集与真实数据集相似度较三层 DAE 方法更高，能达到 96.43%。这表明 GAN 方法能够提取到真实数据的特征，并根据提取到的特征重建缺失数据。

为验证训练的 GAN 模型对随机缺失数据重建效果，则需要在验证集上进行试验。对其二值掩码矩阵 Ms（480×1）随机设置 200 个值为 0，其余值为 1，表示每个变量中对应的 200 个采集数据出现随机缺失。将含缺失值的验证样本作为 GAN 的输入，以其中一组数据的一个变量为例，GAN 对该变量的重建效果如图 2-6 所示。

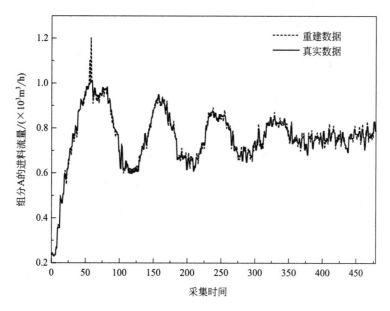

图 2-6　A 组分进料流量随机缺失数据重建

图 2-6 以 A/C 进料比发生变化（成分 B 不变）时 A 组分进料流量的变化情况［即故障 1 下，XMEAS（1）的变化情况］为分析对象，研究了变量 XMEAS（1）随机缺失值的重建效果。可以看出，重建后的随机缺失数据与真实数据变化趋势基本吻合。表明在数据随机缺失近半的情况下，GAN 经过训练后，仍能根据未缺失的前后数据及历史数据关系进行较准确的缺失值重建。

（3）非随机缺失数据重建

非随机数据缺失是指由于数据采集设备损坏、通信传输装置故障等原因造成的数据缺失，非随机数据缺失将造成一段时间内数据持续缺失。图 2-7 展示了 GAN 和三层 DAE 方法重建的非随机缺失数据与真实数据相似度随迭代代数变化情况。由图 2-7 可以看出，基于 GAN 模型重建的非随机缺失数据集与真实数据集相似度较三层 DAE 方法更高，能达到 87.82%。这表明 GAN 方法能够提取到真实数据的特征，并根据提取到的特征重建缺失数据。

为验证搭建的 GAN 模型对非随机缺失数据的重建效果，使用验证集进行试验。对其二值掩码矩阵 Ms（480×1）设置第 91～390 个值为 0，其余值为 1，表示每个变量在对应的第

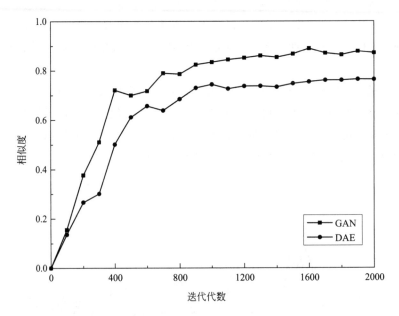

图 2-7　GAN 和三层 DAE 方法下重建数据的相似度

91～390 个数据采集时出现持续缺失。将含缺失值的验证样本作为模型的输入，以 A/C 进料比发生变化（成分 B 不变）时，A 组分进料流量的变化情况为例，GAN 对该变量的重建效果如图 2-8 所示。

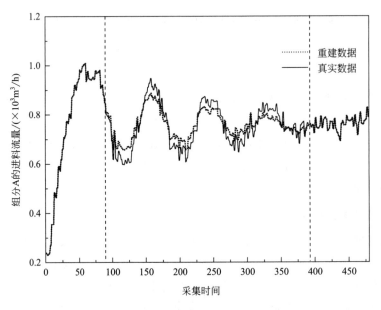

图 2-8　A 组分进料流量非随机缺失数据重建

由图 2-8 可以看出，对于非随机缺失的第 91～390 个数据，重建后的数据集与真实数据集变化趋势基本吻合。表明在数据非随机缺失过半的情况下，GAN 仍能根据未缺失的前后数据及历史数据关系进行较准确的缺失数据重建。

2.2　基于灰色时序模型的数据预测

预测技术可以为科学决策提供重要依据。预测技术是利用数学方法对历史数据进行科学的分析，找出数据内部蕴藏的规律，从而预测数据的变化趋势。本节对灰色模型和时间序列 AR 模型的机理进行研究[9]。由于不同的预测模型是从不同的角度挖掘数据中蕴藏的规律，且任何单一预测模型都具有局限性和不完备性，容易忽略系统中有用的信息，造成信息浪费，降低了预测精度。因此本节以串联组合的方式对灰色模型和 AR 模型进行组合建模研究，利用灰色模型预测数据的宏观变化趋势，再利用 AR 模型对灰色模型的误差进行修正。组合模型分别利用了灰色模型预测数据宏观变化趋势效果好的特点和 AR 模型对数据的波动适应强的优点，能够达到取长补短、博采众长的效果。最后利用灰色时序组合模型对蒸馏装置的腐蚀状况进行预测研究，并与灰色模型的预测结果进行比较，验证了组合模型的预测优势。

2.2.1　灰色模型原理

灰色理论认为系统中众多的变量之间存在着相互作用和影响，看似离乱、不相关的变量之间蕴藏着反映整体功能的关联式。灰色模型对信息相对匮乏的灰色系统的预测效果较好。灰色模型能够充分利用系统的已有信息，通过对原始数据的累加、累减运算，弱化原始数据的随机性和偶然性，然后将差分与微分方程交换建立离散数据序列的连续动态微分方程，最终使系统的灰色褪去，逐渐变为白色系统，将原始数据的特性和变化规律充分地展现出来。

利用灰色模型进行预测研究，首先对系统进行分析，找出需要进行预测的变量，然后收集该变量的历史数据，并按照数据产生时间的先后顺序进行排列，得到预测变量的原始序列 $X^{(0)}$：

$$X^{(0)}=\{x^{(0)}(1),x^{(0)}(2),\cdots,x^{(0)}(n)\} \tag{2-15}$$

灰色模型的建模条件要求原始序列的所有数值必须为非负数。因此，含有负数的序列必须经过特殊处理，将原始序列的每项都加上相同的正数，保证序列中的每项都变为非负数。原始序列需要进行光滑度检验，光滑度即序列中的第 k 个数据与序列的前 $k-1$ 个数据之和的比值，通过光滑度可以检验序列 $X^{(0)}$ 中的数据变化是否属于平稳变化。序列越平稳证明序列的光滑比越小[10]，光滑度检验的公式如下：

$$\rho(k)=\frac{x(k)}{\sum\limits_{i=1}^{k-1}x(i)},k=2,3,\cdots,n \tag{2-16}$$

如果满足以下两个条件，那么 $X^{(0)}$ 即是准光滑序列：

$$\rho(k)\in[0,0.5],k=3,4,\cdots,n \tag{2-17}$$

$$\frac{\rho(k+1)}{\rho(k)}<1,k=2,3,\cdots,n-1 \tag{2-18}$$

判断数据序列的光滑度，为序列的下一步运算提供借鉴。灰色模型处理原始序列之前，必须检验序列是否具有准指数规律。判断序列准指数规律的公式如式(2-19)所示：

$$\sigma(k)=\frac{x(k)}{x(k-1)},k=1,2,\cdots,n \tag{2-19}$$

如果序列满足式(2-20)的条件，则称该序列满足负的灰指数规律；

$$\sigma(k)\in[0,1],k=1,2,\cdots,n \tag{2-20}$$

如果序列满足式(2-21)的条件，则称该序列满足正的灰指数规律；

$$\sigma(k)\in[1,b],k=1,2,\cdots,n \tag{2-21}$$

如果序列满足式(2-22)的条件，则该序列满足绝对灰度为 δ 的灰指数规律，且当 $\delta<0.5$ 时，该序列具有准指数的规律。

$$\sigma(k)\in[a,b],且 b-a=\delta,k=1,2,\cdots,n \tag{2-22}$$

不满足准指数规律的序列，必须进行累加处理。如果序列是非负的准光滑序列，那么序列 $X^{(0)}$ 经过一次累加就能生成具有准指数规律的序列 $X^{(1)}$。序列的原始数据进行依次累加运算，弱化了数据的随机性，使数据的变化趋势更为明显。序列的累加公式为：

$$X^{(1)}(k)=\sum_{i=1}^{k}X^{(0)}(i),k=1,2,\cdots,n \tag{2-23}$$

并非累加次数越多越好。如果序列经过一次累加就能够生成具有明显指数规律的序列，进行更多的累加反而会破坏数据的规律性，把接近白化的规律性质又变灰。在实际应用中，如果进行 r 次累加后序列的指数规律已经很明显，一般不再进行更高次的累加运算。

对累加序列的元素进行紧邻均值运算，求得紧邻均值序列 $Z^{(1)}$，表达式如下：

$$Z^{(1)}=(z^{(1)}(2),z^{(1)}(3),\cdots,z^{(1)}(n)) \tag{2-24}$$

其中：

$$z^{(1)}(k)=0.5X^{(1)}(k-1)+(1-0.5)X^{(1)}(k),k=2,3,\cdots,n \tag{2-25}$$

对 $X^{(1)}$ 建立白化微分方程，其表达式为：

$$\frac{\mathrm{d}X^{(1)}}{\mathrm{d}t}+aX^{(1)}=u \tag{2-26}$$

将式(2-26)作离散化处理，由此微分变差分，得到灰色模型的白化方程式(2-27)，该方程也称为影子方程：

$$X^{(0)}(k)+aZ^{(1)}(k)=u \tag{2-27}$$

式中，a 是灰色模型的发展系数，它反映了序列的发展趋势；u 是模型的灰色作用量，它反映了系统的灰色性质对系统数据变化的影响。用最小二乘法求解参数 a、u，定义 GM 模型的参数向量：

$$\hat{a}=(a,u)^{\mathrm{T}} \tag{2-28}$$

最小二乘法估计方程式为：

$$\hat{a}=(B^{\mathrm{T}}B)^{-1}B^{\mathrm{T}}Y \tag{2-29}$$

其中：

$$B=\begin{bmatrix} -z^{(1)}(2) & 1 \\ -z^{(1)}(3) & 1 \\ \vdots & \vdots \\ -z^{(1)}(n) & 1 \end{bmatrix},Y=\begin{bmatrix} x^{(0)}(2) \\ x^{(0)}(3) \\ \vdots \\ x^{(0)}(n) \end{bmatrix}$$

求解式(2-27)，得到 $X^{(1)}$ 的预测公式如下：

$$\hat{X}^{(1)}(k+1)=\left[X^{(0)}(1)-\frac{u}{a}\right]e^{-ak}+\frac{u}{a}, k=0,1,\cdots,n-1 \tag{2-30}$$

因为灰色模型的数据序列进行了累加运算，所以预测结果需要进行累减还原，得到 $X^{(0)}$ 的预测公式：

$$\hat{X}^{(0)}(k+1)=X^{(1)}(1+k)-X^{(1)}(k)=(1-e^{-a})\left[X^{(0)}(1)-\frac{u}{a}\right]e^{-ak}, k=1,2,\cdots,n \tag{2-31}$$

灰色系统广泛存在于社会、经济、生产等领域，该系统普遍存在信息匮乏的特点。灰色模型适合贫信息、少数据的灰色系统的预测。灰色模型虽然并不是一种十分严格精确的数学模型，但与经典的统计学方法建模比较，该方法的建模条件相对宽松，限制条件比较少，只要数据序列满足光滑性检验的条件，就可以利用灰色模型进行建模。灰色模型虽然通过原始序列累加的方式弱化了随机性对数据预测的干扰，更好地挖掘数据的总体变动趋势，但同时数据累加也隐藏了数据的部分信息，降低了信息利用率，减弱了对波动数据的预测能力。

2.2.2　时间序列模型

处理时间序列的常用方法有：AR 模型、MA 模型、ARMA 模型等。AR 模型是三个模型中使用最广泛的，它具有如下显著的优点：①AR 模型的参数计算比 ARMA 模型和 MA 模型更简单；②只要 AR 模型的阶次足够高，AR 模型的精度就可以接近于 MA 模型和 ARMA 模型。因此本小节主要针对 AR 模型进行研究。

(1) AR 模型机理

AR 模型的建模要求时间序列必须满足零均值和平稳化条件，不满足该条件的序列必须进行零均值和差分平稳化处理。AR(n) 模型机理认为：系统中任何一个时刻 t 的数据 x_t 都可以用 t 时刻之前的 m 个数据进行线性组合，然后加上 t 时刻的系统白噪声来表示，表达式如下：

$$x_t=\Phi_1 x_{t-1}+\Phi_2 x_{t-2}+\cdots+\Phi_n x_{t-n}+\alpha_t \tag{2-32}$$

式中，Φ 为系数；n 为自回归模型的阶数。

式(2-32)可转化为以下形式：

$$Y=x\Phi+\alpha \tag{2-33}$$

其中：

$$Y=[x_{n+1},x_{n+2},\cdots,x_N]^{\mathrm{T}}, \Phi=[\Phi_1,\Phi_2,\cdots,\Phi_n]^{\mathrm{T}}, \alpha=[\alpha_{n+1},\alpha_{n+2},\cdots,\alpha_N]^{\mathrm{T}}$$

$$X=\begin{bmatrix} x_n & x_{n-1} & \cdots & x_1 \\ x_{n+1} & x_n & \cdots & x_2 \\ \vdots & \vdots & \vdots & \vdots \\ x_{N-1} & x_{N-2} & \cdots & x_{N-n} \end{bmatrix}$$

模型的阶次直接影响模型的预测精度。AR 模型有三种确定阶次的方法：最小预测误差准则（final prediction error）；偏相关和自相关函数定阶准则；Akaike Information Criterion 准则函数；Bayesian Information Criterion 准则函数。AIC 和 BIC 准则是当今使用最广泛的定阶准则。主要的准则函数表达式如下：

$$\text{FPE}(k) = \hat{\rho}_k \frac{N + (k+1)}{N - (k+1)} \tag{2-34}$$

$$\text{AIC}(k) = N\ln(\hat{\rho}_k) + 2k \tag{2-35}$$

$$\text{BIC}(k) = N\ln(\hat{\rho}_k)^2 + k\ln N \tag{2-36}$$

$$\hat{\rho}_k^2 = \frac{Q_{ls}}{N - 2p}, Q_{ls} = \sum_{t=p+1}^{N} \hat{a}_t^2$$

式中，k 为当前阶次；N 为序列数据的个数。当准则函数取得最小值时，此时的阶次 k 最适合该模型，自回归模型 AR(k) 的预测精度最高。

AR 模型利用最小二乘法估计模型参数。最小二乘法以模型拟合残差的平方和最小为条件，这保证了模型的残差是平均值为零的白噪声，保证参数是在无偏估计的条件下得到的。利用最小二乘法估算参数 Φ，公式如下：

$$\Phi = (X^T X)^{-1} X^T Y \tag{2-37}$$

检验模型的重要判断依据是拟合误差序列是否属于白噪声序列。如果拟合误差序列是由随机干扰产生的，即该误差序列属于白噪声序列，那么该模型预测精度较高。但如果残差不符合随机性质，则模型需要进一步的改进后才可以使用。利用 AR(n) 模型对序列进行预测，然后将预测结果进行 n 阶还原，即得到最终的预测数据。

（2）AR 模型的特点

AR 模型是一种预测精度较高的预测方法，该方法对短期预测的精度较高。AR 模型的建模过程比较灵活，阶次的确定既可以利用准则函数，也可以通过不断地调整模型的阶次，直到达到满意的预测结果定阶。为提高模型的预测精度，最好利用新陈代谢的数据更新方式，不断将最新的数据代入模型，以求达到更好的预测结果。但是 AR 模型识别需要较多的数据，收集数据有一定困难，耗费时间长，这是该模型的劣势。

2.2.3 组合模型

不同的预测方法对信息挖掘的角度也不同，容易忽略系统中的部分信息，造成信息的浪费，导致模型归纳的系统规律不全面，降低了模型的预测精度。单一预测模型都有无法避免的自身局限性。如果将多个单一预测模型进行合理的组合搭配，充分利用每个模型的优势，即可以达到优势互补、博采众长的目的，取得更好的预测效果。组合预测模型（组合模型）是以信息的最大利用率为基础，进行最优的组合建模。组合模型可以最大限度地避免单一模型造成的信息丢失，能够更准确地反映系统的内部规律和未来的变化趋势，提高了预测结果的精度。文献［11-13］介绍了支持向量机、神经网络（BP）模型、模糊逻辑模型等与灰色模型的组合研究。以上组合预测模型的精度都有了很大的提高，但是均需大量的学习样本数据才能保证预测的精度。在实际生产中，数据匮乏的情况相当普遍，也就限制了以上诸多方法的应用。AR 模型所需的样本数据相对较少，且具有较好的波动预测能力，所以选择 AR 模型对预测误差进行修正。

　　将灰色模型与时间序列模型进行串联组合，分别利用灰色模型预测数据宏观变化趋势较好的特性和时间序列模型对数据的波动适应性较好的特点，时间序列模型对灰色模型的预测误差进行修正，以求达到更高的预测精度，组合模型的原理如图 2-9 所示。

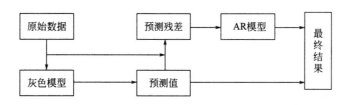

图 2-9　组合模型原理图

　　将灰色模型和 AR 模型以串联组合的方式进行建模，得到组合预测模型的公式如下：

$$\hat{X}^{(0)}(k)=\hat{X}^{(1)}(k)-\hat{X}^{(1)}(k-1)+\Phi_1 x_{k-1}+\Phi_2 x_{k-2}+\cdots+\Phi_p x_{k-p},k>p \quad (2\text{-}38)$$

2.2.4　检验方法

　　在模型预测结果的检验中频繁使用的方法有后验差检验法与残差检验法，这两种方法非常的简便高效。精度检验方法机理如下：

$X^{(0)}$ 的均值 $\overline{X^{(0)}}$ 和方差 S_1^2 的表达式为：

$$\overline{X^{(0)}}=\frac{1}{n}\sum_{i=1}^{n}x^{(0)}(i) \quad (2\text{-}39)$$

$$S_1^2=\frac{1}{n}\sum_{i=1}^{n}(x^{(0)}(i)-\overline{X^{(0)}})^2 \quad (2\text{-}40)$$

灰色时序模型的预测结果 $\hat{X}^{(0)}$ 的表达式为：

$$\hat{X}^{(0)}=\{\hat{x}^{(0)}(1),\hat{x}^{(0)}(2),\cdots,\hat{x}^{(0)}(n)\} \quad (2\text{-}41)$$

残差序列 e 表达式：

$$e=\{e(1),e(2),\cdots,e(n)\} \quad (2\text{-}42)$$

残差 e 的求解式：

$$e(i)=x^{(0)}(i)-\hat{x}^{(0)}(i),i=1,2,\cdots,n \quad (2\text{-}43)$$

残差序列 e 的均值和方差表达式为：

$$\overline{e^{(0)}}=\frac{1}{n}\sum_{i=1}^{n}e^{(0)}(i) \quad (2\text{-}44)$$

$$S_2^2=\frac{1}{n}\sum_{i=1}^{n}(e^{(0)}(i)-\overline{e^{(0)}})^2 \quad (2\text{-}45)$$

（1）后验差检验准则

后验差检验法主要参考两个重要值：小误差概率 P 和后验差比值 C。求解式如式(2-46)

所示：

$$P = \{|e(i) - \bar{e}| < 0.6745 S_1\}, C = \frac{S_2}{S_1} \qquad (2\text{-}46)$$

根据预测模型的精度要求给出具体的 P_0 和 C_0，如果 $P > P_0$，说明该模型的小误差概率值合格；如果 $C < C_0$，则说明该模型的后验差比合格。

（2）残差检验准则

灰色模型的平均相对误差 ε 的表达式：

$$\varepsilon(i) = \frac{e(i)}{x^{(0)}(i)} \times 100\% \qquad (2\text{-}47)$$

模型的精度 p 的表达式为：

$$p = 1 - \bar{\varepsilon}, \bar{\varepsilon} = \frac{1}{n}\sum_{i=1}^{n}|\varepsilon(i)| \times 100\% \qquad (2\text{-}48)$$

2.2.5 实例应用

（1）蒸馏装置的腐蚀状况

随着我国经济发展，燃料油需求量不断扩大，国产原油已经不能满足生产、生活的需求。中国在 1995 年成为石油净进口国，并且原油进口量也在逐年增加，中东原油占到了我国原油进口的很大比例[14]。我国进口的中东原油含硫量普遍偏高，重金属镍、钒的含量也比较高，而且国产原油的酸值和硫的含量也呈现上升的态势。原油中硫、环烷酸、无机盐等对石化装置带了严重的腐蚀问题。设备腐蚀问题成为困扰我国石化企业安全生产的首要难题[15]。设备腐蚀与多种因素有关，包括原油的硫含量、冷凝水的 pH 值、酸含量、盐含量、流体的速度、设备的材质[16]等。各腐蚀因素对设备腐蚀程度的影响不同，各因素联合作用对腐蚀速度的影响规律也没有研究透彻。在实际生产中，炼化企业对腐蚀数据的收集和积累也很少，难以利用充分的数据进行统计学建模研究。腐蚀问题属于贫信息、少数据的灰色系统问题，因此利用灰色时序组合模型来对蒸馏装置的腐蚀程度进行研究，利用少量的实测数据，充分地挖掘数据中蕴藏的规律，进而对设备的腐蚀程度做出预测，为操作人员及时进行检修提供依据。

（2）数据采集

常减压装置中腐蚀严重的部位有三通、弯头等。蒸馏塔中大量挥发度高的物质在高温状态下经过蒸馏塔塔顶的弯头，在大量腐蚀物质的冲刷下，弯头的腐蚀速度相对较快。设备运行期间的测量主要依靠无损探伤检测技术，比如射线检测和超声波检测等，根据以上技术可以得到设备的壁厚信息，获得装置的实时数据。需要找到腐蚀最严重的部位进行测量，但测量点的选择需要依靠工作人员长期积累的经验。实际中仅仅凭借经验判断不同部位的腐蚀程度是不够准确的。

计算流体力学技术在 20 世纪逐渐发展成熟，该技术对实验和理论研究都起到了重要的促进作用[17]。数学模拟方法能够摆脱物理模型的限制，通过求解流体力学方程，获得很多难以直接测量得到的数据。本例中塔顶馏分在 150℃ 的温度下，以 10m/s 的速度经过弯头，管子的直径是 20cm。在 Gambit 中按照管子的实际尺寸对弯头进行了数学建模。然后将 mesh 文件导入 FLUENT 中，设置标准的 k-ε 湍流模型，并设置物料的相关属性信息，然后求解流体在弯头不同部位的停留时间、速度、压力等信息，如图 2-10～图 2-12 所示。通过分析弯头不同部位的速度、压力等数据，找出腐蚀最严重的部位。

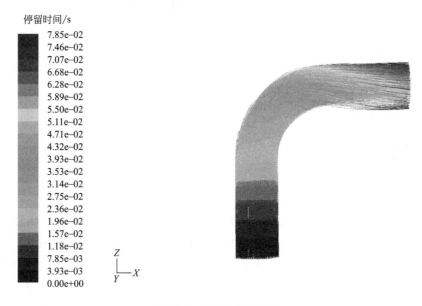

图 2-10　粒子轨迹分布图

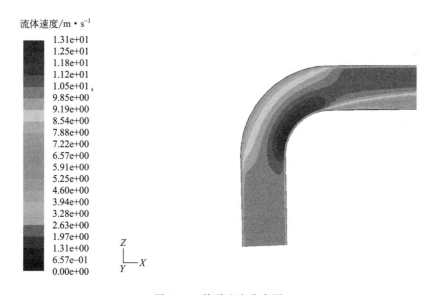

图 2-11　管道速度分布图

　　模拟计算时在气相中注入粒子，模拟流体中液滴和结晶盐微粒的运动轨迹。通过对粒子轨迹的分析可以发现，在弯头的外侧区域，很多高速运动的粒子受到管壁的约束，在惯性和离心力的作用下，与管壁发生碰撞。如果腐蚀性杂质附着在管壁上，容易对其构成腐蚀。从

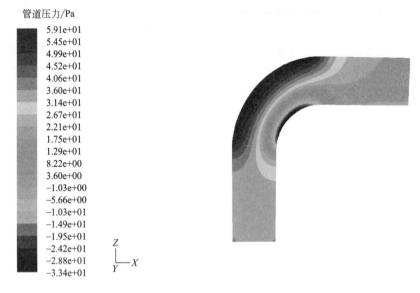

管道压力/Pa

5.91e+01
5.45e+01
4.99e+01
4.52e+01
4.06e+01
3.60e+01
3.14e+01
2.67e+01
2.21e+01
1.75e+01
1.29e+01
8.22e+00
3.60e+00
−1.03e+00
−5.66e+00
−1.03e+01
−1.49e+01
−1.95e+01
−2.42e+01
−2.88e+01
−3.34e+01

图 2-12　管道压力分布图

弯头的速度分布（图 2-11）可以看出，弯头内侧的速度最高，即便有腐蚀物质附着在弯头的内侧，也会很快被高速的流体带走。由于腐蚀性物质在管壁上附着时间较短，因此不会对弯头内侧构成严重的腐蚀。弯头的外侧正好相反，速度较小，腐蚀物质附着的概率大，而且停留时间也较长，加重管壁的腐蚀。从弯头的压力分布（图 2-12）可以看出，弯头外侧的压力最高。因此，即便弯头每个部位的腐蚀程度都相同，弯头外侧也更加容易在高压下发生泄漏，该结论与现场经验相吻合[18]，所以选择弯头的外侧部位作为数据的取样点。利用超声波探测器在弯头的外侧点测量弯头的厚度，每隔一个月测量一次，一共测得 16 组数据。

（3）建模过程

利用测量得到的数据求解灰色模型的参数 a、u，将求得的参数代入单变量灰色模型公式，得到灰色模型的预测公式如下：

$$\hat{X}^{(0)}(k+1)=(1-e^{0.0292})\left(8.87-\frac{922.5}{-0.0292}\right)e^{0.0292k}, k=1,2,\cdots,n \qquad (2\text{-}49)$$

利用预测公式对历史数据进行预测，得到单变量灰色模型的预测结果和预测误差，如表 2-2 所示。

表 2-2　灰色模型的预测结果

月份	测量数据/mm	灰色预测/mm	预测误差	月份	测量数据/mm	灰色预测/mm	预测误差
1	8.8700	8.8700	0	9	7.2830	7.2056	0.0774
2	8.7800	8.8374	−0.0574	10	7.0100	6.9985	0.0115
3	8.4700	8.5834	−0.1134	11	6.8550	6.7974	0.0576
4	8.4500	8.3367	0.1133	12	6.7050	6.6020	0.1030
5	8.1150	8.0971	0.0179	13	6.5375	6.4123	0.1252
6	7.7900	7.8644	−0.0744	14	6.3000	6.2280	0.0720
7	7.7300	7.6384	0.0916	15	5.9650	6.0490	−0.0840
8	7.3300	7.4188	−0.0888	16	5.6200	5.8751	−0.2551

从表 2-2 可以看出，灰色模型的预测误差在零值上下浮动，没有形成固定的变化趋势，可以认为该序列属于零均值、稳定序列，因此满足 AR 模型的建模要求，可以将其代入 AR 模型进行求解。将误差数据分别代入 AIC 和 BIC 准则，求解得到 AIC 与 BIC 的函数值，部分结果如图 2-13 所示。从图中可以看出，当 AR 模型的阶次为 8 时，AIC 与 BIC 取得最小函数值，因此 AR 模型的阶次是 8 阶。

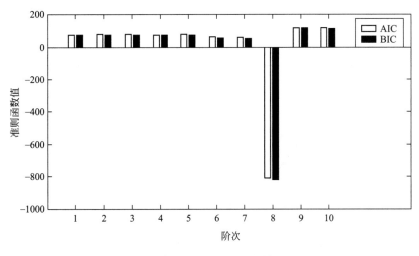

图 2-13　AR 定阶函数值

AR 模型的阶次定为 8 阶之后，利用最小二乘法求解模型的参数，参数求解结果如图 2-14 所示。

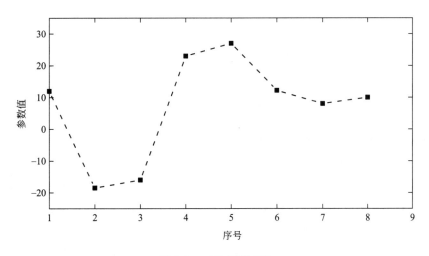

图 2-14　AR 模型参数

将 AR 模型的参数代入组合预测模型，即得到灰色时序模型的表达式：

$$\hat{X}^{(0)}(k+1)=(1-e^{0.0292})\left(8.87-\frac{922.5}{-0.0292}\right)e^{0.0292k}+$$

$$12.32x_k-18.90x_{k-1}+\cdots+9.66x_{k-8}, k>8 \tag{2-50}$$

分别利用灰色模型和灰色时序组合模型对弯头 5 个月后的管壁厚度进行预测，结果如

表 2-3 所示。并且预测结果分别与 5 个月后的实测值进行比较，如图 2-15 所示。

表 2-3 模型预测结果

月份	灰色模型	组合模型
17	5.7063	5.4015
18	5.5423	5.2253
19	5.3830	5.0607
20	5.2283	4.9020
21	2.9179	2.5157

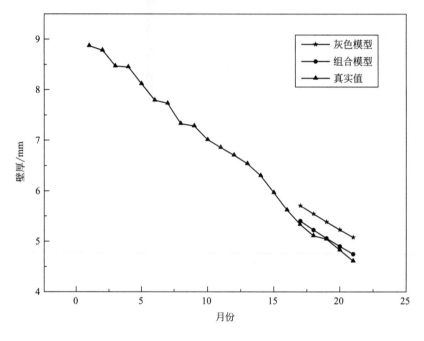

图 2-15 模型结果比较

采用后验差法对模型的预测精度进行检验，灰色模型的 C_1 为 0.3959，灰色时序模型的 C_2 为 0.1050。根据预测精度等级的划分标准，如果模型的后验差比值 $C < 0.35$，则该模型的预测精度属于一级；如果模型的后验差比值 $0.35 < C < 0.5$，则模型的预测精度属于二级。通过比较可以看出，灰色时序组合模型的预测精度属于一级，而单一灰色模型的预测精度属于二级，后验差结果证明组合预测模型有更好的预测精度。通过图 2-15 中实测值与预测值的比较也可以清晰地看到，灰色时序组合模型的预测结果与实际的测量值更接近，同样证明了灰色时序模型的预测精度比单一灰色模型的预测精度高。

本例采用新陈代谢的数据更新方式，不断地更新预测模型中的样本数据，保证了信息的时效性，灰色时序模型始终能够用最新的数据分析系统的变化趋势，提高了预测的准确性。同时对弯头 21 个月后的厚度进行了预测，预测结果是 2.5157mm，此时的弯头仍然可以继续使用，但是已临近警戒值，需要操作人员提前做好维修的准备，尽量减少装置维修的时间，使停车造成的经济损失最小化。

本章小结

本章详细介绍了生成式对抗网络的相关理论知识，以及卷积神经网络、深度自编码器的算法原理和训练过程。根据所提出的生成式对抗网络，搭建了用于 TE 过程随机缺失数据和非随机缺失数据重建的网络结构。对于随机缺失数据重建工作，将重建的数据集与真实数据集进行可视化对比，直观地展现了重建数据集变化趋势与真实数据集吻合性。并且比较了 GAN 和三层 DAE 方法的重建数据集与真实数据集相似度随迭代代数变化情况，GAN 展现了较 DAE 高的相似度，可达到 96.43%。对于非随机缺失数据重建工作，同样将重建的数据集与真实数据集进行可视化对比，并且比较了 GAN 和三层 DAE 方法的重建数据集与真实数据集相似度随迭代代数变化情况。重建数据集变化趋势与真实数据集基本吻合，GAN 可达到 87.82% 的相似度。

然后对灰色模型和 AR 模型的预测机理进行了研究，分析了单一预测模型的局限性。采用串联方式将灰色模型与 AR 模型进行组合建模，首先利用灰色模型预测数据的宏观变化趋势，然后利用 AR 模型对灰色模型的预测误差进行修正。灰色时序模型分别具备了两种单一模型的优势，因此提高了模型的预测精度。本章对蒸馏装置的腐蚀程度进行了预测研究，分别利用灰色模型和灰色时序模型对弯头的厚度进行预测，预测结果证明灰色时序模型具有更高的预测精度。在实际生产中，利用预测技术对化工装置的使用寿命进行预测，可以更加合理地制订装置的检修周期，有效地避免由于检修不及时造成的事故，也可以避免设备的过度检修，降低设备的维护成本。

参考文献

[1] Wende Tian, Zijian Liu, Lening Li, et al. Identification of abnormal conditions in high-dimensional chemical process based on feature selection and deep learning. Chinese Journal of Chemical Engineering, 2020, 28 (7): 1875-1883.

[2] Yi Sun, Xiaogang Wang, Xiaoou Tang. Deeply learned face representations are sparse, selective, and robust// Computer Vision and Pattern Recognition. IEEE, 2015: 2892-2900.

[3] Yi Sun, Xiaogang Wang, Xiaoou Tang. Deep Learning Face Representation by Joint Identification Verification. Advances in Neural Information Processing Systems, 2014, 27: 1988-1996.

[4] Pascal Vincent, Hugo Larochelle, Yoshua Bengio, et al. Extracting and composing robust features with denoising autoencoders// International Conference on Machine Learning. ACM, 2008: 1096-1103.

[5] Ni Zhang, Xuemin Tian, Lianfang Cai. Nonlinear Dynamic Fault Diagnosis Method Based on DAutoencoder// Fifth International Conference on Measuring Technology and Mechatronics Automation. IEEE, 2013: 729-732.

[6] 王坤峰, 苟超, 段艳杰, 等. 生成式对抗网络 GAN 的研究进展与展望. 自动化学报, 2017 (3): 321-332.

[7] 张婷, 李玉鑑, 胡海鹤, 等. 基于跨连卷积神经网络的性别分类模型. 自动化学报, 2016, 42 (6): 858-865.

[8] Hinton G E, Salakhutdinov R R. Reducing the dimensionality of data with neural networks. Science, 2006, 313 (5786): 504-507.

[9] Wende Tian, Minggang Hu, Chuankun Li. Fault Prediction Based on Dynamic Model and Grey Time Series Model in Chemical Processes. Chinese Journal of Chemical Engineering, 2014, 22: 643-650.

[10] 王正新. GM (1, 1) 模型的特性与优化研究. 南京: 南京航空航天大学, 2007.

[11] 颜静. 灰色模型与支持向量机融合的研究. 武汉: 武汉理工大学, 2010.

[12]   杨春波. 基于会的模型与人工神经网络的改进组合预测模型及其研究应用. 济南：山东师范大学, 2009.

[13]   尹逊震. 灰色模型的改进及其应用. 南京：南京信息工程大学, 2007.

[14]   黄靖国, 孙小辉. 常减压蒸馏装置的硫腐蚀问题及对策. 石油化工腐蚀与防护, 2002, 19（3）：1-5.

[15]   梁自生. 炼制高酸值原油的腐蚀监测. 石油化工设备技术, 2007, 28（3）：46-50.

[16]   吴迪, 王瑞旭. 加工高硫高酸原油对胜利炼油厂装置运行的影响. 齐鲁石油化工, 2005, 33（3）：194-198.

[17]   John D. Anderson. Computational fluid dynamics: the basics with applications. Beijing: Tsinghua press, 2002.

[18]   王正方, 王勇, 刘秀华. 基于灰色系统理论的常压蒸馏装置腐蚀预测. 中国石油大学学报, 2010, 34（2）：114-118.

第3章

基于维度压缩和聚类分析的化工
报警阈值优化

针对化工生产中报警变量多、分类难、误报率和漏报率高的特点，本章从两个方面对报警阈值进行优化研究。一方面，本章提出基于主成分分析（principal component analysis，PCA）和 Johnson 转换的多变量报警阈值优化方法，从变量维度压缩的角度出发，根据 PCA 求得的变量权重对多变量进行压缩，从中提取部分较为重要的变量，并结合 Johnson 转换后的变量数据和报警频率对阈值进行优化，以此来压缩报警，降低误报率，实现阈值优化的目的；另一方面，提出基于报警聚类和蚁群优化算法（ant colony optimization，ACO）的多变量报警阈值优化方法，从对报警变量进行聚类分析的角度出发，利用聚类算法对多变量进行报警分组，求出各组变量权重，建立目标函数，利用 ACO 对目标函数进行求解，优化阈值，以此来减少报警，降低误报率和漏报率。

3.1 总体研究思路

整体研究思路如图 3-1 所示，图中的上下两条优化路线分别对应了报警阈值优化的两种方法，具体优化过程详见第 3.2 和 3.3 部分。

（1）方法一：基于 PCA 权重和 Johnson 转换的多变量报警阈值优化方法

如图 3-1 所示，该方法主要通过设置初始报警频率，结合 PCA 以及 Johnson 变换等求出变量阈值，并通过判断条件等确定最终优化的阈值，方法的具体实现详见第 3.2 部分。

该方法的优点主要是能够根据权重大小压缩变量，并通过 Johnson 正态转换优化阈值，减少报警；缺点在于适用范围有限，对于线性程度较弱的多变量往往不太适用，需要在研究之前对变量进行主元分析检验，以确定是否满足分析要求。

（2）方法二：基于报警聚类和 ACO 的多变量报警阈值优化方法

如图 3-1 所示，该方法主要通过建立关于误报率（false alarm rate，FAR）、漏报率（missed alarm rate，MAR）和平均报警延时（average alarm delay，AAD）的目标函数，利用 ACO 算法进行数值求解，优化阈值，方法的具体实现详见第 3.3 部分。

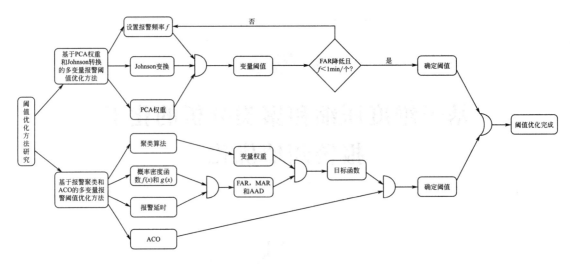

图 3-1　报警阈值优化研究思路

该方法的优点主要是利用全局相似度实现了报警变量的聚类，并通过数值优化算法实现了关于报警效率指标目标函数的优化，降低了报警率，适用范围相对较广；缺点在于用作权重求解的数据皆为正常数据，数据采集的多少以及过程的稳定与否都会影响变量离差标准化的结果，影响最终结果。

（3）二者之间的联系

相比于方法二，方法一的实现过程较复杂，且适用于线性相关程度较强的多变量数据分析，当多变量之间的线性程度较弱时可以通过方法二进行多变量报警阈值优化；在数据相对较少或操作过程有波动的情况下，方法二不太适用，可以通过采集足够多的过程稳定数据和方法一（多变量间的线性程度较强时）实现阈值优化。

虽然两种方法的侧重点有所不同，一个侧重报警变量维度压缩，另一个侧重报警变量聚类，但最终目的都是降低报警率，减少过多无效报警，对应报警阈值优化这同一条主线。

3.2　基于 PCA 权重和 Johnson 转换的多变量报警阈值优化

通常，在实际化工生产中产生的报警都是多变量的，而由于多变量之间存在着各种线性或非线性关系使得对多变量报警阈值进行优化变得更加困难。因此，如何在众多变量中进行维度压缩，找出一些比较重要的变量进行优化就显得尤为重要。基于此，本节从变量维度压缩的角度出发，考虑变量数据的正态性或近似正态性，给出基于 PCA 权重和 Johnson 转换的多变量报警阈值优化方法，并通过 TE 仿真流程进行方法的研究。

3.2.1　研究思路

报警阈值优化算法的实现流程如图 3-2 所示[1]。

上述流程实现过程如下：

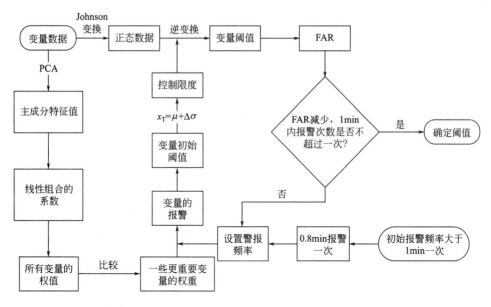

图 3-2　报警阈值优化流程图

① 对变量数据进行主元分析，求出主元特征值、方差贡献率等，进而求出主元线性系数以及综合模型中的系数，并根据综合模型系数确定变量权重，选取其中几个比较重要的变量并重新归一化求权重。

② 将选出的几个重要的变量看成一个整体，设置低于国际标准中规定的单位时间内报警限制数目的报警频率（即 1min 一次报警），并根据变量权重以及国际标准中限制的报警数目分配变量不同的报警次数，结合变量原始数据确定变量初始阈值，进而求出各变量控制限。另外，将其余几个相对不太重要的变量的阈值按 ±3σ 设置。

③ 对变量数据进行 Johnson 变换，得到正态或近似正态的数据，根据求出的控制限逆变换求出变量阈值，计算变换前后的误报率、统计报警次数并计算报警频率。

④ 比较变换前后的误报率，若得到的误报率降低且报警频率满足国际标准，则确定阈值；反之，重新设置报警频率。

3.2.2　PCA 求权重

主元分析（principal component analysis，PCA）也称主成分分析，最早由 Pearson 于 1901 年发明，主要通过对协方差矩阵进行特征分析，达到在减少变量数据维数的同时保持数据集对方差贡献最大的目的[2]。主元分析在本质上是一种降维方法，当原数据集中存在大量相关变量时，可借助函数变换获得一组新的主元变量。变换的基本原则在于：尽可能通过利用较少的主元，保持原数据集中尽量多的变量结构，也就是在数据信息损失最小的情况下，通过降维把原来的多个指标转化为一个或几个综合指标，即主成分，各主成分间互不相关。

权重是一个相对概念，根据某一参考指标或变量的特性，可以利用权重对多个指标或变量进行主次排序，一定程度上可以据此判断指标或变量的重要程度。Portnoy 等[3]在自适应故障检测中证明了加权的有效性。

PCA 求权重的具体步骤如下：

① 确定线性组合中的系数，即变量成分矩阵与主元特征值的算术平方根之比。

② 确定综合得分模型中的系数，即以主元方差贡献率为权重，对变量在主元线性组合中的系数作加权平均。

③ 确定权重，即在综合模型变量系数的基础上归一化。

3.2.3　Johnson 转换

化工生产中，装置在运行时都对应几个或十几个变量参数。这些变量在不同的时刻可能会有不同的过程值，虽然大多数情况下可以将变量过程值视为近似正态分布来进行研究，但有时近似效果并不理想，所以需要对变量数据进行正态转换以便于研究。这里采用 Johnson 转换法以实现变量数据的正态转换，因为它可以较为简便地将非正态数据或近似正态数据转换成正态数据，陈道贵等[4]证明了转换的有效性。

针对一组具体的非正态或正态性不强的变量数据，对其进行 Johnson 转换的具体步骤如下：

① 选择一个合适的 z　z 值的选取必须要合适，以确保 Johnson 转换能较好地拟合非正态数据，获得较优的变换。研究表明，z 值的最理想范围为 $s=\{z:z=0.25,0.26,\cdots,1.25\}$，最优 z 值选取的检验标准是数据在转换之后的正态性最好。

② 确定 Johnson 转换对应的分布系统　其中，Johnson 分布系统如表 3-1 所示。参照标准正态分布表可以找出对应于 $\{-sz,-z,z,sz\}$ 的分布概率 $\{P_{-sz},P_{-z},P_z,P_{sz}\}$，并在样本数据中找出对应的分位数 $\{x_{-sz},x_{-z},x_z,x_{sz}\}$，令 $m=x_{sz}-x_z$，$n=x_{-z}-x_{-sz}$，$p=x_z-x_{-z}$，求出分位数比率 $QR=mn/p^2$，用这个比值可以区分 Johnson 分布体系中的 3 个分布族。研究表明，只有在 $s=3$ 时才能找到区分 S_B、S_L 和 S_U 规则，区分规则如下：

a. 若 X 具有 S_B 分布，则 $mn/p^2<1$；

b. 若 X 具有 S_L 分布，则 $mn/p^2=1$；

c. 若 X 具有 S_U 分布，则 $mn/p^2>1$。

表 3-1　Johnson 分布系统

Johnson 系统	正态转换	参数约束	变量 x 的约束
S_B	$z=\gamma+\eta\ln[(x-\varepsilon)/(\lambda+\varepsilon-x)]$	$\eta,\lambda>0$ $-\infty<\gamma<\infty$ $-\infty<\varepsilon<\infty$	$\varepsilon<x<\varepsilon+\lambda$
S_L	$z=\gamma+\eta\ln(x-\varepsilon)$	$\eta>0$ $-\infty<\gamma<\infty$ $-\infty<\varepsilon<\infty$	$x>\varepsilon$
S_U	$z=\gamma+\eta\mathrm{arcsinh}[(x-\varepsilon)/\lambda]$	$\eta,\lambda>0$ $-\infty<\gamma<\infty$ $-\infty<\varepsilon<\infty$	$-\infty<\varepsilon<\infty$

③ 计算相应参数，获得转换方程。其中，各参数计算公式如下：

a. 对于 S_B 曲线：

$$\eta = z \left\{ \operatorname{arcosh} \left[\frac{1}{2} \left[\left(1 + \frac{p}{m}\right) \left(1 + \frac{p}{n}\right) \right]^{\frac{1}{2}} \right] \right\}^{-1} \tag{3-1}$$

$$\gamma = \eta \operatorname{arsinh} \left\{ \left(\frac{p}{n} - \frac{p}{m}\right) \left[\left(1 + \frac{p}{m}\right) \left(1 + \frac{p}{n}\right) - 4 \right]^{\frac{1}{2}} \left[2\left(\frac{p^2}{mn} - 1\right) \right]^{-1} \right\} \tag{3-2}$$

$$\lambda = p \left\{ \left[\left(1 + \frac{p}{m}\right) \left(1 + \frac{p}{n}\right) - 2 \right]^2 - 4 \right\}^{\frac{1}{2}} \left(\frac{p^2}{mn} - 1\right)^{-1} \tag{3-3}$$

$$\varepsilon = \frac{x_z + x - z}{2} - \frac{\lambda}{2} + p \left(\frac{p}{n} - \frac{p}{m}\right) \left[2\left(\frac{p^2}{mn} - 1\right) \right]^{-1} \tag{3-4}$$

b. 对于 S_L 曲线：

$$\eta = \frac{2z}{\ln(m/p)} \tag{3-5}$$

$$\gamma = \eta \ln \left[\frac{m/p - 1}{p(m/p)^{\frac{1}{2}}} \right] \tag{3-6}$$

$$\varepsilon = \frac{x_z - x - z}{2} - \frac{p}{2} \left(\frac{m + p + 1}{m + p - 1}\right) \tag{3-7}$$

c. 对于 S_U 曲线：

$$\eta = 2z \left\{ \operatorname{arcosh} \left[\frac{1}{2} \left(\frac{m}{p} + \frac{n}{p}\right) \right] \right\}^{-1} \tag{3-8}$$

$$\gamma = \eta \operatorname{arsinh} \left\{ \left(\frac{n}{p} - \frac{m}{p}\right) \left[2\left(\frac{mn}{p^2} - 1\right)^{\frac{1}{2}} \right]^{-1} \right\} \tag{3-9}$$

$$\lambda = 2p \left(\frac{mn}{p^2} - 1\right)^{\frac{1}{2}} \left[\left(\frac{m}{p} + \frac{n}{p} + 2\right) \left(\frac{m}{p} + \frac{n}{p} - 2\right) \right]^{\frac{1}{2}} \tag{3-10}$$

$$\varepsilon = \frac{x_z + x - z}{2} + \frac{p}{2} \left(\frac{n}{p} - \frac{m}{p}\right) \left[2\left(\frac{m}{p} + \frac{n}{p} - 2\right) \right]^{-1} \tag{3-11}$$

3.2.4　平行坐标

平行坐标是用于信息可视化的一种重要技术。为了解决传统的笛卡尔直角坐标系空间维度小、难以表达三维以上数据的问题，平行坐标用一系列相互平行的坐标轴来表示高维数据的各个变量，变量值表示在对应轴上的位置。通常将描述不同变量的各点连接成折线，以用于反映变化趋势以及各个变量间的相互关系。所以，平行坐标图的实质是将 m 维欧氏空间的一个点 $X(x_1, x_2, x_3, \cdots, x_m)$ 映射到二维平面上的一条曲线，因而可以表示超高维数据。平行坐标的一个显著优点是其具有良好的数学基础，相应的射影几何解释和对偶特性使其很适合用于可视化数据分析[5,6]。

平行坐标的基本思想是将 n 维空间属性的数据通过 n 条等距离的平行轴映射到二维平面上。其中，每一条轴线代表一个属性维，轴线上的取值范围从对应属性的最小值到最大值均匀分布。所以，每一个数据项都可以按照其属性进行取值，并用一条跨越 n 条平行轴的折线段表示，相似的对象因此具有相似的折线走向趋势。图 3-3 表示了一条在笛卡尔坐标系中的直线，图 3-4 是与图 3-3 对应的平行坐标图，图 3-5 为六维平行坐标折线图。

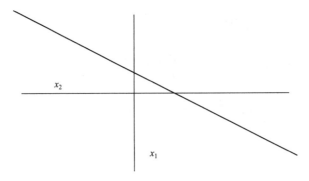

图 3-3　一条在笛卡尔坐标系中的直线

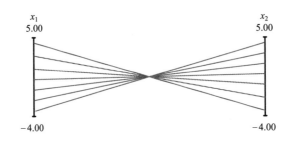

图 3-4　直线在平行坐标中的示意图

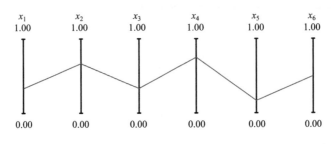

图 3-5　六维平行坐标折线图

3.3　基于报警聚类和 ACO 的多变量报警阈值优化

化工生产中的变量之间或多或少地存在一定联系，而正是因为变量之间的这种联系才使得多变量报警优化变得复杂。因此，如何根据变量之间的关联性对多变量进行聚类对实现多变量报警阈值优化来说就显得极为重要。基于此，本节从多变量报警聚类的角度出发，考虑变量数据的正态性或近似正态性，给出基于报警聚类和 ACO 的多变量报警阈值优化方法。

3.3.1　研究思路

报警阈值优化算法的实现流程如图 3-6 所示[7]。

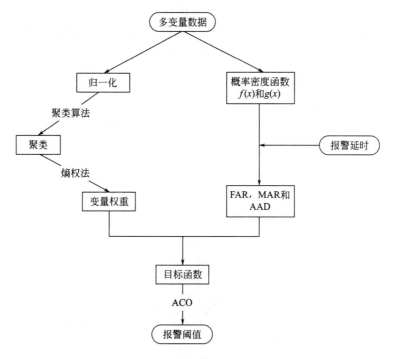

图 3-6　报警阈值优化流程图

上述流程实现过程如下：

① 对多变量数据进行标准化，应用基于标准化欧氏距离的聚类算法求出变量之间的距离，再将各变量对其他变量的标准化欧氏距离加和并进行离差标准化，据此进行多变量报警聚类，并通过熵权法求出各组的权重。

② 根据变量过程数据，分别拟合出变量在正、异常状态下的概率密度函数。

③ 添加报警延时，同时考虑到漏报率增加带来安全隐患，将求出的变量权重赋予误报率，建立关于误报率、漏报率和平均报警延时的目标函数。

④ 通过蚁群算法（ACO）对目标函数进行优化，获得最优的报警阈值。利用该流程对变量阈值进行优化，不仅能够降低误报率，更能降低漏报率，减少了化工生产过程中潜在的安全隐患。同时，可以对多个变量进行报警聚类，便于操作员有针对性地观察几个影响较接近的变量，使装置能够更加安全有效地运行。

3.3.2　报警系统效率指标

报警系统常用的效率指标有三个，即误报率、漏报率和平均报警延时。误报率是指在正常状态下变量过程值超出变量阈值的概率，漏报率是指在异常状态下变量过程值仍未超出变量阈值的概率，平均报警延时是指 N 个报警延时的平均（其中，报警延时时间等于发生报警的时间减去装置发生异常的时间）。

在没有添加报警延时的情况下，误报率和漏报率的计算可通过以下过程来说明：

首先，在装置处于正常状态和异常状态下，分别采集一段时间内变量 x 的过程值，获得对应的两组数据。

然后，通过拟合这两组数据，得出变量 x 在正常状态和异常状态下的概率密度函数 $f(x)$ 和 $g(x)$。图 3-7 为变量 x 在两种状态下的概率密度函数曲线图，其中，x_T 为变量报警阈值（变量报警阈值有两个控制限，上限 UL 和下限 LL，这里以上限为例），当过程变量值超过报警阈值 x_T 时发生报警。

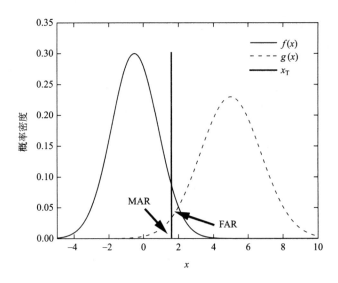

图 3-7   变量 x 的概率密度曲线

最后，根据变量在正、异常状态下的过程概率密度曲线，可以求出相应的误报率和漏报率，如式(3-12)、式(3-13) 所示：

$$FAR = \int_{x_T}^{+\infty} f(x)\mathrm{d}x = p_1 \tag{3-12}$$

$$MAR = \int_{-\infty}^{x_T} g(x)\mathrm{d}x = q_1 \tag{3-13}$$

同时，在没有添加报警延时时，平均报警延时为：

$$AAD = h\frac{q_1}{q_2} \tag{3-14}$$

式中，h 为采样周期，$q_2 = 1 - q_1$。

然而，在报警系统中，误报率和漏报率通常是一对矛盾值，在变量报警阈值发生改变时，两者的大小一般也会发生改变，但方向却相反。两者过大都会产生许多不利的影响：误报率过大会导致产生过多无效报警，干扰操作员，影响正常操作；而漏报率增大会增加生产的安全隐患，不利于化工装置安全生产。

增加报警延时可以过滤掉一部分无效报警，达到降低误报率和漏报率的目的。根据马尔科夫链模型性质可知，在报警延时增加时，对应的误报率、漏报率和平均报警延时分别为：

$$FAR = \frac{p_1^n(1 + p_2 + \cdots + p_2^n)}{p_1^n(1 + p_2 + \cdots + p_2^n) + p_2^n(1 + p_1 + \cdots + p_1^n)} \tag{3-15}$$

$$MAR = \frac{q_1^n(1 + q_2 + \cdots + q_2^n)}{q_1^n(1 + q_2 + \cdots + q_2^n) + q_2^n(1 + q_1 + \cdots + q_1^n)} \tag{3-16}$$

$$AAD = \frac{1 - q_2^n - q_1 q_2^n}{q_1 q_2^n} h \tag{3-17}$$

式中，n 为报警延时步数。只有当 n 个连续的采样点过程值全都超过报警阈值时才会触发报警。同样地，只有当 n 个连续的采样点过程值全都小于报警阈值时报警才会消除。p_1 表示过程变量在正常状态下超出报警阈值时的概率，q_2 表示过程变量在异常状态下超出报警阈值时的概率，p_1、q_2 分别为：

$$p_1 = \int_{x_T}^{+\infty} f(x) \mathrm{d}x \tag{3-18}$$

$$q_2 = 1 - \int_{-\infty}^{x_T} g(x) \mathrm{d}x \tag{3-19}$$

3.3.3　报警聚类

利用基于标准化欧氏距离的聚类算法对多变量进行报警聚类。

(1) 标准化欧氏距离

标准化欧氏距离是一种改进的欧氏距离。其思路是将各个分量都进行"标准化"，然后再计算距离。标准化公式为：

$$x^* = \frac{x - m}{s} \tag{3-20}$$

式中，x^* 为标准化后的值；m 为分量的均值；s 为分量的标准差。

两个 n 维向量 $a(x_{11}, x_{12}, \cdots, x_{1n})$ 与 $b(x_{21}, x_{22}, \cdots, x_{2n})$ 间的标准化欧氏距离公式为：

$$d_{12} = \sqrt{\sum_{k=1}^{n} \left(\frac{x_{1k} - x_{2k}}{s_k} \right)^2} \tag{3-21}$$

式中，x_{1k}、x_{2k} 分别代表两个向量对应的分向量值；s_k 表示分向量的标准差。

(2) 聚类

聚类计算过程如下：

① 计算变量之间的标准化欧氏距离，并分别将各个变量与其他变量的标准化欧氏距离加和。

② 对加和之后的标准化欧氏距离进行离差标准化，用 w_d 表示。

③ 考虑了变量的皮尔逊相关系数与变量相关水平之间的关系[8]后，在这里从相反的角度进行聚类，用 w_d 与全局相似度（S_g）作为变量聚类的依据，w_d 值越大，则对应的相似度 S_g 越差；反之，则越相似。具体分类如表 3-2 所示。

表 3-2　w_d 与 S_g 的关系

w_d	0～0.2	0.2～0.5	0.5～0.7	0.7～1
S_g	高度相似	较相似	一般相似	相似度较差

3.3.4　熵权法求权重

熵权法求权重步骤如下：

① 对变量数据进行标准化：

$$Y_{ij} = \frac{x_{ij} - \min(x_i)}{\max(x_i) - \min(x_i)} \tag{3-22}$$

② 求各变量的信息熵：

$$E_i = -\frac{1}{\ln n} \sum_{i=1}^{n} P_{ij} \ln P_{ij} \tag{3-23}$$

其中，$P_{ij} = \dfrac{Y_{ij}}{\sum\limits_{i=1}^{n} Y_{ij}}$，若 $P_{ij} = 0$，则定义 $\lim\limits_{P_{ij}=0} \ln P_{ij} = 0$。

③ 计算变量权重：

$$w_i = \frac{1 - E_i}{k - \sum E_i} \tag{3-24}$$

3.3.5 阈值优化

（1）目标函数

根据变量在正常和异常状态下的概率密度函数，考虑到误报率、漏报率和平均报警延时都是评价报警系统效率的重要指标，所以建立关于三者的目标函数，从最小化目标函数的角度出发，运用数值优化的方法进行求解。

建立变量报警阈值优化问题，如式（3-25）所示：

$$
\begin{aligned}
F(x) &= \min\left(\frac{\text{FAR}}{R_{\text{FAR}}/w_i} + \frac{\text{MAR}}{R_{\text{MAR}}} + \frac{\text{AAD}}{R_{\text{AAD}}} \right) \\
&= \min\left(\frac{\dfrac{p_1^n(1 + p_2 + \cdots + p_2^n)}{p_1^n(1 + p_2 + \cdots + p_2^n) + p_2^n(1 + p_1 + \cdots + p_1^n)}}{R_{\text{FAR}}/w_i} + \right. \\
&\qquad \left. \frac{\dfrac{q_1^n(1 + q_2 + \cdots + q_2^n)}{q_1^n(1 + q_2 + \cdots + q_2^n) + q_2^n(1 + q_1 + \cdots + q_1^n)}}{R_{\text{MAR}}} + \frac{\dfrac{1 - q_2^n - q_1 q_2^n}{q_1 q_2^n}}{R_{\text{AAD}}} h \right)
\end{aligned} \tag{3-25}
$$

上式为添加三步报警延时的目标函数。其中，R_{FAR}、R_{MAR}、R_{AAD} 分别为最大可接受误报率、最大可接受漏报率和最大可接受平均报警延时，分别取为 0.01、0.01、t_i。t_i 为延迟时间，取值参考 EEMUA 规定的报警延时参考值，如表 3-3 所示，h 取为 15s 或 60s。考虑到漏报率增大会导致漏报警增多，给装置生产带来安全隐患，所以企业有时会更关注漏报警，宁愿多报也不希望有过多的漏报，因此在这里赋予误报率一权值 w_i。

表 3-3　EEMUA 规定的报警延时参考值

信号类型	延迟时间/s	信号类型	延迟时间/s
流量	15	压力	15
液位	60	温度	60

为验证上述方法的有效性，需要与传统 3σ 法和最初阈值进行对比，同时还应建立如下

目标函数作为对比：

$$F_2(x) = \min\left(\frac{\text{FAR}}{R_{\text{FAR}}/w_i} + \frac{\text{MAR}}{R_{\text{MAR}}} + \frac{\text{AAD}}{R_{\text{AAD}}}\right) \qquad (3\text{-}26)$$

式（3-26）是与式（3-25）对应的无延时的目标函数。

（2）蚁群算法

利用蚁群算法对上述建立的目标函数进行优化，对应算法流程如图3-8所示。

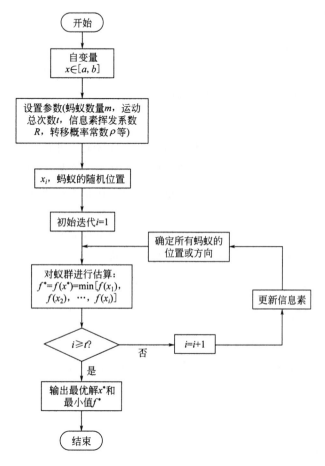

图 3-8 蚁群算法流程图

算法说明：

① 确定蚂蚁活动范围，即自变量范围 $[a, b]$；

② 设置参数，包括蚂蚁数量 m、总的移动次数 t、信息素挥发系数 R（取值范围 $[0, 1]$）和转移概率常数 ρ（取值范围 $[0, 1]$）等；

③ 随机放置蚂蚁 x_i，令初始迭代次数 $i=1$，开始寻优；

④ 评价蚁群：$f^* = f(x^*) = \min[f(x_1), f(x_2), \cdots, f(x_i)]$；

⑤ 若 $i < t$，则令 $i = i+1$，进入下一步，否则转到第⑦步；

⑥ 更新信息素，确定每只蚂蚁的移动位置或方向，转到第③步；

⑦ 输出最优解。

3.4 应用实例研究

本节在前面研究的基础上，将基于 PCA 权重和 Johnson 转换的多变量报警阈值优化新方法与基于报警聚类和 ACO 的多变量报警阈值优化新方法分别应用到某原油常减压操作实例中，与传统的报警阈值设置方法相比较，同时对两种方法进行工艺分析，验证报警阈值优化新方法的有效性。

3.4.1 常减压工业实例介绍

本节采用某工业原油常减压操作实例为研究对象，对上述两种报警阈值优化方法进行验证研究，并通过工艺分析对两种方法进行分析。

（1）实例介绍

针对该原油常减压操作实例，采用 HYSYS 软件对该工艺进行了动态模拟，以模拟数据为数据源对本节方法进行了应用。选取模拟数据代替真实生产数据的原因：利用模拟数据可以从模型机理上对工艺进行掌握，了解各变量之间的内在联系，以便更好地进行后期的变量优化。而且，可以保证除了添加的扰动外，整个工艺流程不受其他未知干扰的影响，确保优化结果更加准确。同时，现场不会轻易添加扰动，除非出现异常情况。而现场异常的数据产生的原因比较复杂，对各变量的影响比较大。原油常减压过程中存在许多变量，在这里选取了其中 11 个变量作为研究对象，提取了 100 组正常情况下的数据以及 64 组添加扰动（常压塔塔底进料增加 10%：选取常压塔塔底进料作为扰动变量可以影响常、减压塔之间的变量，便于选取两塔之间的变量作为研究对象；而且，将其作为扰动变量，保证了变量选取的随机性，不会因为单纯根据对常、减压塔产生影响的大小来选取变量而对研究结果造成影响。当然，也可以选取 X_1 等作为扰动变量）之后作为异常情况下的数据，采样时间为 1min。常减压部分流程图如图 3-9 所示，选取的 11 个测量变量见表 3-4。

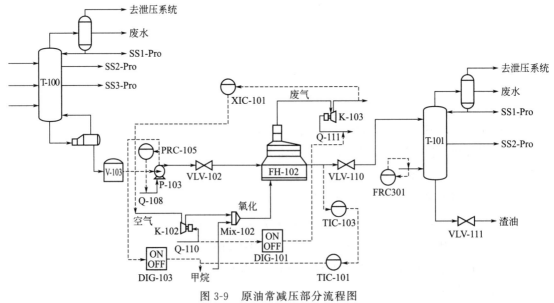

图 3-9 原油常减压部分流程图

表 3-4 原油常减压部分测量变量

变量位号	变量名称	单位
X_1	常压塔顶回流温度	℃
X_2	真空塔塔底温度	℃
X_3	常压塔压力	kPa
X_4	真空塔回流量	$kmol \cdot h^{-1}$
X_5	进闪蒸塔物料气相分数	—
X_6	常压塔底压力	kPa
X_7	真空塔底压力	kPa
X_8	真空塔气相分数	—
X_9	常压塔顶冷凝压力	kPa
X_{10}	真空塔顶冷凝压力	kPa
X_{11}	真空塔第一侧线采出产品流量	$kmol \cdot h^{-1}$

原油首先经泵预热、闪蒸等预处理操作，而后分三路进入常压塔（T-101），进行常压蒸馏，蒸馏后的一部分产品从塔顶或侧线采出，而剩余的产品或原油从塔底流出进入储罐（V-103）。用泵抽取储罐中的原油，利用加热炉（FH-102）对原油进行加热，加热到指定温度后进入减压塔（T-102）进行减压蒸馏。最终获得的产品或副产品分别由塔顶或侧线采出，蒸馏之后剩余的渣油由塔底流出。

（2）操作质量分析

① 操作质量分析指标（CPK） 实际生产中，客户为了判定工序是否受控、安装工艺是否合适以及公差定制是否合理等，通常需要提供方提供一些能够证明这些判定因素合理的操作质量分析或工艺分析结果。因此，提供方通常需要进行工艺分析，常用的指标是复杂工序能力指数（complex process capability index，CPK），它是现代生产中用于表示制程能力（指过程性能的允许最大变化范围与过程的正常偏差之间的比值）或工程能力的指标。所以对于本文提出的两种方法，可以将 CPK 指数作为操作质量的评判标准，进行工艺分析。

CPK 能够用来表征工序对产品规格要求的满足程度，影响它的因素有很多，例如：操作员的质量意识和操作技术水平；设备的老化程度、性能等；工艺方法、规范以及操作规程的合理性等。一般情况下，可根据式(3-27)计算 CPK 值。

$$CPK = Ca(1 - |Cp|) \tag{3-27}$$

式中，Ca（capability of accuracy）表示制程准确度或均值偏离度；Cp（capability of precision）表示制程精密度或数据集中度。

Ca 是衡量"实际样本平均值"与"规格中心值"的一致性的指标。对于单边规格，由于不存在规格中心，所以也就不存在 Ca。可根据式(3-28)计算 Ca 值。

$$Ca = \frac{|\overline{x} - CL|}{T/2} \tag{3-28}$$

式中，$\overline{x}$ 为操作数据的平均值；CL 为规格中心值，等于操作上限（UCL）与操作下限（LCL）差值的一半，即 CL=(UCL-LCL)/2；T 为规格公差，且 T=UCL-LCL。

Cp 是衡量操作参数相对目标值离散程度的指标。可根据式(3-29)计算 Cp 值，若求得的 Cp（或比值）越大说明操作数据分布范围相对规格越集中，离散程度越小，生产系统稳定好；反之，越不稳定。

$$Cp = \frac{T}{6\sigma} = \frac{UCL - LCL}{6\sigma} \tag{3-29}$$

式中，σ 为统计学意义上的标准差，通过样本散布情况来衡量系统的稳定性。

② 操作质量的评判标准　CPK 值可以作为评判操作质量优劣的标准，CPK 值越大，操作过程越稳定、操作能力越好；反之，越差。在不考虑偏差 Ca 的影响时，CPK 等于 Cp，则由式(3-29)可求出 CPK。

针对常减压操作中选取的 11 个测量变量、100 组正常数据以及 64 组异常数据等对第 3.2、3.3 节中提出的两种新方法进行验证，具体过程如下。

3.4.2　基于 PCA 权重和 Johnson 转换的多变量报警阈值优化方法应用

(1) 根据 PCA 求解常减压变量权重

对本例进行主元分析的 KMO 和 Bartlett 检验，结果如表 3-5 所示。

表 3-5　KMO 和 Bartlett 的检验结果

KMO 测量取样的充分程度		0.787
Bartlett 检验	近似卡方	2559.717
	自由度	55
	显著度	0.000

由表 3-2 和表 3-5 可知，在本例中，适合主元分析的程度为"一般"，基本可以用主元分析求权重。因为主元分析的程度只会影响提取的主元个数，虽然也会间接影响变量权重，但由于各变量的影响程度不同，求出的权重总会有较大差距，只是影响程度大小的变量个数有所不同。同时，为了验证本文方法的有效性，如果选取了主元分析程度更高的例子进行研究，不能说明本节方法适用范围的一般性。另外，实际生产中，完全或高度符合主元分析的例子很少，只能在一定程度上将其看成是线性关系，利用主元分析进行研究。

然后，根据所取的常减压流程中 11 个变量的 100 组数据，利用 SPSS 软件对 11 个变量进行主元分析，具体结果与分析如下。

本例进行主元分析得出解释的总方差如表 3-6 所示。在表 3-6 中，由于前 3 个主元对应的特征值均大于 1，提取前 3 个主元的累计方差贡献率为 86.656%（超过 80%），所以前 3 个主元基本可以反映全部的变量信息，可以代替 11 个原始变量。

表 3-6　主元分析解释的总方差

变量	初始特征值		
	特征值	方差/%	累积/%
1	6.847	62.242	62.242
2	1.668	15.160	77.402
3	1.018	9.254	86.656

续表

变量	初始特征值		
	特征值	方差/%	累积/%
4	0.743	6.753	93.408
5	0.425	3.866	97.274
6	0.208	1.888	99.162
7	0.053	0.478	99.640
8	0.024	0.222	99.863
9	0.014	0.129	99.991
10	0.001	0.007	99.999
11	0.000	0.001	100.000

注：提取方法为 PCA。

本例进行主元分析得出的成分矩阵如表 3-7 所示。

表 3-7　主元分析成分矩阵

变量节点	成分		
	1	2	3
X_1	0.966	0.161	0.146
X_2	−0.369	0.834	0.261
X_3	0.978	0.100	0.130
X_4	−0.969	0.103	−0.079
X_5	−0.601	0.644	0.173
X_6	0.903	0.244	0.106
X_7	0.284	0.189	−0.834
X_8	−0.177	−0.628	0.384
X_9	0.979	0.0960	0.128
X_{10}	0.857	−0.0390	−0.068
X_{11}	0.949	0.100	−0.0040

注：提取方法为 PCA。

求出变量在线性组合和综合得分模型中的系数，汇总结果如表 3-8 所示，归一化求得的变量权重结果如表 3-9 所示。

表 3-8　11 个变量线性组合系数、综合得分模型中的系数

主成分		Z_1	Z_2	Z_3	综合得分模型中的系数
主成分特征值		6.847	1.668	1.018	
主成分方差贡献率/%		62.242	15.16	9.254	
线性组合系数	X_1	0.369	0.125	0.145	0.302
	X_2	−0.141	0.646	0.259	0.0393
	X_3	0.374	0.0774	0.129	0.296
	X_4	−0.370	0.0796	−0.0783	−0.260

续表

主成分		Z_1	Z_2	Z_3	综合得分模型中
主成分特征值		6.847	1.668	1.018	的系数
主成分方差贡献率/%		62.242	15.16	9.254	
线性组合系数	X_5	−0.230	0.499	0.171	−0.0594
	X_6	0.345	0.189	0.105	0.292
	X_7	0.109	0.146	−0.827	0.0153
	X_8	−0.0676	−0.486	0.381	−0.0930
	X_9	0.374	0.0743	0.127	0.295
	X_{10}	0.328	−0.0302	−0.0674	0.223
	X_{11}	0.363	0.0774	−0.00396	0.274

表 3-9　11 个变量权重求解结果

变量节点	综合得分模型中系数的绝对值	变量权重
X_1	0.302	0.1405
X_2	0.0393	0.0183
X_3	0.296	0.1377
X_4	0.260	0.1210
X_5	0.0594	0.0276
X_6	0.292	0.1359
X_7	0.0153	0.0071
X_8	0.0930	0.0433
X_9	0.295	0.1373
X_{10}	0.223	0.1038
X_{11}	0.274	0.1275

根据表 3-9 绘制出变量权重柱状图，如图 3-10 所示。

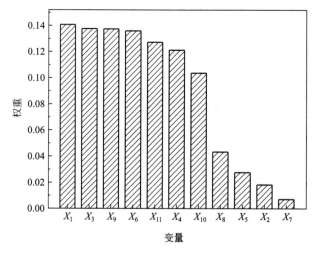

图 3-10　11 个变量权重图

由表 3-9 和图 3-10 可知，11 个变量的权重大小次序为 X_1、X_3、X_9、X_6、X_{11}、X_4、X_{10}、X_8、X_5、X_2、X_7。相较于变量 X_1、X_3、X_9、X_6、X_{11}、X_4、X_{10} 的权重，变量 X_8、X_5、X_2、X_7 的权重较小，重要程度相对较低。

（2）根据 PCA 权重确定常减压变量阈值

本例取样时间为 1min，在装置运行正常的情况下，分别统计 5 种情况下的变量报警个数，汇总结果如表 3-10 所示。

表 3-10　5 种情况下的变量报警个数

报警次数	X_1	X_2	X_3	X_4	X_5	X_6	X_7	X_8	X_9	X_{10}	X_{11}
初始	50	42	48	54	49	66	46	82	48	40	44
$\pm\sigma$	25	21	25	19	21	13	19	7	25	22	23
1min	14	2	14	12	3	13	1	4	14	10	13
5min	3	0	3	2	1	3	0	1	3	2	2
10min	2	0	2	1	0	1	0	1	1	1	1

根据表 3-10，结合变量数据以及三种标准来优化变量阈值，根据报警类型排序变量数据，并按照报警个数找到优化之后的阈值，结果如表 3-11 所示。

表 3-11　11 个变量在 5 种情况下的报警阈值

报警	X_1	X_2	X_3	X_4	X_5	X_6	X_7	X_8	X_9	X_{10}	X_{11}
初始	71.27	363.5	247.4	312.1	0.096	285.4	22.53	0.599	147.4	3.978	88.98
$\pm\sigma$	71.84	359.2	249.3	329.1	0.098	297.5	24.21	0.550	149.2	4.167	91.48
1min	72.00	355.0	249.8	330.7	0.098	298.0	25.54	0.532	149.8	4.29	92.54
5min	72.03	353.7	250.1	331.8	0.098	304.5	25.54	0.445	150.1	4.382	93.06
10min	72.04	353.7	250.1	332	0.098	325	25.54	0.445	150.1	4.389	93.06

根据表 3-11 以及变量数据绘制出 11 个变量的平行坐标图，如图 3-11 所示。

图 3-11(a)～(e) 分别对应了阈值为原始阈值、$\pm\sigma$、1min 一次报警、5min 一次报警和 10min 一次报警 5 种情况下的变量平行坐标图。与图 3-11(a)、(b) 相比，图 3-11(c)～(e) 中的深灰区域明显减少，结合表 3-10 可知，减少的深灰区域就是三种标准下的报警与以原始阈值时的变量报警（总共 569 个）和以 σ 或 $-\sigma$ 为阈值时的变量报警（总共 220 个）相比分别减少的报警，减少的报警数为 469、549、559 和 120、200、210 个。由于图 3-11(a) 和图 3-11(b) 是根据现有方法设置阈值得到的，对比结果可以看出根据 PCA 权重确定阈值方法的有效性，继续求解可验证方法一的有效性。

（3）根据 PCA 权重确定常减压变量控制限

根据表 3-9 求出的变量权重，选取前 7 个比较重要的变量 X_1、X_3、X_9、X_6、X_{11}、X_4、X_{10} 作为新的研究对象，计算对应的变量权重，如表 3-12 所示。

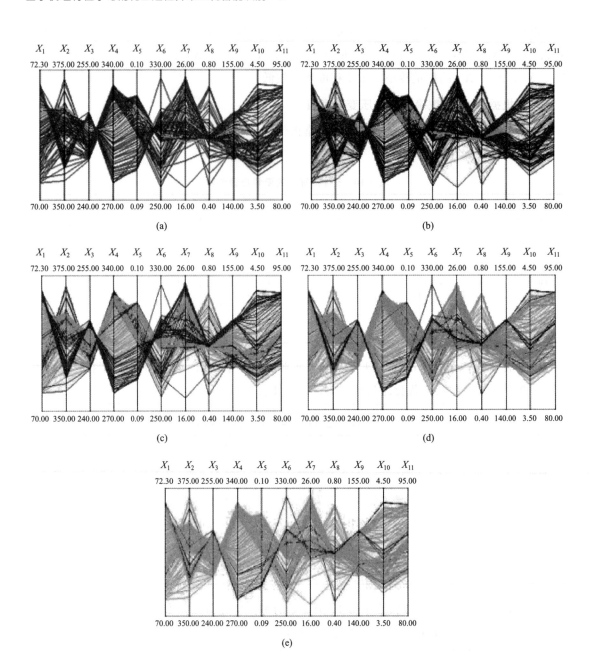

图 3-11　5 种情况下 11 个变量对应的平行坐标图

表 3-12　7 个变量的权重

变量节点	权重	变量节点	权重
X_1	0.156	X_{11}	0.141
X_3	0.152	X_4	0.134
X_9	0.152	X_{10}	0.115
X_6	0.150		

在装置运行正常的情况下，本例取样时间间隔为 1min，总共取了 100 组数据，用时 100min。若以选出的 7 个变量的权重大小作为变量重要程度和分配取样时间内报警次数的依据，则视其余 4 个变量为不重要变量并不分配报警。为保证根据最后求出的变量阈值统计得到的 1min 内的报警不超过一次，则设置的初始报警频率应大于 1min 一次，若按 0.8min 一次报警计算，总共有 125 次报警，统计各变量报警次数，结果如表 3-13 所示。

表 3-13　0.8min 一次报警时的变量报警次数

变量节点	X_1	X_2	X_3	X_4	X_5	X_6	X_7	X_8	X_9	X_{10}	X_{11}
0.8min 一次报警时的报警次数	19	0	19	17	0	19	0	0	19	14	18

根据表 3-13 与变量数据确定原始阈值。首先，由变量正、异常数据确定报警类型（上限或下限报警）。以第一个变量 X_1 为例进行说明：根据 X_1 的 100 个正常数据和 64 个异常数据分别拟合出它在正常和异常情况下的正态函数 $F(x)$ 和 $G(x)$，如式(3-30)、式(3-31) 所示，然后绘制出对应的概率密度函数曲线 $f(x)$ 和 $g(x)$，如图 3-12 所示。

$$F(x) = \frac{1}{0.5623\sqrt{2\pi}} \exp \frac{-(x-71.27)^2}{2 \times 0.5623^2} \tag{3-30}$$

$$G(x) = \frac{1}{0.5623\sqrt{2\pi}} \exp \frac{-(x-72)^2}{2 \times 0.5649^2} \tag{3-31}$$

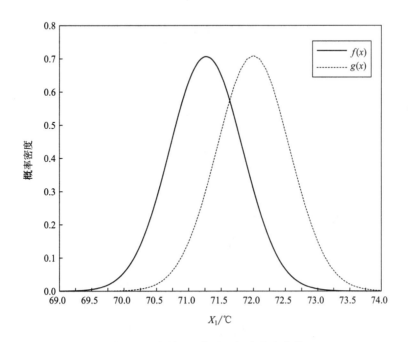

图 3-12　变量 X_1 的过程概率密度曲线

由图 3-12 可知，变量 X_1 的报警类型为上限报警。同理，可知其他变量的报警类型。

然后，根据表 3-13 以及正常情况下的变量数据确定变量初始阈值。最后，根据 $x_T = \mu + \Delta\sigma$ 求出变量控制限 $\Delta\sigma$，结果如表 3-14 所示。

表 3-14　0.8min 一次报警时的变量初始报警阈值与控制限

变量节点	阈值类型(上限或下限)	初始阈值	控制限度
X_1	上限	71.97	1.239σ
X_2	下限	350.6384	-3σ
X_3	上限	249.6	1.196σ
X_4	上限	329.8	1.042σ
X_5	上限	0.0907	3σ
X_6	上限	295.4	0.825σ
X_7	上限	17.4802	3σ
X_8	下限	0.4578	-3σ
X_9	上限	149.6	1.198σ
X_{10}	上限	4.273	1.564σ
X_{11}	上限	91.98	1.201σ

（4）Johnson 转换优化常减压变量阈值

① Johnson 转换求变量阈值　以变量 X_1 为例进行 Johnson 转换逆变换求变量阈值的求解说明。首先，对变量 X_1 的 100 个正常数据进行 Johnson 转换。通过多次尝试可知，本例最合适的 z 值为 0.53，此时求出对应的参数 γ、η、ε、λ、$\varepsilon+\lambda$，结果如表 3-15 所示。据此可得转换方程式 [式(3-32)] 以及逆变换公式 [式(3-33)]。

表 3-15　变量 X_1 进行 Johnson 转换对应的各参数值

z	γ	η	ε	λ	$\varepsilon+\lambda$
0.53	-0.189485	0.504977	70.2876	1.7732	72.0608

$$y_1 = -0.189485 + 0.504977\ln\frac{x_1 - 70.2876}{72.0608 - x_1} \tag{3-32}$$

$$x_1 = \left[70.2876 + 72.0608\exp\left(\frac{y_1 + 0.189485}{0.504977}\right)\right] \Big/ \left[1 + \exp\left(\frac{y_1 + 0.189485}{0.504977}\right)\right] \tag{3-33}$$

然后，通过对转换之后的数据进行拟合可以求出转换之后的正态函数 $F'(x)$ 的表达式 [式(3-34)]，同时绘制出转换前后的直方图，比较转换前后的正态性，如图 3-13 所示，其中，图 3-13(a)、(b) 分别为转换前后的直方图。

$$F'(x) = \frac{1}{1.096\sqrt{2\pi}}\exp\frac{-(x - 0.01928)^2}{2 \times 1.096^2} \tag{3-34}$$

最后，根据 $\Delta = 1.239$，$x'_T = \mu' + \Delta\sigma'$，可以求出变量 X_1 转换之后的阈值为 1.377，由式(3-33) 逆变换可以求出变量 X_1 的阈值为 71.984。同理，可求出其他 6 个变量的阈值，汇总结果如表 3-16 所示。

表 3-16　Johnson 转换逆变换求出的 7 个变量的报警阈值

变量节点	X_1	X_3	X_4	X_6	X_9	X_{10}	X_{11}
变量阈值	71.984	249.788	329.99	296.402	149.797	4.324	92.332

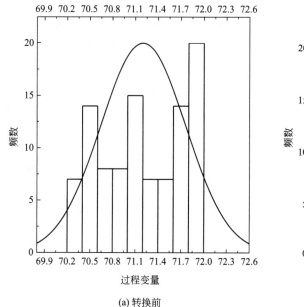

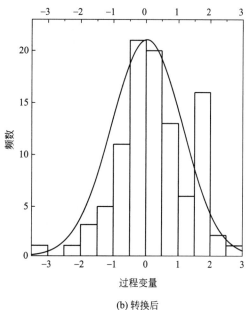

(a) 转换前　　　　　　　　　　　　　　　(b) 转换后

图 3-13　变量 X_1 进行 Johnson 转换前后的直方图

汇总转换前后的变量报警阈值，如表 3-17 所示。

表 3-17　Johnson 转换前后的变量报警阈值

变量节点	阈值类型(高限或低限)	转换前	转换后
X_1	高限	71.97	71.984
X_2	低限	350.6384	350.6384
X_3	高限	249.6	249.788
X_4	高限	329.8	329.99
X_5	高限	0.0907	0.0907
X_6	高限	295.4	296.402
X_7	高限	17.4802	17.4802
X_8	低限	0.4578	0.4578
X_9	高限	149.6	149.797
X_{10}	高限	4.273	4.324
X_{11}	高限	91.98	92.332

② 统计 Johnson 转换前后的变量报警次数　根据表 3-17 中 Johnson 转换前后求出的变量报警阈值，分别统计各变量在转换前后的报警次数，结果如表 3-18 所示。

表 3-18　Johnson 转换前后的变量报警次数

变量节点	X_1	X_2	X_3	X_4	X_5	X_6	X_7	X_8	X_9	X_{10}	X_{11}	总数
转换前	19	0	19	17	0	19	0	0	19	14	18	125
转换后	17	0	15	16	0	16	0	0	14	5	15	98

由表 3-18 可知，转换之前的报警总数是 125，转换之后减少了 27，变成了 98 次，而转换

前的报警频率为 0.8min 一次报警，取样时间为 100min，则转换后的报警频率为 1.02min 一次报警，小于 1min 一次的报警频率，满足国际标准中规定的单位时间内报警限制的数目。

根据表 3-18 以及 100 组变量数据绘制出 11 个变量在进行 Johnson 转换前后的平行坐标图，如图 3-14 所示，其中，图 3-14(a)、(b) 分别为转换前后的平行坐标图，浅灰区域代表正常工况区域，深灰区域表示异常区域（超出阈值范围之外的数据）。

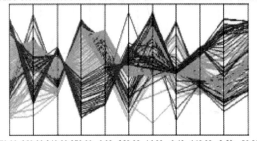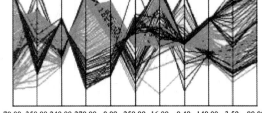

(a) 转换前   (b) 转换后

图 3-14　11 个变量在进行 Johnson 转换前后的平行坐标图

由图 3-14 可知，图 3-14(b) 中的浅灰区域与图 3-14(a) 中的相比有所增多，说明经 Johnson 转换得到的变量阈值与转换前相比，报警数量有所减少，相应的正常工况有所增加，表明本文方法确实能够优化阈值，减少海量报警。

虽然在平行坐标图上已经观察到异常区域有所减小，但并不明显，接下来通过计算误报率并统计变量报警次数来进一步更好地说明本章方法确实能够实现阈值优化的目的。

③ 计算误报率（FAR）　针对上面求出的变量阈值，用误报率来验证转换之后的阈值比转换之前的阈值更优。

仍以变量 X_1 为例，分别求出变量 X_1 转换前后的误报率，结果如表 3-19 所示。同理，可求出其余 6 个变量的误报率 FAR，汇总结果如表 3-20 所示。

表 3-19　变量 X_1 进行 Johnson 转换前后的误报率

变量节点	转换前	转换后
FAR	0.108	0.103

表 3-20　7 个变量进行 Johnson 转换前后的误报率

变量节点	FAR	
	转换前	转换后
X_1	0.108	0.103
X_3	0.116	0.0968
X_4	0.149	0.146
X_6	0.205	0.182
X_9	0.115	0.0955
X_{10}	0.0589	0.0331
X_{11}	0.113	0.0898

由表 3-20 计算可知，本章方法可以降低误报率，且平均在（0.108－0.103＋0.116－0.0968＋0.149－0.146＋0.205－0.182＋0.115－0.0955＋0.0589－0.0331＋0.113－0.0898）÷7×100％＝1.70％以上。根据表 3-20 绘制出 7 个变量在进行 Johnson 转换前后的误报率 FAR 的柱状图，如图 3-15 所示。

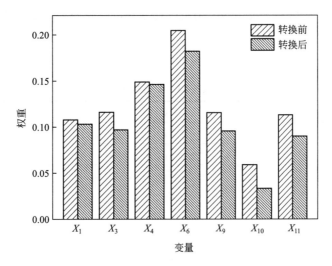

图 3-15　7 个变量在进行 Johnson 转换前后的误报率（FAR）

图 3-15 中，左侧浅色柱状图为转换前的变量误报率，而右侧阴影柱状图为转换后的误报率。从图中可知，利用本文方法不仅能够降低误报率，同时，据此求出的报警个数又满足国际标准中规定的单位时间内报警限制的数目。所以，利用本节方法确实能够优化变量阈值。

3.4.3　基于报警聚类和 ACO 的多变量报警阈值优化方法应用

（1）变量聚类求解常减压变量权重

① 变量聚类　这里仍以上面选出的 7 个变量为例，将它们看作是 7 个 100 维（100 组正常状态下的数据）的向量。对 7 个变量进行标准化，得到对应的标准化欧氏距离，如表 3-21 所示。

表 3-21　7 个变量的标准化欧氏距离

d	X_1	X_2	X_3	X_4	X_5	X_6	X_7
X_1	0.000	1.696	23.897	5.027	1.756	11.573	5.354
X_2	1.696	0.000	24.048	5.919	0.367	10.535	4.732
X_3	23.897	24.048	0.000	22.144	24.040	24.441	23.452
X_4	5.027	5.919	22.144	0.000	5.957	13.806	7.597
X_5	1.756	0.367	24.040	5.957	0.000	10.450	4.691
X_6	11.573	10.535	24.441	13.806	10.450	0.000	7.593
X_7	5.354	4.732	23.452	7.597	4.691	7.593	0.000

根据表 3-21，对 7 个变量的标准化欧氏距离进行加和并归一化，结果如表 3-22 所示。

表 3-22　7 个变量的标准化欧氏距离加和及其归一化结果

项目	X_1	X_2	X_3	X_4	X_5	X_6	X_7
$d_总$	49.30	47.26	142.02	60.45	47.26	78.40	53.42
w_d	0.022	0.000	1.000	0.139	0.000	0.329	0.065

根据求出的归一化结果，按照四组聚类进行划分，则原先 7 个变量可以聚类为 3 组，即 X_3 与 X_6 分别为一组，其余 5 个为一组。

② 变量权重　分别求解上述三组变量的权重，结果如表 3-23 所示。

表 3-23　变量权重

组序	变量	权重
1	X_3	1
2	X_6	1
3	X_1	0.105
	X_2	0.126
	X_4	0.211
	X_5	0.192
	X_7	0.366

（2）优化求解常减压变量阈值

以第一个变量 X_1 为例，进行优化求解说明，具体如下。

首先，根据 X_1 的 100 个正常数据和 64 个异常数据分别拟合出它在正常和异常情况下的概率密度函数表达式 $f(x)$ 和 $g(x)$，如式(3-30) 和式(3-31) 所示。

其次，分别将 X_1 的权重 $w_1 = 0.173$、$t_1 = 60s$，以及概率密度函数表达式 $f(x)$ 和 $g(x)$ 等代入三个目标函数中。

然后，利用蚁群算法进行优化，得到蚂蚁的初始位置和最终位置，如图 3-16 所示，优

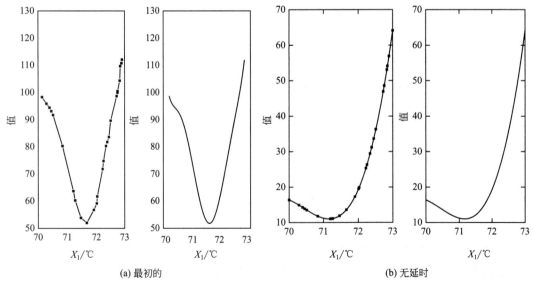

(a) 最初的　　　　　　　　　　(b) 无延时

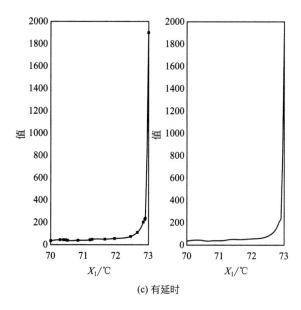

(c) 有延时

图 3-16　蚂蚁的初始位置和最终位置

化结果如表 3-24 所示。

同理，优化可得其他变量结果，汇总结果如表 3-24 所示。

表 3-24　4 种情况下的优化结果

变量		X_1	X_2	X_3	X_4
阈值	3σ	72.9601	252.8535	363.0415	321.7516
	最初的	71.6361	249.0954	324.8641	291.4044
	无延时	71.2732	247.4430	324.7501	287.9047
	有延时	71.3950	248.2863	326.1031	291.0676
FAR	3σ	0.001324	0.001336	0	0.0003855
	最初的	0.2575	0.1798	0.2249	0.3097
	无延时	0.86690	0.50000	0.22690	0.41820
	有延时	0.30800	0.20320	0.03764	0.14910
MAR	3σ	0.9554	0.8637	1.0000	0.9997
	最初的	0.2598	0.2061	0.0418	0.0666
	无延时	0.00822	0.04814	0.03983	0.01071
	有延时	0.01242	0.00547	0.00134	0.00074
变量		X_5	X_6		X_7
阈值	3σ	152.8503	4.5439		96.4732
	最初的	149.0901	3.9700		88.9000
	无延时	147.4000	3.9700		88.9000
	有延时	148.3153	3.9700		88.9000

续表

变量		X_5	X_6	X_7
FAR	3σ	0.0003252	0	0.0006883
	最初的	0.1788	0.5337	0.5121
	无延时	0.50740	0.54370	0.51210
	有延时	0.13920	0.53090	0.49840
MAR	3σ	0.8638	1.0000	1.0000
	最初的	0.2051	0.4137	0.2323
	无延时	0.04554	0.41370	0.23230
	有延时	0.00585	0.311400	0.12480

根据表 3-24 绘制出优化前后的误报率和漏报率柱状图，分别如图 3-17 和图 3-18 所示。

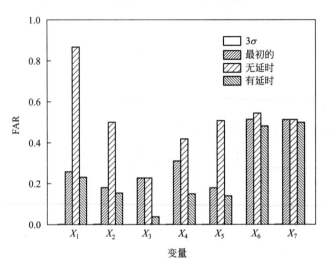

图 3-17　4 种情况下的误报率柱状图

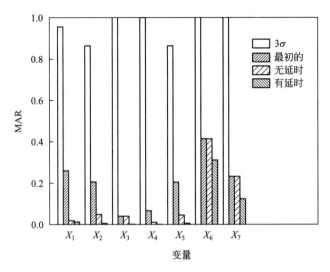

图 3-18　4 种情况下的漏报率柱状图

通过分析图 3-17、图 3-18 可知，在考虑装置生产的安全隐患时，3σ 法不可取；同时，在阈值优化方面，对比其他两种情况可以看出本节方法在降低误报率和漏报率方面的优越性。

3.4.4 常减压操作质量分析

由于本节所研究的阈值都是单边的，为满足工艺分析要求，假定另一边的报警阈值与本节研究的报警阈值是关于均值 μ 对称的。针对论文研究的两种方法，对研究结果进行工艺分析，具体过程如下：

首先，针对利用两种方法求出的 7 个变量的报警阈值，分别补充另一边阈值，汇总优化前后的结果如表 3-25 所示，其中，因为本章所模拟的流程虽然达到稳定，但或多或少会与实际有所差别，所以操作变量的原始阈值也不能采用原先系统中的阈值，只能通过两种方法中的一种来确定的初始阈值代替，这里选取方法二中确定的阈值进行分析，参照表 3-24，以此确保两种方法具有对比性。

表 3-25 3 种情况下的变量报警阈值

变量		X_1	X_2	X_3	X_4	X_5	X_6	X_7
UCL	初始	71.636	249.10	324.86	291.40	149.09	3.986	89.060
	方法 1	71.984	249.79	329.99	296.40	149.80	4.324	92.332
	方法 2	71.395	248.29	326.10	291.07	148.32	3.986	89.060
LCL	初始	70.910	245.79	299.36	279.47	145.79	3.970	88.900
	方法 1	70.562	245.10	294.23	274.47	145.08	3.632	85.628
	方法 2	71.151	246.60	298.12	279.81	146.56	3.970	88.900

然后，在不考虑偏差 Ca 的影响时，CPK 等于 Cp，根据式(3-29)，以及各操作变量的原始标准差 σ（表 3-26）可求出三种情况下的 CPK 值，如表 3-27 所示。

表 3-26 7 个变量的原始标准差

变量	X_1	X_2	X_3	X_4	X_5	X_6	X_7
σ	0.5623	1.8035	16.9765	12.0784	1.8041	0.1887	2.4978

表 3-27 3 种情况下的 CPK 值

变量		X_1	X_2	X_3	X_4	X_5	X_6	X_7
CPK	初始	0.2151	0.3054	0.2504	0.1647	0.3052	0.0138	0.0106
	方法 1	0.4214	0.4334	0.3510	0.3026	0.4359	0.6116	0.4474
	方法 2	0.0722	0.1559	0.2747	0.1554	0.1621	0.0138	0.0106

最后，通过表 3-27 中求出的 CPK 值对工艺进行分析：相比于方法二中确定的初始阈值，利用方法一求出的操作变量 CPK 值与最初的 CPK 值都有所提高，进一步验证了方法一的有效性；虽然方法二求出的 CPK 值与方法一相比明显要小，但这并不能说明方法二无效，这是因为与方法一相比，方法二中添加了报警延时，在变量过程值达到阈值时，报警会有所延时，由延时对操作过程造成的影响远大于制程能力所造成影响，而且，通过图 3-17、图 3-18 已经验证方法二的有效性。

本章小结

本章对多变量报警阈值优化进行了研究，提出了基于 PCA 权重和 Johnson 转换的多变量报警阈值优化方法以及基于报警聚类和 ACO 的多变量报警阈值优化方法，并通过某工业原油常减压操作实例对研究结果进行了验证。具体结论如下：

① 针对化工过程变量多，误报警个数多的问题，提出了一种基于 PCA 计算变量权重的方法，通过权重大小压缩变量，减少了变量与报警个数；

② 根据国际标准中规定的单位时间内报警限制的数目，设置报警频率，对非正态或正态性较弱的变量数据进行 Johnson 正态转换，提出了一种基于 PCA 权重和 Johnson 转换的多变量报警阈值优化方法，降低了误报率；

③ 归一化标准欧氏距离，利用熵权法求得变量权重，并结合全局相似度实现了报警变量的聚类；

④ 将聚类之后的变量权重运用到阈值优化中，结合误报率、漏报率和平均报警延时等建立了相关的报警阈值优化目标函数，提出了一种基于报警聚类和 ACO 的多变量报警阈值优化方法，降低了误报率和漏报率。

针对本章所提出的报警阈值优化方法，可以在以下方面进行更深入的研究：

① 在很多情况下都可以用 PCA 求变量权重，但在研究非线性程度较高的工况时应该考虑利用非线性方法计算变量权重；

② 本章所提出的优化方法是基于历史数据的离线方法，时效性较弱，后续可以研究在线的动态阈值设置方法，以确保报警阈值能够随系统运行状态实时地调整。

参考文献

[1] Wende Tian, Guixin Zhang, Xiang Zhang, et al. PCA weight and Johnson transformation based alarm threshold optimization in chemical processes. Chinese Journal of Chemical Engineering, 2018, 26 (8): 1653-1661.

[2] 王莺, 王静, 姚玉璧, 等. 基于主成分分析的中国南方干旱脆弱性评价. 生态环境学报, 2014, 23 (12): 1897-1904.

[3] Portnoy I, Melendez K, Pinzon H, et al. An improved weighted recursive PCA algorithm for adaptive fault detection. Control Engineering Practice, 2016, 50 (May 2016): 69-83.

[4] 陈道贵, 胡乃联, 李国清. 区域化变量非正态分布的稳健性. 北京科技大学学报, 2009, 31 (4): 412-417.

[5] Glendenning K, Wischgoll T, Harris J, et al. Parameter space visualization for large-scale datasets using parallel coordinate plots. Journal of Imaging Science & Technology, 2016, 60 (1): 104061-104068.

[6] 徐永红, 高直, 金海龙, 等. 平行坐标原理与研究现状综述. 燕山大学学报, 2008, 32 (5): 389-392.

[7] Wende Tian, Guixin Zhang, Huiting Liang. Alarm clustering analysis and ACO based multi-variable alarms thresholds optimization in chemical processes. Process Safety and Environmental Protection, 2018, 113: 132-140.

[8] Salleh F H M, Arif S M, Zainudin S, et al. Reconstructing gene regulatory networks from knock-out data using Gaussian noise model and Pearson correlation coefficient. Computational biology and chemistry, 2015, 59: 3-14.

第4章

基于特征工程的化工过程异常检测

在实际化工生产中往往采取一些措施及时检测并识别出异常。伴随化工过程的集成化与自动化，变量的维数增大、耦合性增强。基于此，面向化工过程的大数据，按照机理关系提出两种基于特征工程的异常检测方法。这些方法着重于挖掘数据表现的过程特征，分析变量之间的相关性并以此为依据从多个变量中及时找出变化较大的变量，以统计量指标的形式反映过程状态。

4.1 基于相关性系数 Q 分析的化工过程异常检测

通常，实际化工生产过程中异常的发生都是一系列相关变量连锁反应的结果，由于多变量之间存在着各种高耦合性、信息传递复杂性等关系，使得对多变量的异常检测变得十分困难。因此，如何在众多变量中剔除冗余特征变量，找出一些比较重要的关键变量就显得尤为重要。基于此，本节面向化工生产大数据，挖掘过程机理信息传递特点，提出基于变量相关性 Q 分析的化工过程异常检测方法，并通过某过程工业脱丙烷塔的实际案例进行研究[1]。

4.1.1 研究思路

基于相关性系数 Q 分析的异常检测方法实现过程如图 4-1 所示。

图 4-1 中过程的实现步骤如下：

① 采集数据，对变量时间序列数据进行预处理。首先确定时间序列数据的类型，为解决数据集的缺失值、异常值、重复数据等问题，利用简单的描述统计（标准偏差和平均数）填充缺失值。对比 3σ 法，最终选取箱线图处理提取的工业数据异常值，进一步使过程数据转换成更易于模型处理的形式。

② 建立 PCC 的相关系数分析模型。选取过程变量数据，确定相关系数矩阵以及原始变量模型优化的初始阈值，并进行显著性双尾检验。

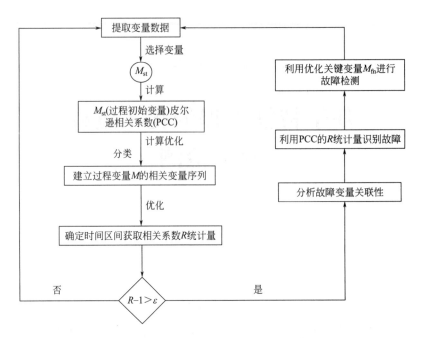

图 4-1　基于相关性系数 Q 分析的化工过程异常检测方法

③ 结合 PCC 分析模型选取过程关键变量 M_{fn}。在模型初始阈值的条件下，确定过程初始变量 M_{st} 的相关变量，通过 PCC 模型去除冗余变量，得到 M 的相关变量序列，进一步整合过程未优化变量得到关键变量序列 M_{fn}。

④ 异常检测。结合优化变量 M_{fn} 的相关变量序列，通过 $T/2$ 法确定变量的检测阈值范围，将优化变量 M_{fn} 代替全部变量进行异常检测。如果优化变量 M_{fn} 的 R 处在阈值范围之内，表明过程正常；反之，则表明过程异常。

4.1.2　基于相关性系数 Q 分析的化工过程异常检测

化工生产过程的物质转化和能量转换过程必须满足物理、化学类的约束，因而使工艺变量之间呈现复杂的关联特性。为了分析过程的特性，需要有表征过程中所发生的物理、化学现象的数学表达式。这些数学表达式构成了系统的数学模型，而建立模型的工作就是所谓模型化。化工过程的模型化是一项综合性很强的工作，需要应用化学工程学科的基本原理，如热力学、动力学、传递现象等。在过程系统正常时，相关变量间的相关系数处于正常阈值范围（区域）或满足一定的约束条件。当正常状态相关系数超过约束条件时，则表明生产过程的因素或相关设备出现异常或发生异常。这就是基于相关性系数 Q 分析的化工过程异常检测基本思路。

（1）数据处理

数据预处理的目的主要是将过程数据转换成更易于模型处理的形式。不同于实验室测量数据，工业过程通常含有数以千计的在线监测仪表，再加上长年累月的连续化生产使得数据库存储有海量的历史数据，使得工业过程产生的历史数据存在的问题一般有数据缺失、数据异常、数据漂移等。因此，第一步的数据检查就显得尤为必要。数据检查的目的主要有两方面：其一对数据结构进行预览并识别出明显异常（比如某位号仪表损坏）；其二对所建模型的复杂度进行评估。

数据预处理的主要步骤如下：首先初步选择过程原始变量，并识别和处理数据中的缺失和异常；其次对数据进行去噪处理后，需要校正数据漂移；最后对数据进行检查。

其中，处理缺失值时，忽略元组法直接删除含有缺失项的观测量，处理方法比较简单，但观测量可能大大减少，处理易出现偏差，特别是变量较多而观测量较少的情况。比如，总共有 20 个变量的观测，其中有 10 个变量出现缺失。理解为 200 个值中有 10 个值缺失。此时，利用忽略元组法删除缺失项，则会删除 20 个中的 10 个观测。一般来说，比较常用的方法是填充最可能值，例如，全局常量替换、使用属性的平均值或加权平均值填充缺失值。这类方法依靠现有的数据信息来推测缺失值，使缺失值不丢失与其他属性之间的联系。本节中对缺失数据的处理主要采用传统的统计分析中的加权平均方法。

① 设某工艺时间序列变量数据为 $X = [X_1, X_2, \cdots, X_n]$，其中第 i 个缺失属性值为 X_i，确定变量的整体平均数 $\overline{X}$，如式（4-1）所示。

$$\overline{X} = \frac{1}{n} \sum_{k=1}^{n} X_k = \frac{1}{n} (X_1 + X_2 + \cdots + X_k + \cdots + X_{n-1} + X_n) \tag{4-1}$$

② 寻找 X_i 前后五个时间序列值，根据时间序列变量数据的频率确定权重比例 F_i（若有异常值自动跳过）。

③ 根据公式计算缺失值，如式（4-2）所示。

$$X_i = \frac{1}{n} \sum_{k=1}^{n} F_k X_k = \frac{1}{n} (F_1 X_1 + F_2 X_2 + \cdots + F_k X_k + \cdots + F_{n-1} X_{n-1} + F_n X_n) \tag{4-2}$$

另外，化工过程剔除工业数据异常值常用的方法有 3σ 法以及箱线图。其中，3σ 法剔除异常值时，只适用于服从正态分布的工业数据。其通常选择一组测定值中与平均值的偏差超过 3 倍标准差的值，也就是说概率为 $P(|x-u| > 3\sigma) \leqslant 0.003$ 时属于极个别的小概率事件，如图 4-2 所示。

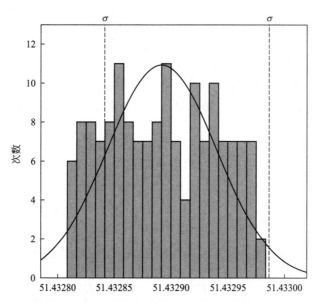

图 4-2 3σ 法数据剔除示意图

　　箱线图并不限制数据分布，较为直观表现出数据分布的原始特征，在识别异常值的结果时比较客观，并且以四分位数和四分位间距为判断标准，鲁棒性更强。箱线图也被称为五数分布，通过计算大于 QU+1.5IQR 或小于 QL-1.5IQR 的值。QU 表示有 1/4 的数据比该数据大的上四分位数，QL 表示有 1/4 的数据比该数据小的下四分位数。IQR 是 QU 和 QL 差的四分位间距，其间包含了观察值的一半。原理如图 4-3 所示，图中 o 表示为需要剔除的离群点。

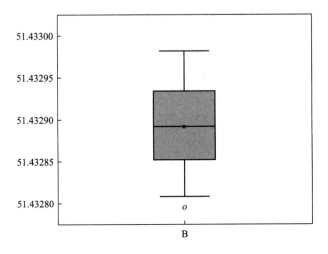

图 4-3　数据剔除箱线图

（2）构建相关系数分析模型

　　设由某工业实际数据构造的双变量数据向量为 $\boldsymbol{X}=[\boldsymbol{X}_1,\boldsymbol{X}_2,\cdots,\boldsymbol{X}_n]$，$\boldsymbol{Y}=[\boldsymbol{Y}_1,\boldsymbol{Y}_2,\cdots,\boldsymbol{Y}_n]$，其中 $\boldsymbol{X}_i$，$\boldsymbol{Y}_i$ 为 $m\times1$ 数据向量，每一个数据向量代表工艺的一个变量，n 为样本数，m 为数据个数。其中原始数据向量 $\boldsymbol{X}$，$\boldsymbol{Y}$ 可以写成：

$$\boldsymbol{X}=\begin{bmatrix} X_{11} & X_{12} & \cdots & X_{1n} \\ X_{21} & X_{22} & \cdots & X_{2n} \\ \vdots & \vdots & \vdots & \vdots \\ X_{m1} & X_{m2} & \cdots & X_{mn} \end{bmatrix} \quad \boldsymbol{Y}=\begin{bmatrix} Y_{11} & Y_{12} & \cdots & Y_{1n} \\ Y_{21} & Y_{22} & \cdots & Y_{2n} \\ \vdots & \vdots & \vdots & \vdots \\ Y_{m1} & Y_{m2} & \cdots & Y_{mn} \end{bmatrix}$$

　　数据矩阵中的相关系数值可通过转化皮尔逊相关系数公式计算得到[2]，如式（4-3）和式（4-4）所示。

$$R_{X,Y}=\frac{\sum_{t=1}^{m}(Y_{jt}-\overline{Y}_j)(X_{it}-\overline{X}_i)}{\sqrt{\sum_{t=1}^{m}(Y_{jt}-\overline{Y}_j)^2}\sqrt{\sum_{t=1}^{m}(X_{it}-\overline{X}_i)^2}} \tag{4-3}$$

$$R_{X,Y}=\frac{\mathrm{cov}(X_i,Y_j)}{\sigma_{X_i}\sigma_{Y_j}}=\frac{E((X_i-\mu_{X_i})(Y_j-\mu_{Y_j}))}{\sigma_{X_i}\sigma_{Y_j}}$$
$$=\frac{E(X_iY_j)-E(X_i)E(Y_j)}{\sqrt{E(X_i^2)-E^2(X_i)}\sqrt{E(Y_j^2)-E^2(Y_j)}} \tag{4-4}$$

式中，m 表示变量取值的个数；$i(j)$ 代表第 $i(j)$ 个样本，$1 \leqslant i(j) \leqslant n$；$t$ 代表第 t 个数据（$1 \leqslant t \leqslant m$）。

计算数据矩阵 $\boldsymbol{X}$ 中列向量的相关系数，得到数据矩阵 $\boldsymbol{X}$ 的皮尔逊相关系数矩阵 R，如式(4-5) 所示，进而计算可得双变量矩阵 [式(4-6)]。

$$R = (R_{k,l})_{m \times m} = \begin{pmatrix} 1 & R_{1,2} & \cdots & R_{1,m} \\ R_{2,1} & 1 & \cdots & R_{2,m} \\ \vdots & \vdots & \vdots & \vdots \\ R_{m,2} & R_{m,2} & \cdots & 1 \end{pmatrix} \tag{4-5}$$

$$R = (R_{k,l})_{m \times m} = \begin{pmatrix} 1 & R_{1,2} \\ R_{2,1} & 1 \end{pmatrix} \tag{4-6}$$

不同条件下的相关系数的阈值设定并不同，为突出不同变量之间的强弱相关关系，设 $0 \leqslant R_{X,Y} \leqslant 0.3$ 时，为低度相关，$0.3 \leqslant R_{X,Y} \leqslant 1$ 时为中度及高度相关[3]。

(3) 变量选择及异常检测

不同化工系统的机理信息不同，选择变量时应当首先通过对化工系统进行机理分析，建立物料衡算方程、能量衡算方程、相平衡方程等，得到系统之间的机理相关性，然后根据系统机理相关性经验结合相关系数进行变量选择。以精馏塔系统的动态机理模型为例分析，如图 4-4 所示。

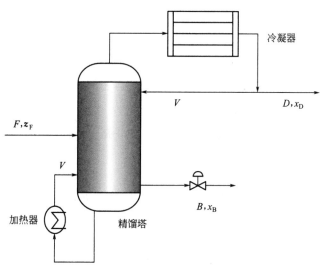

图 4-4　精馏塔

总物料衡算方程如式(4-7) 所示：

$$\frac{d(M_{Lj} + M_{Vj})}{dt} = F_j + L_{j-1} + V_{j+1} - L_j - V_j - S_{Lj}, j = 2,3,\cdots,13 \tag{4-7}$$

组分平衡方程如式(4-8) 所示：

$$\frac{d(M_{Lj}x_{ji} + M_{Vj}y_{ji})}{dt} = F_j Z_{ji} + L_{j-1}x_{(j-1)i} + V_{j+1}y_{(j+1)i} - (L_j + SL_j)x_{ji} - V_j y_{ji}$$

$$\tag{4-8}$$

质量衡算方程如式(4-9)所示：

$$\frac{d(M_{L_j}HL_j + M_{V_j}HV_j)}{dt} = F_{j-1}HF_j + L_{j-1}HL_{j-1} + V_{j+1}HV_{j+1} - (L_j + SL_j)HL_j - V_jHV_j$$

$$(4-9)$$

相平衡方程如式(4-10)所示：

$$y_{ji} = E_jK_{ji}x_{ji} \tag{4-10}$$

归一化方程如式(4-11)所示：

$$\sum x_{ji} = \sum y_{ji} = 1 \tag{4-11}$$

用于预测中间产品或最终产品质量指标的过程模型除了要求有良好的预测准确度，还要求包含仅与目标变量强相关的过程变量。然而，实际工业过程为了提高对设备生产的完全监测，会使用大量的仪表，而且这些仪器多有很强的相关性，如精馏塔相邻塔板间的温度测量仪。如果将这些仪表测量值都作为模型的输入，模型的复杂度将会指数式上升，另外还可能引入不相关的干扰变量。而相关系数就是来研究变量之间的相关性的方法，不局限于传统的大数据阈值变化来检测变量。因此，将其作为一种机理特征选择方法进行数据处理或利用相关手段进行故障诊断，可在过程出现变量值未超限的情况下检测出异常。

另外，相关系数变量选择对于降低模型复杂度、提升模型的鲁棒性十分重要。为此，采用 K 期平均移动法对变量的皮尔逊相关系数 R 去除鲁棒性干扰，将最近的 T 期数据加以平均，时间间隔为 τ（$1 \leqslant \tau \leqslant n$），$K$ 期平均移动法的公式如式(4-12)所示。

$$\overline{R_{X,Y}(\tau)} = \frac{R_{X,Y}(T-\tau+1) + R_{X,Y}(T-\tau+2) + \cdots + R_{X,Y}(T-1) + R_{X,Y}(T)}{\tau} \tag{4-12}$$

当 n 为奇数时，如式(4-13)所示：

$$\overline{R_{X,Y}(\tau)} = \frac{1}{\tau}\left(\begin{array}{l} R_{X,Y}\left(T-\dfrac{\tau-1}{2}\right) + R_{X,Y}\left(T-\dfrac{\tau-1}{2}+1\right) + \cdots + R_{X,Y}(\tau) \\ + \cdots + R_{X,Y}\left(T+\dfrac{\tau-1}{2}-1\right) + R_{X,Y}\left(T+\dfrac{\tau-1}{2}\right) \end{array}\right) \tag{4-13}$$

当 n 为偶数时，如式(4-14)及式(4-15)所示：

$$\overline{R_{X,Y}\left(\tau-\frac{1}{2}\right)} = \frac{1}{\tau}\left(R_{X,Y}\left(T-\frac{\tau}{2}\right) + R_{X,Y}\left(T-\frac{\tau}{2}+1\right) + \cdots + R_{X,Y}(\tau) + \cdots + R_{X,Y}\left(T+\frac{\tau}{2}-1\right)\right)$$

$$(4-14)$$

$$\overline{R_{X,Y}\left(\tau+\frac{1}{2}\right)} = \frac{1}{\tau}\left(R_{X,Y}\left(T-\frac{\tau}{2}+1\right) + \cdots + R_{X,Y}(\tau) + \cdots + R_{X,Y}\left(T+\frac{\tau}{2}-1\right) + R_{X,Y}\left(T+\frac{\tau}{2}\right)\right)$$

$$(4-15)$$

再计算出如式(4-16)所示的皮尔逊相关系数 $R_{X,Y}(\tau)$：

$$\overline{R_{X,Y}(\tau)} = \frac{1}{2}\left(R_{X,Y}\left(\tau-\frac{1}{2}\right) + R_{X,Y}\left(\tau+\frac{1}{2}\right)\right) \tag{4-16}$$

设历史数据有 n 个时期，用时间片段提取的方法对特征变量在线实时检测，通过分析变量某个时间片段的相关系数变化，进而利用时间段内的聚集权重系数 Q 确定系统是否进入异常阶段。同时预设定一个相关变量容错率参数 ε，如满足 $|\text{cusum}(t_1 + k\Delta t)| \geqslant \varepsilon$，则认为 $t_1 + k\Delta t$ 时刻的数据异常发生；如满足 $|\text{cusum}(t_1 + k\Delta t)| < \varepsilon$，则从 $t_1 + k\Delta t$ 时刻开始，

cusum 被重置为 0，继续提取相邻某段时间内的数据进行下一次的相关性分析，得到下一个时间相关系数片段进行对比判断。对比完成后，最后通过变量之间相关系数集变化确定出系统的已知异常类型。

4.1.3　实例分析

（1）工艺概述

本小节将基于机理模型的化工过程相关系数相关性分析的异常检测方法应用到脱丙烷塔的实际工业案例中，首先利用 DSAS 平台建立了脱丙烷塔精馏系统动态仿真模型，如图 4-5 所示，对脱丙烷塔进行了动态模拟，采集正常及异常状态下的仿真数据，对采集的数据进行了预处理。其次，利用相关系数分析模型构建了异常状态监控指标时序相关系数 R，优化了初始变量。同时为了保证不同状态下中心变量 M 的皮尔逊相关系数 R 的鲁棒性，我们利用 K 期平均移动法确保了利用相关系数分析模型进行异常检测的准确性。

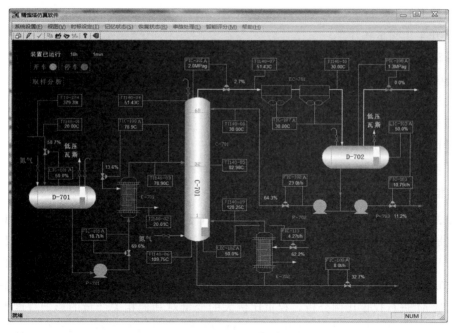

图 4-5　脱丙烷精馏系统界面图

针对在脱丙烷塔过程工业实例中机理模型信息随机选取 13 个变量，依次为塔顶压力 P、进料温度 T_0、塔顶温度 T_1、塔底温度 T_2、塔顶回流液温度 T_3、塔底回流液温度 T_4、塔段温度 T_5、进料流量 F_0、塔顶回流流量 F_1、塔顶采出流量 F_2、塔底采出流量 F_4、塔内液位 L_1、回流罐液位 L_2，并在装置运行正常和非正常（设定了三个异常）的情况下分别采集了 600 组数据作为研究对象，取样时间间隔为 1min，其中异常状态 1、异常状态 2、异常状态 3（简称异常 1、异常 2、异常 3）的信息如下。

异常 1：E-702 加热蒸汽供应暂时中断。

事故现象：塔釜液位上升；塔温下降；塔压下降；塔釜 C2 和 C3 含量上升。

处理方法：

① 停止向 C-701 塔进料；

② E-701 进料加热器停供稳定汽油；

③ 手动状态下关 FIC113；

④ EC-701 停供应冷风；

⑤ 等待来汽；

⑥ 按开车步骤重新进行进料、升温等开车过程。

异常 2：仪表风暂时中断。

事故现象：气开阀全关，气关阀全开；各调节阀停止动作；塔的进料及采出停止；塔釜液位上升；高压瓦斯线开通，塔压下降。

处理方法：

① E-701 停供稳定汽油；

② E-702 停供加热蒸汽；

③ 停进料泵、回流泵和采出泵；

④ 等待来风；

⑤ 按开车步骤重新开车。

异常 3：LIC102 调节器异常。

事故现象：该调节器不能进行自动调节；塔釜液位上升。

处理方法：

① 降低 C-701 塔进料量和回流量；

② 摘除 LIC102-FIC113 串级调节系统；

③ 手动改变 FIC113 的设定值，维持塔釜液位稳定。

（2）相关性分析模型变量选择

本方法首先利用 DSAS 平台建立的脱丙烷塔工艺采集数据，对数据进行了初步的预处理，确定是否满足分析要求。然后计算出脱丙烷塔过程工业实例 13 个变量（P、T_0、T_1、T_2、T_3、T_4、T_5、F_0、F_1、F_2、F_4、L_1、L_2）的皮尔逊相关系数，并以 PCC 的中度相关程度 $[0.3, 1.0]$ 为变量选择标准，得到相应优化中心变量 M，如表 4-1 所示。最后对正常状态变量 M 进行权重比例分析，权重比例大的变量对其他相关变量的影响程度大，因此在去除冗余变量的同时，选择最优中心变量 M_{fn} 代替其相关变量进行异常检测，以最大化地反映整个系统的运行状态。

表 4-1　正常状况下 M 的相关变量

M	正常状态	权重
T_1	T_2, T_3, T_4, T_5, L_1	5
T_2	T_1, T_3, T_4, T_5, L_1	5
T_3	T_1, T_2, T_4, T_5, L_1	5
T_4	T_1, T_2, T_3, T_5, L_1	5
T_5	T_1, T_2, T_3, T_5, L_1	5
F_1	F_2, L_1	2
F_2	F_1, L_1	2

为保障全面地对原始过程信息进行异常检测，在去除相关性变量信息后，最终选取塔顶压力 P、进料温度 T_0、塔顶温度 T_1、进料流量 F_0、塔顶回流流量 F_1、塔底采出流量 F_4、回流罐液位 L_2 作为中心变量 M。可以发现，通过相关性分析模型有效提取了工艺机理关键变量。

（3）异常检测

为更全面地检测异常，使优化变量 T_1 与未优化变量 L_2 处于正常状态、异常 1、2、3 的检测情况为例。显而易见，通过相关系数模型及 K 期平均数分析，得到不同状态下的相关系数值，如表 4-2 所示。

表 4-2 不同状况下变量 T_1 的皮尔逊相关系数

变量	正常状态	异常 1	异常 2	异常 3
P	0	-0.488	0.899	-0.426
T_2	-0.999	0.330	0.936	0.071
T_3	-0.986	-0.361	0.944	-0.302
T_4	-0.999	0.442	0.932	0.036
T_5	-0.999	0.330	0.936	0.0713
F_1	0.229	0.624	-0.359	0.545
F_4	-0.035	-0.599	0	-0.263
L_1	0.642	-0.988	-0.981	0.267

正常状态下的变量 T_1 与变量 L_2 在发生异常时，产生了较大的差异性，结果如图 4-6～图 4-11 所示。由图中可知，变量 T_1 在发生异常 1、异常 2、异常 3 时，其相关变量 P、T_2、T_3、T_4、T_5、F_1、F_4、L_1 的相关系数值发生了较大变化。特别是 P、F_1、F_4 由低

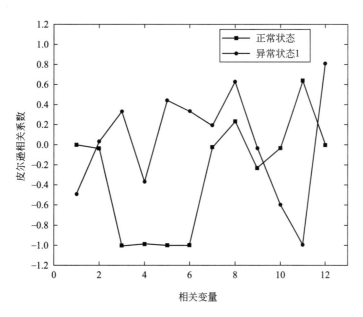

图 4-6 异常状况 1 下 T_1 的相关变量变化情况

度相关跨入中度相关，其相关变量发生了不同程度的变化。

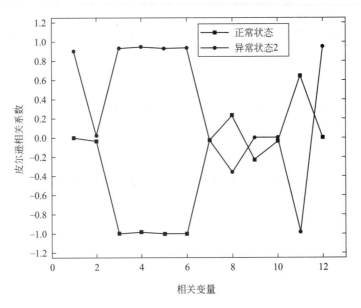

图 4-7　异常状况 2 下 T_1 的相关变量变化情况

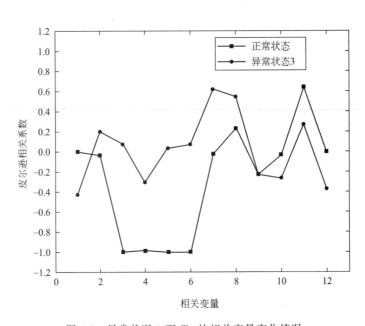

图 4-8　异常状况 3 下 T_1 的相关变量变化情况

变量 L_2 在发生异常时，即发生异常波动时，可以利用 K 期平均数进行相关性分析，得到相关性数据，如表 4-3 所示。

表 4-3　不同状况下变量 L_2 的皮尔逊相关系数

变量	正常状态	异常 1	异常 2	异常 3
P	0	−0.331	0.833	0.958
T_0	−0.031	0.053	0	−0.395

续表

变量	正常状态	异常 1	异常 2	异常 3
T_1	0.009	0.818	0.961	−0.307
T_2	−0.012	0.105	0.918	0.788
T_3	0.077	0.164	0.985	1
T_4	−0.011	0.195	0.913	0.813
T_5	−0.012	0.105	0.918	0.788
F_0	−0.025	0.081	0	−0.443
F_1	−0.022	0.472	−0.170	0.131
F_2	0.030	0.193	0	0.671
F_4	−0.094	−0.338	0	0.909
L_1	0.032	−0.765	−0.939	−0.992

从图 4-9~图 4-11 可以看出，变量 L_2 在发生异常时，其工艺中的相关性发生了较大变化。在异常状态 1 下，相关变量 P、T_1、F_1、F_4、L_1 相关性发生了较大的变化，相关系数值由低度相关进入中度相关。在异常状态 2 下，变量 P、T_1、T_2、T_3、T_4、T_5、L_1 由低度相关跨入中度相关，相关性变强。在异常状态 3 下，除变量 F_1 外，其余变量与变量 L_2 的相关性全部进入中度相关程度以上，变量 P、F_4、L_1 达到了显著的高度相关程度。结果表明，相关系数相关性异常检测方法步骤较为简洁，误报率低，异常识别准确率高，效果明显。

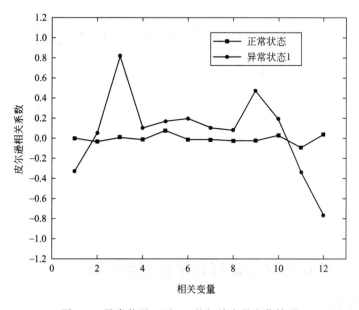

图 4-9　异常状况 1 下 L_2 的相关变量变化情况

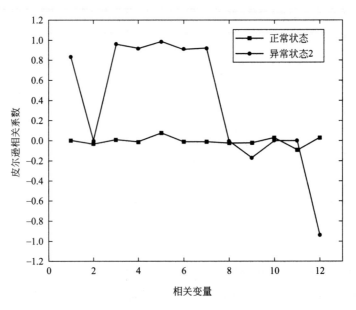

图 4-10　异常状况 2 下 L_2 的相关变量变化情况

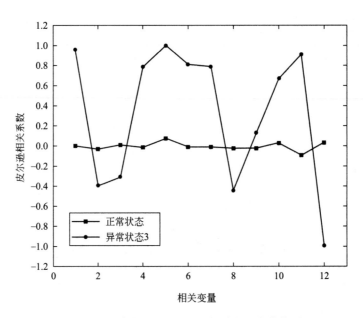

图 4-11　异常状况 3 下 L_2 的相关变量变化情况

4.2　基于特征工程的化工过程异常检测与识别

4.2.1　研究思路

在不易得到化工流程的机理信息时，也可以通过数据间的统计相关分析来进行异常监测，则基于特征工程对化工过程进行异常检测与识别的研究思路如图 4-12 所示[4]。

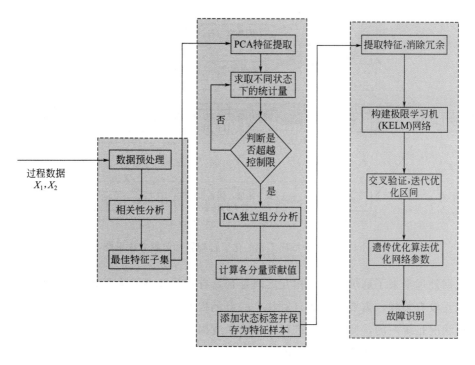

图 4-12 基于特征工程的异常检测与识别流程图

上述异常检测与识别主要包括特征子集选择、异常检测和异常识别三个部分，主要步骤如下：

① 对样本进行预处理。将历史数据分为训练样本与测试样本进行标准化预处理。对数据进行相关性分析，构建对应状态下的特征子集，特征子集包含了某一状态下变量之间的相关关系。

② 求取不同状态下的统计量，判断是否超越控制限，在异常出现后计算各分量的贡献度。同时对数据样本添加状态标签并保存为特征样本。

③ 采用互信息的方法计算不同样本之间的相关性，信息重叠较大的样本标记为相关，逐次提取得到网络的输入。构建核极限学习机（kernel extreme learning machine，KELM）网络，将提取的训练样本与测试样本输入到网络中进行分类，采用遗传算法优化网络参数，提高网络识别的准确率。

4.2.2 基于特征工程的化工过程异常检测与识别方法

(1) 基于互信息特征工程的特征子集选择

特征工程可以从历史数据中提取特征作为模型的输入，从而简化模型的计算并提高识别效率。基于特征工程的化工过程异常监测方法思路如图 4-13 所示。

进行特征的提取首先要对数据进行预处理[5]。将不同数据去量纲化，对数据的缺失值等进行处理，以便进行最优特征子集的选择。数据预处理完成之后，依据变量之间是否具有相关性进行特征选择。特征主要应用在机器学习领域，变量表现出的特征数量难以计数，给

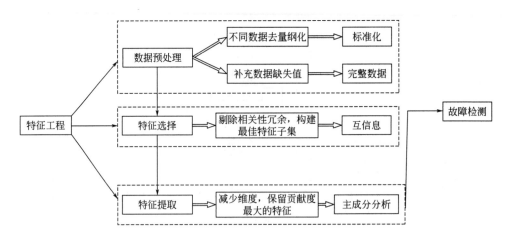

图 4-13　基于特征工程的化工过程异常监测方法思路

后续的数据处理带来了麻烦，它们相互之间是否具有相关性就成为需要考虑的问题。如果变量之间相互没有关联，需要考虑各自对状态的贡献程度；如果变量之间彼此相关，说明其针对的过程状况是统一的，此时需要进行特征选择或提取，选取真正与状态相关的特征，从而减少冗余、提高效率、降低模型复杂度。

　　工程上常用的特征提取方法有方差、相关系数等线性方法[6]以及互信息等非线性方法。互信息系数能够很好地度量各种相关性，但是计算相对复杂一些。首先计算各个特征对目标状态互信息的相关性，得到相关性之后进行排序，选择相关性大的为其特征。然后计算特征与相应变量的相关性，由此来构建最优特征子集，对于不相关的变量，自动归入非特征相关子集。

　　具体的实施步骤如图 4-14 所示，即：

　　① 为每个变量引入连续时刻的测量值构成增广型数据矩阵 $\boldsymbol{X}_a$。

　　② 针对第 i（$i=1，2，\cdots，m$）个测量变量 x_i，计算其与 $\boldsymbol{X}_a$ 中各个变量 x_j（$j=1，2，\cdots，m_l$）间的互信息，即：$C_{i,j}=I(x_i,x_j)$。

　　③ 对 $C_{i,j}\in R^{1\times m_l}$ 进行降序排列后，选择前 k 个最大值所对应的变量组成变量子块 X_{C_i}，并记录相应的变量分块结果。

　　④ 对所得到 m 个变量子集选取特征变量，构建最优特征子集。

（2）基于特征提取的异常检测

　　主成分分析方法（principal components analysis，PCA）常用于分析过程数据，具有意义明确、易于实施的特点。假设正常过程工况下有 n 个传感器采集过程测量变量，每个传感器进行 m 次采样，则构成数据矩阵 $\boldsymbol{X}=[X_1,X_2,\cdots,X_i,X_n]\in R^{m\times n}$，其中 X_i 为 $m\times 1$ 数据向量，每一个数据向量代表工艺的一个变量，m 为样本变量数，n 为数据个数。其中，X 的协方差为：

$$S=\frac{1}{m-1}\sum_{i=1}^{m}(X_i-\overline{X})^2 \qquad (4\text{-}17)$$

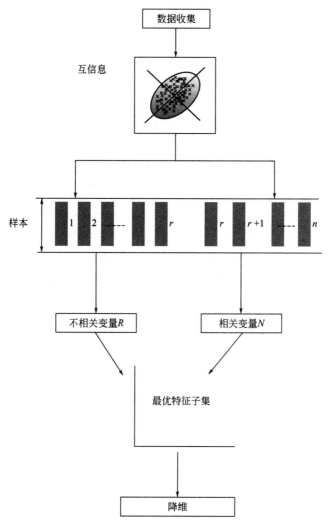

图 4-14　基于互信息的特征子集选择

首先得到 X 的协方差矩阵 $\boldsymbol{C}$：

$$\boldsymbol{C}_{n \times n} = \begin{bmatrix} C_{1,1} & C_{1,2} & \cdots & C_{1,n} \\ C_{2,1} & C_{2,2} & \cdots & C_{2,n} \\ \vdots & \vdots & \vdots & \vdots \\ C_{n,1} & C_{n,2} & \cdots & C_{n,n} \end{bmatrix} \tag{4-18}$$

式中，$C_{i,j} = \mathrm{cov}(X_i, X_j)$。

然后计算协方差矩阵 $\boldsymbol{C}$ 对应的特征值及特征向量，对 $\boldsymbol{C}$ 进行特征分解，使 $|\lambda I - C| = 0$。对应的特征值为 $\{\lambda_1, \lambda_2, \lambda_3, \cdots, \lambda_n\}$，特征向量为 $\{P_1, P_2, P_3, \cdots, P_n\}$。

PCA 对高维数据进行投影，找到一个低维子空间，使原始数据在子空间的投影具有最大方差，这样就保存了原始数据最大的变化信息。在二维坐标系中考虑，如果两个变量相关性较强，那这两个变量曲线数据会趋近同一条直线，对坐标系进行旋转，使其与这两个变量曲线垂直，投影后可获得它们的最大方差。记变换后的矩阵为 $T_i = Xp_i$，其中，矩阵的行就组成了主元，并根据主元对状态的累积贡献率（CPV）确定主元的个数：

$$CPV_k = \frac{\sum_{i=1}^{k} \lambda_i}{\sum_{i=1}^{m} \lambda_i} \times 100\% \geqslant 85\% \tag{4-19}$$

此时可构造主元空间统计量 $T^2 = x^T P \Lambda^{-1} P^T x$，其中 $\Lambda = \mathrm{diag}\{\lambda_1, \lambda_2, \cdots, \lambda_k\}$，99% 置信区间的对应控制限为：

$$T^2 \leqslant \frac{k(n-1)}{n-k} F_{k,n-k,\alpha} \tag{4-20}$$

统计量 T^2 和 SPE 可以检测过程的运行状态，超越控制限时，证明过程中产生了异常。

综合上述，得到基于互信息特征工程的化工过程异常监测方法步骤，具体如下：

① 对最优特征子集进行特征提取，运用 CPV 准则提取 k 个主成分；

② 计算最优特征子集 T^2 统计量；

③ 计算过程变量的贡献程度，并保存不同状态下的特征添加标签，进行后续异常种类识别，利用图论等方法求出引起该异常的变量，在实现异常监测基础上进行故障诊断。

（3）基于 KELM 网络的异常识别

KELM 神经网络是极限学习机（extreme learning machine，ELM）的变体，是由黄广斌教授提出的一种用于分类的神经网络[7]。其中引入的核函数将方法的适用性拓展到多分类问题领域，其结构如图 4-15 所示。

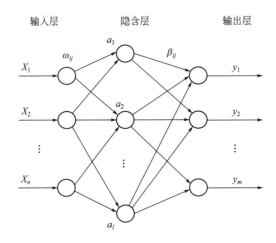

图 4-15　单隐含层前馈神经网络结构

KELM 神经网络的故障诊断速度快，泛化能力好，对非线性问题的处理效果好，其在参数预测[8-10]、软测量[11]、模式识别[12,13] 等方面已经有了广泛的应用。网络输入层包含 n 个变量，是工艺过程包含的变量数，或者是对变量处理后得到的可以代表工艺过程特征的变量数目；隐含层有 l 个神经元；输出层对应的 m 个变量数目即为要分类的数目。对于二分类或者是异常样本分类问题，其数值为 2，相当于将异常样本从正常样本中予以区分。ω_{ij}、β_{ij} 分别代表隐含层神经元与输入、输出层之间的连接权值。

与 PCA 相同，独立成分分析（independent component analysis，ICA）也是一种数据降维的方法，但是相较于 PCA 的利用二阶统计信息计算，ICA 更多地考虑到了数据的高阶统计特性，而且更适用于非线性数据的降维[14-16]。PCA 是最小均方意义上的最优变换，去除的是变量之间的相关性。ICA 将历史测量变量分离变成统计独立的各个分量，这比 PCA 的不相关具有更高的统计意义，可有效去除噪声冗余[17-20]。因此采用 ICA 处理得到的独立分量作为 KELM 网络的输入，并依据相应的累计贡献程度确定输入变量的数目。

假设观测样本 $X = [X_1, X_2, \cdots, X_i, X_n] \in R^{m \times n}$，满足 $X(t) = AS(t)$，$(m > n)$；其中，A 为混合矩阵，S 为独立信号构成的矩阵。ICA 处理就是由观测变量矩阵 X 求解逆矩阵 W 的过程。其中，W 矩阵满足 $S(t) = WX(t)$，从而由 W 的逆矩阵得到独立分量。

Fast-ICA 的特征提取方法，以负熵来更加方便地表征非高斯性。X 的负熵表示为：

$$J(X) = H_G(X) - H(X) \tag{4-21}$$

式中，$H(X)$、$H_G(X)$ 分别为矩阵 X 的熵、相同协方差矩阵的高斯分布熵。采用均值近似简化公式：

$$J(X) = \{E(f(X)) - E_G(f(X))\}^2 \tag{4-22}$$

式中，$E(f(X))$ 为非线性函数的估计期望值。为增加计算速度一般对部分数据求平均值来代替，但是估计的精度会受到样本数目影响，变量之间尽可能最大独立的标准是负熵达到最大值。

在分类问题中，ELM 与 SVM 的约束优化问题类似，假设有 m 个学习样本，SVM 的决策函数可以定义为：

$$f(x) = \text{sgn}\left(\sum_{i=1}^{N} \alpha_i t_i K(x, x_i) + b\right) \tag{4-23}$$

式中，α_i、t_i、$K(x, x_i)$ 分别为拉格朗日乘子、训练标签、内核函数。ELM 的优化约束问题可以表示为：

$$f_L(x) = \sum_{i=1}^{L} \beta_i h_i(x) = h(x)\beta \tag{4-24}$$

式中，$h(x)$ 是隐含层输出，与输入 X 相关，$h(x) = [h_1(x), \cdots, h_L(x)]$；$\beta$ 是隐含层与输出层之间的权重，$\beta = [\beta_1, \cdots, \beta_L]$。

用正则化系数 C 对分类问题进行改进，其可以改进模型的结构风险和经验风险，则多分类[21]问题输出节点可表示为：

$$L_P = \frac{1}{2}\|\beta\|^2 + C\frac{1}{2}\sum_{i=1}^{L}\|\xi\|^2 \tag{4-25}$$

$$h(x_i)\beta = t_i^T - \xi_i^T, i = [1, 2, \cdots, m] \tag{4-26}$$

式中，ξ_i 是训练样本的误差，$\xi_i = [\xi_{i,1}, \cdots, \xi_{i,m}]$。

基于库恩-塔克理论[22]对以上问题可以优化为：

$$L_D = \frac{1}{2}\|\beta\|^2 + C\frac{1}{2}\sum_{i=1}^{L}\|\xi\|^2 - \sum_{i=1}^{m}\sum_{j=1}^{L}\alpha_{ij}(h(x_i)\beta_j - t_{ij} + \xi_{ij}) \tag{4-27}$$

$$\boldsymbol{\beta} = \sum_{i=1}^{L} \boldsymbol{\alpha}_i \boldsymbol{h}(x_i)^{\mathrm{T}} = \boldsymbol{H}^{\mathrm{T}} \boldsymbol{\alpha}, \ \boldsymbol{\alpha}_i = C\boldsymbol{\xi}_i, \ \boldsymbol{h}(x_i) - \boldsymbol{t}_i + \boldsymbol{\xi}_i = 0, \ \boldsymbol{H} = \begin{bmatrix} \boldsymbol{h}(x_1) \\ \vdots \\ \boldsymbol{h}(x_L) \end{bmatrix} =$$

$$\begin{bmatrix} h_1(x_1) & \cdots & h_1(X_L) \\ \vdots & \vdots & \vdots \\ h_L(x_1) & \cdots & h_L(x_L) \end{bmatrix}$$

核函数及惩罚因子是 KELM 网络的关键参数，引入核函数主要有 C 与核参数 α 两个参数需要调整，后者根据实际问题依据经验选取，对这两个参数进行优化后可以达到良好的分类效果。参数对识别效果的影响需要通过交叉验证的方式进行初步研究，找出一个大致的最优区间，然后再进行优化。

在经过交叉验证选取完最优区间后，需要细化迭代区间来提高诊断精度。若想完全取得对应参数条件下的准确率，则类似于采用穷举迭代的方式所得，这样参数的组合便有无数种。迭代步长对计算的复杂程度带来实际的影响，不合理的取值区间会导致无法获得最优值。因此，迭代步长的选取也是需要考虑的因素。经典优化算法——遗传算法对神经网络参数的优化存在一定的局限性，只能有限提高原有神经网络的预测精度，所以需要在网络结构接近最优的时候进行参数优化，进而得到良好的分类效果。因此先确定大致的最优区间后，再用遗传算法优化网络精度，以此达到良好的分类效果。

对网络的分类效果进行判别，以测试集的误诊率为优化所需的适应度函数：

$$F(C, \alpha) = 1 - T_{\text{test-accuracy}} \tag{4-28}$$

根据以上分析，KELM 模型算法的构建以及优化流程如下：

① 获取工艺流程的独立分量特征保存为训练集，与测试集的特征进行互信息比对，将相关程度高的特征作为网络输入；

② 依据获取的特征确定网络输入输出层节点数，通过初始交叉迭代，初步确定大致的网络参数最优区间；

③ 依据②中得到的参数区间设定遗传算法的迭代区间，并且依据实际情况设置遗传算法相应参数，计算区间内个体的适应度值。找到适应度值最小即误诊率最低情况下的网络参数。

由此，可以确定 KELM 网络的输入输出，输入即为特征数目，输出即为分类数目，最优参数即为遗传算法优化后得到的使个体适应度最优时对应的参数，依据相应参数构建 KELM 网络识别模型。

4.2.3 实例分析

为了验证该异常检测识别方法的可行性，将此方法在 TE 仿真流程上进行了验证。

(1) TE 过程特征子集的构建

TE 流程过程中的 22 个连续测量变量可有效用于整个工艺流程状态的监控，因此选取这 22 个变量检测过程状态。

为了验证方法的有效性，本实例选取异常 1、异常 8 和异常 13 进行状态监测。首先计算出正常状态下的互信息值，在随时间变化动态条件下量化其相关性，相关变量子集信息见表 4-4。权重比例大的特征变量表明和过程其他变量之间的相关关系较大，通过消除相关冗余，得到相关变量子集的特征变量为 XMEAS(2)、XMEAS(7)、XMEAS(11)，通过对互信息变量分类并进行权重比例分析，进一步得到最优特征子集为 XMEAS（1）、XMEAS（2）、XMEAS（3）、XMEAS（4）、XMEAS（5）、XMEAS（6）、XMEAS（7）、XMEAS（8）、XMEAS（9）、XMEAS(11)、XMEAS(12)、XMEAS(14)、XMEAS(15)、XMEAS(17)。

表 4-4　连续测量的变量相关子集

变量集	变量	相关系数子集	权重
1	XMEAS(1)	XMEAS(19),XMEAS(18)	2
2	XMEAS(2)	XMEAS(21),XMEAS(9),XMEAS(16),XMEAS(7),XMEAS(13)	5
7	XMEAS(7)	XMEAS（13），XMEAS（16），XMEAS（20），XMEAS（18），XMEAS（11），XMEAS(10),XMEAS(19),XMEAS(21),XMEAS(2),XMEAS(9)	10
9	XMEAS(9)	XMEAS(21),XMEAS(2),XMEAS(16),XMEAS(20),XMEAS(7)	5
10	XMEAS(10)	XMEAS（16），XMEAS（7），XMEAS（13），XMEAS（18），XMEAS（19），XMEAS(20)	6
11	XMEAS(11)	XMEAS（22），XMEAS（20），XMEAS（7），XMEAS（13），XMEAS（16），XMEAS(18),XMEAS(14)	7
12	XMEAS(12)	XMEAS(20),XMEAS(14)	2
13	XMEAS(13)	XMEAS（7），XMEAS（16），XMEAS（20），XMEAS（11），XMEAS（18），XMEAS(10),XMEAS(19),XMEAS(21),XMEAS(2)	9
14	XMEAS(14)	XMEAS(11),XMEAS(12)	2
16	XMEAS(16)	XMEAS（7），XMEAS（13），XMEAS（20），XMEAS（18），XMEAS（19），XMEAS(10),XMEAS(11),XMEAS(21),XMEAS(2),XMEAS(9)	10
18	XMEAS(18)	XMEAS（19），XMEAS（20），XMEAS（16），XMEAS（7），XMEAS（13），XMEAS(11),XMEAS(10),XMEAS(1)	8
19	XMEAS(19)	XMEAS（18），XMEAS（20），XMEAS（16），XMEAS（7），XMEAS（13），XMEAS(10),XMEAS(1)	7
20	XMEAS(20)	XMEAS（13），XMEAS（7），XMEAS（19），XMEAS（18），XMEAS（16），XMEAS(11),XMEAS(21),XMEAS(10),XMEAS(12),XMEAS(9)	10
21	XMEAS(21)	XMEAS（2），XMEAS（16），XMEAS（20），XMEAS（13），XMEAS（9），XMEAS(7),XMEAS(22)	7
22	XMEAS(22)	XMEAS(11),XMEAS(21)	2

（2）TE 过程异常统计量检测

利用正常工况下采集的 500 组样本作为 PCA、MIFE 的训练集，960 组异常工况下的样本作为验证集。首先，计算各主元方向上累计 T^2 统计量的变化率，结果如图 4-16 所示。主成分序列按相应的特征值由大到小排列，依据主元贡献率值的大小，并根据 CPV≥85% 准则，利用 PCA 监测模型挑选了 13 个对应的主元。而 MIPCA 经过对最优特征子集降维，挑选了 11 个较大值对应的主元重构主元子空间，如图 4-17 所示。图 4-16 和图 4-17 经过对比直观显示了 MIFE 排在后面的某些主元受过程信息变化影响较为平缓，主元检测个数减少 10%，说明有效去除了过程中的非线性相关变量冗余信息。

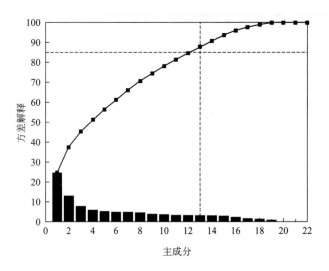

图 4-16　基于 PCA 的主成分数目选择

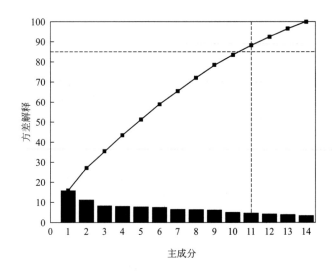

图 4-17　基于 MIFE 的主成分数目选择

　　用 PCA 对经过 MIFE 选择过的特征子集进行特征提取以达到去除冗余的目的，并给出单独采用 PCA 方法与经过互信息特征选择后再进行特征提取的方法（MIPCA）对异常监测的对比结果。基于 PCA 和 MIPCA 对异常 1、8、13 的检测效果分别如图 4-18～图 4-23 所示，通过这些检测图可以直观地发现两种方法对异常的检测时间及漏报时段等监测情况。从图 4-18 可以看出，PCA 模型仅能在第 167～340 样本点处持续检出异常，而在其他异常样本点处漏诊率非常高。相比之下，MIPCA 模型从异常发生时即可持续触发异常警报，达到 90％以上的异常检出率。很显然，传统 PCA 方法对异常 1 存在很大的漏报，而 MIPCA 方法能一直持续触发异常警报，仅 3.542％的异常样本未被检出，异常漏诊率较低。对其余过程的异常漏诊率见表 4-5。漏诊率较高对应着检测效果差，对应过程的危险性大，异常无法及时识别的情况容易导致安全事故的发生。

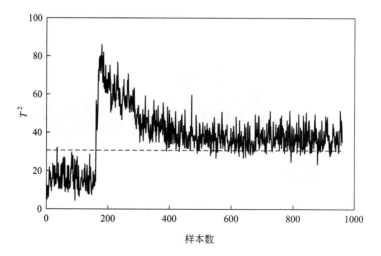

图 4-18　异常 1 条件下 PCA 监控结果

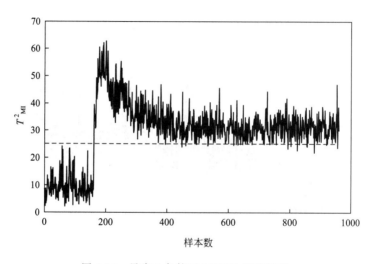

图 4-19　异常 1 条件下 MIPCA 监控结果

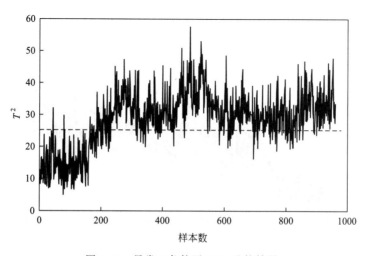

图 4-20　异常 8 条件下 PCA 监控结果

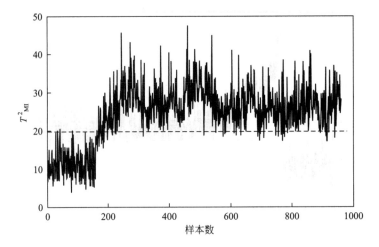

图 4-21　异常 8 条件下 MIPCA 监控结果

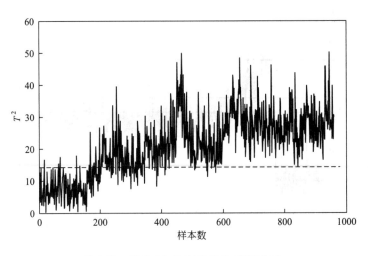

图 4-22　异常 13 条件下 PCA 监控结果

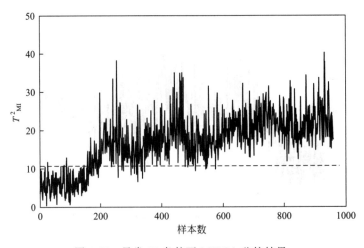

图 4-23　异常 13 条件下 MIPCA 监控结果

表 4-5　两种方法异常漏诊率比较

方法	异常 1	异常 8	异常 13	平均值
PCA T^2	6.146%	9.792%	7.917%	7.952%
MIPCA T^2	3.542%	6.375%	4.583%	4.833%

经过以上讨论，在对比了 MIPCA 方法异常漏报效果后，还需继续验证该方法的异常误报率。通常较低的漏报率易对应较高的误报率，即将正常数据样本错误地判别为异常，导致操作人员处理的工作量大大增加。在异常工作条件下采集 960 个数据，测试 PCA 和 MIPCA 统计指标的误报率，相应结果见表 4-6，可以看出，PCA 的平均误诊率略低于 MIPCA 算法。之前得到 MIPCA 的异常报警率明显低于 PCA，对于过程监控而言，当误诊率几乎相同时，异常漏报率越低越好。由此通过对比分析，充分验证了基于 MIFE 的过程监控方法的优越性和有效性。

表 4-6　两种方法异常误诊率比较

方法	异常 1	异常 8	异常 13	平均值
PCA T^2	0.625%	1.875%	4.375%	2.292%
MIPCA T^2	0	2.5%	5%	2.5%

(3) TE 过程 KELM 网络的构建与优化

选用不同状态下得到的独立分量特征，构建相应的识别网络识别异常的种类。针对异常 1、异常 8、异常 13、异常 15 得到的不同状态特征一起输入到 KELM 网络中进行多异常分类。通过前期的数据处理，得到数据旋转投影后的特征。为了提高网络的诊断精度，剔除过程中的冗余特征从而降低数据的维度。首先运用互信息的方法计算变量之间的相关性，依据互信息投影得到的独立分量对异常的贡献大小选择网络的输入。然后通过相关性比对，得到的贡献图如图 4-24 所示。

从图 4-24 中可以看出，在不同的异常状态下，各独立分量对导致异常状态的贡献程度是不同的，将相关性高的变量挑选出来得到特征变量，作为网络的输入。输入层节点个数为特征数目，将分类样本数目设置为对应输出神经元个数。核函数依据训练样本准确率的结果进行选取，其激活函数为高斯核函数。

如前文所述，需要调整正则化系数 C 与核参数 α 来提高网络的分类精度，其中 C 用来权衡模型复杂度与正确率，其值较大时复杂度较高，但同时要注意避免产生过拟合问题；α 则是用来衡量单个样本对分类准确度（分类准确率）的影响的参数，其值较大时单个样本对识别效果的影响增大，应避免单个样本对最终结果的影响。对不同的工业过程状况，参数取值区间各有不同，对 TE 仿真过程数据参数适宜的取值区间在 $10^{-3} \sim 10^3$。首先确定初始最优区间以减少工作量，然后采用遗传算法进行参数优化得到最终优化的网络参数。由于参数的等级不一致，采用统一的迭代步长逐步进行迭代是不合理的，为此将调试区间进行等级划分，分成 $[10^{-3}, 1]$、$[1, 100]$、$[100, 10^3]$ 三个层次，在每个层次内百份等分粗调，并将每一区间范围内最优准确率数据整理成表，见表 4-7。

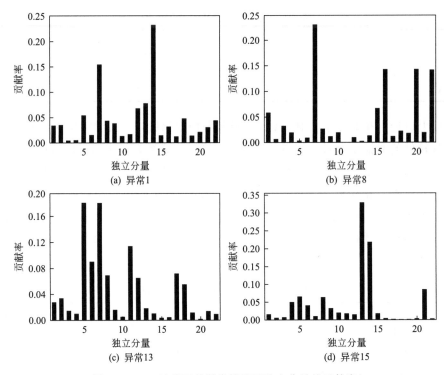

(a) 异常1

(b) 异常8

(c) 异常13

(d) 异常15

图 4-24　TE 过程两种异常情况下独立分量的贡献度

表 4-7　粗调最大准确率表

C	$[10^{-3},1]$			$[1,100]$			$[100,10^3]$		
α	$[10^{-3},1]$	$[1,100]$	$[100,10^3]$	$[10^{-3},1]$	$[1,100]$	$[100,10^3]$	$[10^{-3},1]$	$[1,100]$	$[100,10^3]$
$[10^{-3},1]$	85.39%	86.72%	86.72%	94.69%	95.94%	94.69%	90.23%	90.23%	92.73%

在调优的过程中发现，正则化系数 C 对网络性能的影响更大并且在 C 位于区间 $[1，100]$ 时准确率较高，整体趋势见图 4-25。在此以参数区间分别为 $C=[1，100]$，$\alpha=[1，100]$ 时，给出准确率的对比趋势进行说明。对于 TE 过程参数区间的不同变化存在以

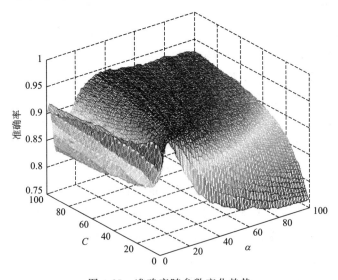

图 4-25　准确率随参数变化趋势

下两类情况：

① C 恒定条件下，准确率随 α 的变化情况（每条曲线 C 值恒定）。

图 4-26(a)、(b) 给出了当 $1 \leqslant C \leqslant 13$ 和 $14 \leqslant C \leqslant 100$ 时的不同状况，在图 4-26(a) 中，准确率随着 α 增大呈现轻微的先升后降趋势，然后准确率随 α 的增大逐渐降低，最高值为 95.94%。由图 4-26(b) 中可以看出，准确率随 α 的增加先增后稳，但其最大值比之前稍小。分析可以确定有较优的 C 可以使准确率尽可能达到最大。显而易见，准确率最大值出现在图 4-26(a) 中，此时参数 C 的值为 4。

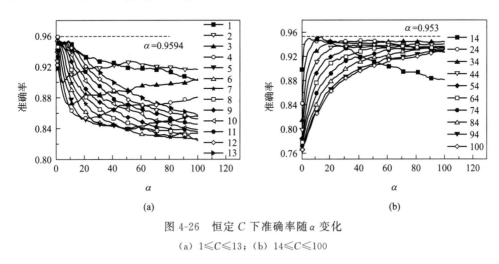

图 4-26　恒定 C 下准确率随 α 变化

(a) $1 \leqslant C \leqslant 13$；(b) $14 \leqslant C \leqslant 100$

② α 恒定条件下，准确率随 C 的变化情况如图 4-27 所示（每条线的 α 均为定值）。

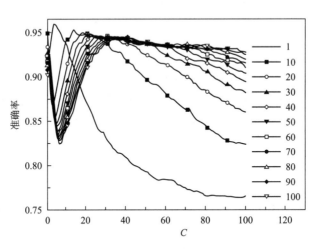

图 4-27　恒定 α 下准确率随 C 的变化

图 4-27 表明，当 α 恒定时准确率随着 C 的增大呈现先降低趋势然后逐渐增大，达到峰值后逐渐减小。所以同参数 C 一样，也存在一个最优的 α 使网络的准确率最高。图 4-27 结果显示 $\alpha = 1$ 时，获得准确率的最大值。综合分析发现其较优参数值为 $[\alpha, C] = [1, 4]$，此时针对选用的 TE 过程异常的分类准确率为 95.94%。

为了进一步确定是否已经获得较优区间的最优解，采用遗传算法对 KELM 神经网络的参数进行优化。首先确定其搜索范围为之前确定的较优区间，然后设置相应的运行参数，构建其适应度函数为与准确率相关的函数，最后通过选择交叉变异得到最终的准确率结果。为了便于采用最小值计算，以误诊率为适应度函数。

对遗传算法的优化结果进行统计，针对适应度函数与100%准确率作差，得到种群每次迭代的平均准确率变化如图4-28所示。从图4-28中可以看出，在迭代次数为25时，训练集的准确率达到最大值。将获得的参数输入网络进行验证，最终诊断的误差率为3.75%。将优化好的神经网络用测试数据得到的样本进行检验，迭代代数设置为50，最终测试条件下的准确率为96.30%，训练与测试精度达到最佳效果时最终获得的网络参数为$[\alpha, C]=[1.0554, 4.1569]$。

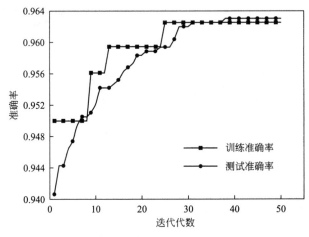

图4-28　模型准确率随迭代代数变化曲线

本章小结

本章研究了基于动态工况相关系数相关性分析的化工过程异常检测方法，并通过脱丙烷塔系统进行了案例应用分析。通过分析可知，利用本方法能简洁有效地检测异常的发生。同时，误报率低，在保证化工机理信息的前提下尽可能地减少了变量监控数目，避免过多无效报警造成的资源浪费，以减少相关人员的工作强度，保证了装置安全有效地运行。此外，根据本章方法虽然能够有效地检测异常，相应的检测效果也较为直观，但由于是定量模型分析，缺少对异常原因的深入探讨以及异常状态准确的定量化指标。

针对过程数据同时具有非线性和非高斯性时传统监测方法的监测效果往往表现不佳，呈现出大量的误报和漏报现象，提出MIPCA的过程监测方法，克服传统算法的不足，并且通过MIPCA和PCA方法的比较，证明了所提出的方法可以有效降低过程的漏诊率，提高过程的安全性。此处有两个贡献：①经过处理后的变量子集能够更好地保持原始的数据簇的信息，减少变量检测个数以及冗余报警；②PCA通过计算变量间的协方差或相关系数只能反映变量之间的线性关系，对于非线性关系存在的状况难以处理，数据经互信息特征选择后，去除原始非线性变量相关关系进行建模，也就使PCA方法扩展到非线性领域。此外该方法具有一定的实际价值，其对化工过程的异常监测的思路可作为一种参考解决方案。检测出异常后，根据变量对异常状态的贡献度选择待识别特征，将其输入到KELM网络中识别异常的种类，并进行参数寻优，最终获得期望的分类效果。

参考文献

［1］ 董玉玺，李乐宁，田文德．基于多层优化 PCC-SDG 方法的化工过程故障诊断．化工学报，2018，69（3）：1173-1181.

［2］ Yiyang Dai, Jinsong Zhao. Fault Diagnosis of Batch Chemical Processes Using a Dynamic Time Warping（DTW）-Based Artificial Immune System. Industrial & Engineering Chemistry Research, 2011, 50（8）: 4534-4544.

［3］ Dezhao Chen, Chen Yanqiu, Shangxu Hu. Correlative components analysis for pattern classification. Chemometrics & Intelligent Laboratory Systems, 1996, 35（2）: 221-229.

［4］ Wende Tian, Yujia Ren, Yuxi Dong, Shaoguang Wang, Lingzhen Bu. Fault monitoring based on mutual information feature engineering modeling in chemical process. Chinese Journal of Chemical Engineering, 2019, 27（10）: 2491-2497.

［5］ Qin S J. Process data analytics in the era of big data. Aiche Journal, 2014, 60（9）: 3092-3100.

［6］ Fatih Dikbaş. A New Two-Dimensional Rank Correlation Coefficient. Water Resources Management an International Journal Published for the European Water Resources Association, 2018, 32（5）: 1-15.

［7］ Guangbin Huang, Hongming Zhou, Xiaojian Ding, et al. Extreme learning machine for regression and multi-class classification. IEEE Transactions on Systems Man and Cybernetics Part B-Cybernetics, 2012, 42（2）: 513-529.

［8］ 马超，张英堂，李志宁，等．基于核极限学习机的液压泵特征参数在线预测．计算机仿真，2014，31（5）：351-354.

［9］ 张雷，张小刚，陈华．基于 Gath-Geva 算法和核极限学习机的多阶段间歇过程软测量研究．化工学报，2018，69（6）：2576-2585.

［10］ 李琨，韩莹，余东生，等．基于 IFOA-KELM-MEA 模型的游梁式抽油机采油系统井下工况的短期预测．化工学报，2017，68（1）：188-198.

［11］ 朱林奇，张冲，周雪晴，等．融合深度置信网络与核极限学习机算法的核磁共振测井储层渗透率预测方法．计算机应用，2017，37（10）：3034-3038.

［12］ 李军，石青．基于 KELM 的连续搅拌反应釜模型辨识．控制工程，2017，24（10）：2137-2143.

［13］ Zhiyong Huang, Yuanlong Yu, Jason Gu, et al. An Efficient Method for Traffic Sign Recognition Based on Extreme Learning Machine. IEEE Transactions on Cybernetics, 2017, 4（47）: 920-933.

［14］ 吴友丰，王振雷，钱锋．基于峰度的非线性独立元分析在典型化工过程故障诊断中的应用．华东理工大学学报，2008，34（4）：568-573.

［15］ 龙英，何怡刚，张镇，等．基于小波变换和 ICA 特征提取的开关电流电路故障诊断．仪器仪表学报，2015，36（10）：2389-2400.

［16］ Yingwei Zhang, Zhang Yang. Fault detection of non-Gaussian processes based on modified independent component analysis. Chemical Engineering Science, 2010, 65（16）: 4630-4639.

［17］ Qingchao Jiang, Xuefeng Yan. Non-Gaussian chemical process monitoring with adaptively weighted independent component analysis and its applications. Journal of Process Control, 2013, 23（9）: 1320-1331.

［18］ Song Fan, Yingwei Zhang. Application of Independent Component Analysis with Semi Supervised Laplacian Regularization Kernel Density Estimation. Canadian Journal of Chemical Engineering, 2017, 6（96）: 1327-1336.

［19］ 阮宏镁，田学民，王平，等．基于联合互信息的动态软测量方法．化工学报，2014，65（11）：4497-4502.

［20］ 韩敏，刘晓欣．一种基于互信息变量选择的极端学习机算法．控制与决策，2014，29（09）：43-47.

［21］ Yingwei Zhang, Pengchao Zhang. Optimization of nonlinear process based on sequential extreme learning machine. Chemical Engineering Science, 2011, 66（20）: 4702-4710.

［22］ Fletcher R. Practical methods of optimization: Volume 2 Constrained Optimization. New York: Wiley, 1981, 25-30.

第5章

基于特征自适应与动态主动深度分歧的化工过程异常识别

我国现代化学工业正朝向高度密集化、高度集成化和全面自动化的方向发展，但是化工事故仍时有发生。为了尽可能地减少化工事故，传统方法通过建立化工过程的机理仿真模型或者专家知识库的故障诊断方法检测和诊断化工过程的异常工况。但是以上方法存在着很大的局限性，例如化工过程机理模型建模复杂度高、求解计算量大和模型泛化能力低等；专家知识库庞大，逻辑推理能力弱，容易出现知识瓶颈等问题。如何利用化工过程存储的海量无标签过程数据，建立基于数据驱动的故障诊断模型是关键的研究方向。为了有效利用海量无标签过程数据提高诊断模型准确率，弥补监督学习对于有标签过程数据的需求，专家们提出了半监督学习的思想。为了避免半监督学习利用无标签过程数据出现性能变差的现象，本章结合动态主动学习提高半监督学习的识别性能，提出一种基于特征自适应与动态主动深度分歧（feature adaptation-dynamic active deep disagreement，FA-DADD）的化工过程异常识别方法并通过工业仿真案例进行了方法的验证。

5.1 总体研究思路

针对原始化工过程数据分布不一致，监督异常识别方法需要大量化工过程标签数据训练异常识别模型，化工过程标签数据稀少，添加化工过程数据标签费时费力等问题，本章提出一种特征自适应与动态主动深度分歧的异常识别方法 FA-DADD[1]。首先，提取化工过程异常工况的特征变量，对特征变量构成的源域和目标域的数据分布进行适配，通过少量的标签过程数据和大量的无标签过程数据训练 FA-DADD 异常识别模型。在保证 FA-DADD 异常识别模型识别准确率的基础上，最大限度地减少标签过程数据的使用量，同时增加无标签过程数据的使用量。采用某工业仿真脱丙烷精馏过程和 TE 过程作为方法的验证案例。FA-DADD 异常识别方法的整体研究思路如图 5-1 所示。

FA-DADD 研究思路（图 5-1）的详细实现步骤分为如下 5 个部分：

① 采集化工过程异常工况的离线运行数据。搭建化工过程的机理仿真模型，通过 HAZOP 等安全分析方法梳理化工过程的常见异常工况，基于机理仿真模型模拟化工过程常

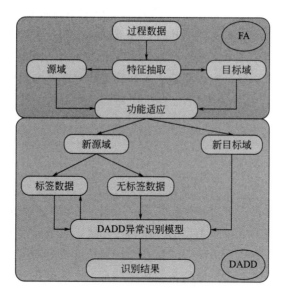

图 5-1　基于 FA-DADD 的化工过程异常识别方法研究思路

见的异常工况并采集异常工况的离线运行数据。

② 提取化工过程数据的时域特征和频域特征。基于分歧的半监督异常识别方法要求构建两个充分冗余且满足条件独立性的源域和目标域。针对构建基于分歧的异常识别方法的两个基学习器的特性，分别提取化工过程离线数据的时域特征和频域特征。

③ 基于提取的化工过程离线数据的时域特征构建 1 个源域和目标域，提取的频域特征同样构建 1 个源域和目标域。

④ 自适应源域和目标域特征的数据分布，获得特征分布一致的新源域和新目标域。基于分歧的异常识别模型，假设源域和目标域服从同一分布，因此对时刻处于动态变化的化工过程并不适用，故采用特征自适应的方法适配化工过程数据的分布差异。

⑤ 基于新源域的标签过程数据，初步训练动态主动深度分歧的异常识别模型。通过训练的 DADD 异常识别模型的 2 个基学习器，分别预测新源域的无标签过程数据，动态主动学习挑选 CNN 基学习器和 LSTM 基学习器预测结果有分歧的高熵值无标签过程数据，专家标注高熵值无标签过程数据，将该无标签过程数据及其数据标签加入预测错误的基学习器的新源域标签过程数据集，重新训练 DADD 异常识别模型，最终识别新目标域的异常工况。

基于分歧的异常识别方法[2]是一种半监督学习方法，起源于 Blum 和 Mitchell 提出的协同训练方法。该方法的核心思想是 2 个基学习器对抗学习，共同提升各自的异常识别精度，准确识别化工过程目标域的异常工况。传统上基于分歧的异常识别方法通过浅层网络学习化工过程的数据特征，但由于表示能力有限和泛化能力低等问题，导致传统的基于分歧的异常识别模型不能获得高度抽象和鲁棒的特征表示。为此采用 LSTM 基学习器和 CNN 基学习器学习化工过程的数据特征，提取过程数据的深层次特征。基于分歧的异常识别方法要求输入数据具有两个充分冗余且满足条件独立性的源域和目标域[2]。为此提取化工过程数据的时域特征和频域特征，自适应时域特征构成的源域和目标域特征的数据分布，通过时域特征构成的新源域和新目标域训练 LSTM 基学习器;自适应频域特征构成的源域和目标域特征的数据分布,通过频域特征构成的新源域和新目标域训练 CNN 基学习器。结合工业的验证和确认(verification and validation, V&V)[3] 思想,指导 LSTM 基学习器和 CNN 基学习器选择超参数。基于动态主动学习挑选高熵值无标签过程数据并添加标签,通过学习高熵值标签过程数据提升 LSTM 基学习器和 CNN 基学习器的学习上限,最终提高 FA-DADD 异常识别模型的识别性能。

5.2 特征自适应

化工过程的运行数据是一种时间序列数据,由化工过程工艺参数的过程历史值组成。由于原始化工过程数据只能构成单一类型的源域和目标域,对于异常识别模型不具备通用性且缺乏针对性,导致异常识别模型的学习效果差和识别精度低等问题。此外,时刻处于波动状态的工艺参数还导致了源域和目标域特征的数据分布不一致等问题,影响异常识别模型的识别精度。

基于分歧的异常识别方法要求构建两个充分冗余且满足条件独立性的源域和目标域,同时基学习器需要学习具有针对性的化工过程特征变量。这是因为通过同一种类型的化工过程源域训练的两个基学习器容易趋于一致,影响基于分歧的异常识别模型的识别准确率,导致基于分歧的训练方法失效。同时,基于分歧的异常识别方法假设源域和目标域服从同一数据分布,因此原始化工过程数据不能直接适用于基于分歧的异常识别研究,有必要针对具体基学习器的特性提取化工过程数据的特征变量并适配其特征分布。

5.2.1 研究思路

本节提出一种特征自适应的方法。针对基学习器的特性,设计化工过程离线数据的 20 种时域特征和 16 种频域特征,提取化工过程离线数据的特征变量。基于提取的时域特征和频域特征分别构建满足要求的源域和目标域,避免基于分歧的训练方法失效。然后,自适应由时域特征和频域特征分别构成的源域和目标域特征的数据分布,保证新源域和新目标域特征服从同一数据分布,使得基于分歧的异常识别方法能够适用当前研究的化工过程。化工过程离线数据特征自适应方法如图 5-2 所示。

5.2.2 特征提取

(1) 提取时域特征

时域特征是指化工过程的工艺变量随时间发生动态变化的相关特征。本节设计 20 种时域特征,例如均值、方差和峰峰值等特征,具体如表 5-1 所示。提取化工过程工艺变量的时域特征有助于异常识别模型全面地分析化工过程的运行状态,及时地识别化工过程的异常工况。采用滑动窗口的方式提取化工过程工艺变量的时域特征,其中滑动窗口主要由窗口大小和滑动步长组成。通过设置不同的窗口大小和滑动步长过滤化工过程工艺变量的噪声,减少过程数据的波动性,有利于提高异常识别模型的识别性能。

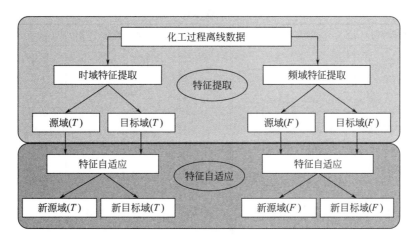

图 5-2　化工过程离线数据特征自适应方法

表 5-1　时域特征表

特征编号	时域特征	计算公式	特征编号	时域特征	计算公式
1	均值 x_{mean}	$\dfrac{1}{n}\sum\limits_{i=1}^{n} x_i$	11	最小值位置 $x_{\text{location-min}}$	—
2	均方根值 x_{rms}	$\sqrt{\dfrac{1}{n}\sum\limits_{i=1}^{n} x_i^2}$	12	峰峰值 x_{ppv}	$\max(x_i)-\min(x_i)$
3	方根幅值 x_{r}	$\left(\dfrac{1}{n}\sum\limits_{i=1}^{n}\sqrt{\lvert x_i\rvert}\right)^2$	13	一阶差分绝对和 $x_{\text{abs-sum-changes}}$	$\sum\limits_{i=1}^{n-1}\lvert x_{i+1}-x_i\rvert$
4	方差 x_{σ^2}	$\dfrac{1}{n}\sum\limits_{i=1}^{n}(x_i-x_{\text{mean}})^2$	14	偏斜度 x_{s}	$\dfrac{1}{n}\sum\limits_{i=1}^{n} x^3(i)$
5	标准差 x_{σ}	$\sqrt{\dfrac{1}{n}\sum\limits_{i=1}^{n}(x_i-x_{\text{mean}})^2}$	15	峭度 x_{k}	$\dfrac{1}{n}\sum\limits_{i=1}^{n} x^4(i)$
6	众数 x_{mode}	$\text{mode}(x_i)$	16	波形指标 s_{f}	$\dfrac{x_{\text{rms}}}{\lvert x_{\text{mean}}\rvert}$
7	中位数 x_{median}	$\text{median}(x_i)$	17	峰值指标 c	$\dfrac{x_{\text{max}}}{x_{\text{rms}}}$
8	最大值 x_{max}	$\max(x_i)$	18	脉冲指标 i_{f}	$\dfrac{x_{\text{max}}}{\lvert x_{\text{mean}}\rvert}$
9	最小值 x_{min}	$\min(x_i)$	19	裕度指标 cl_{f}	$\dfrac{x_{\text{max}}}{x_{\text{r}}}$
10	最大值位置 $x_{\text{location-max}}$	—	20	峭度指标 k_{v}	$\dfrac{x_{\text{k}}}{x_{\text{rms}}^4}$

（2）提取频域特征

频域特征是指通过快速傅里叶变换（Fast Fourier transform，FFT）等方式获得化工过程工艺变量的周期性信息。本节设计 16 种频域特征，例如直流分量、幅度的均值和幅度的方差等特征，具体如表 5-2 所示。采用滑动窗口的方式提取化工过程工艺参数的频域特征，有助于异常识别模型获取化工过程数据中的隐含特征，增强异常识别模型关注的信息的直观性，提高异常识别模型的识别性能。

表 5-2 频域特征表

特征编号	频域特征	计算公式	特征编号	频域特征	计算公式
1	直流分量 dc	—	9	形状的方差 σ^2_{shape}	$\frac{1}{s}\sum_{i=1}^{n}(i-\mu_{shape})^2 c(i)$
2	幅度的均值 μ_{amp}	$\frac{1}{n}\sum_{i=1}^{n}c_i$	10	形状的标准差 σ_{shape}	$\sqrt{\frac{1}{s}\sum_{i=1}^{n}(i-\mu_{shape})^2 c(i)}$
3	幅度的方差 σ^2_{amp}	$\frac{1}{n}\sum_{i=1}^{n}(c_i-c_{mean})^2$	11	形状的偏度 s_{shape}	$\frac{1}{s}\sum_{i=1}^{n}\left(\frac{i-\mu_{shape}}{\sigma_{shape}}\right)^3 c(i)$
4	幅度的标准差 σ_{amp}	$\sqrt{\frac{1}{n}\sum_{i=1}^{n}(c_i-c_{mean})^2}$	12	形状的峰度 k_{shape}	$\frac{1}{s}\sum_{i=1}^{n}\left(\frac{i-\mu_{shape}}{\sigma_{shape}}\right)^4 c(i)-3$
5	能量值	$\frac{1}{s}\sum_{i=1}^{n}c(i)^2$	13	FFT 系数实值部	—
6	幅度的偏度 s_{amp}	$\frac{1}{n}\sum_{i=1}^{n}\left(\frac{c_i-c_{mean}}{c_\sigma}\right)^3$	14	FFT 系数虚值部	—
7	幅度的峰度 k_{amp}	$\frac{1}{n}\sum_{i=1}^{n}\left(\frac{c_i-c_{mean}}{c_\sigma}\right)^4-3$	15	FFT 系数绝对值	—
8	形状的均值 μ_{shape}	$\frac{1}{s}\sum_{i=1}^{n}ic_i$	16	FFT 系数角度值	—

注：$c(i)$ 表示第 i 个频域窗口的频率幅度值；n 表示窗口数量，$s=\sum_{i=1}^{n}c_i$。

5.2.3 自适应

由于化工过程的工艺参数是动态变化的，所以即使是相同类型的异常工况，化工过程的数据分布也不尽相同。基于分歧的异常识别方法假设源域和目标域服从同一分布，因此基于分歧的异常识别方法不能直接适用于化工过程的异常工况识别。本节将此问题归结为特征自适应问题。基于最大均值距离（maximum mean discrepancy，MMD）、最小化源域和目标域的边缘概率分布 P、条件概率分布 Q，得到耦合投影矩阵 $\boldsymbol{A_s}$ 和 $\boldsymbol{A_t}$。基于耦合投影矩阵 $\boldsymbol{A_s}$ 和 $\boldsymbol{A_t}$ 获得数据分布一致的新源域和新目标域，具体如式（5-1）所示：

$$\min D(D_s, D_t)=\min_{\boldsymbol{A_s},\boldsymbol{A_t}} \| P(\boldsymbol{X_s})-P(\boldsymbol{X_t}) \| + \| P(y_s|\boldsymbol{X_s})-P(y_t|\boldsymbol{X_t}) \| \quad (5\text{-}1)$$

式中，$D()$ 代表 MMD 距离；y_s 代表源域数据数量；$\boldsymbol{X_s}$ 代表源域数据矩阵；y_t 代表目标域数据数量；$\boldsymbol{X_t}$ 代表目标域数据矩阵。

首先适配源域和目标域的边缘概率分布 P，通过变化矩阵 $\boldsymbol{A}$ 将 $P(\boldsymbol{A}^T\boldsymbol{X_s})$ 和 $P(\boldsymbol{A}^T\boldsymbol{X_t})$ 的距离最小化，如式（5-2）所示。

$$\min D(P_s, P_t)=\min_{\boldsymbol{A_s},\boldsymbol{A_t}} \left\| \frac{1}{n_s}\sum_{x_i\in X_s}\boldsymbol{A_s}^T\boldsymbol{x_i}-\frac{1}{m_t}\sum_{x_j\in X_t}\boldsymbol{A_t}^T\boldsymbol{x_j} \right\|_H^2 \quad (5\text{-}2)$$

通过核方法简化式（5-2），得到式（5-3）。

$$\min D(P_s, P_t)=\text{tr}(\boldsymbol{A}^T\boldsymbol{X}\boldsymbol{M_0}\boldsymbol{X}^T\boldsymbol{A}) \quad (5\text{-}3)$$

式中，$\boldsymbol{X}$ 代表源域和目标域合并的数据矩阵；$\boldsymbol{M_0}$ 代表 MMD 矩阵。

其次，适配源域和目标域的条件概率分布 Q，通过变化矩阵 $\boldsymbol{A}$ 将 $P(y_s|\boldsymbol{A}^T\boldsymbol{X_s})$ 和 $P(y_t|\boldsymbol{A}^T\boldsymbol{X_t})$ 的距离最小化，如式（5-4）所示。

$$\min_{\boldsymbol{A}_s,\boldsymbol{A}_t} D(\boldsymbol{Q}_s,\boldsymbol{Q}_t)=\min \sum\nolimits_{c=1}^{C}\left\|\frac{1}{n_s^{(c)}}\sum\nolimits_{x_i\in X_s^{(c)}}\boldsymbol{A}_s^{\mathrm{T}}\boldsymbol{x}_i-\frac{1}{m_t^{(c)}}\sum\nolimits_{x_j\in X_t^{(c)}}\boldsymbol{A}_t^{\mathrm{T}}\boldsymbol{x}_j\right\|_H^2 \qquad (5\text{-}4)$$

通过引入核方法，将式(5-4)简化为式(5-5)。

$$\min D(\boldsymbol{Q}_s,\boldsymbol{Q}_t)=\mathrm{tr}(\boldsymbol{A}^{\mathrm{T}}\boldsymbol{X}\boldsymbol{M}_c\boldsymbol{X}^{\mathrm{T}}\boldsymbol{A}) \qquad (5\text{-}5)$$

结合边缘概率分布式［式(5-3)］与条件概率分布式［式(5-5)］得到式(5-6)。

$$\min D(\boldsymbol{D}_s,\boldsymbol{D}_t)=\min \sum\nolimits_{c=0}^{C}\mathrm{tr}(\boldsymbol{A}^{\mathrm{T}}\boldsymbol{X}\boldsymbol{M}_c\boldsymbol{X}^{\mathrm{T}}\boldsymbol{A})+\lambda\|\boldsymbol{A}\|_{\mathrm{F}}^2 \qquad (5\text{-}6)$$

式中，$\lambda\|\boldsymbol{A}\|_{\mathrm{F}}^2$ 是正则项。

5.3　动态主动深度分歧的异常识别模型

基于深度学习的异常识别方法已经被应用于化工过程的各种模式，其中监督深度学习异常识别方法已经实现了较高的异常识别率，对于化工过程的平均异常识别准确率高达92%[4]。由于深度学习网络能够构建网络容量大和学习能力强的异常识别模型，因此基于深度学习网络构建的异常识别模型表现出优异的识别性能。但是深层次的网络往往含有众多的网络参数，必须通过大量的标签过程数据训练深度学习网络，否则深度学习网络容易陷入过拟合状态，影响异常识别模型的识别精度。

实际的化工过程往往缺乏标签过程数据，因此常常限制监督深度学习异常识别方法的应用。标记化工过程无标签过程数据的人工成本高、耗费时间较长且要求标记专家具备良好的化工专业知识，如何基于少量的标签过程数据训练深度学习网络，进而主动挑选高熵值的无标签过程数据，标记它们并加入标签训练集，更新深度学习网络参数，最终构建一种半监督深度学习异常识别模型是化工过程异常识别工作的重点内容。

5.3.1　研究思路

本节介绍一种动态主动深度分歧（dynamic active deep disagreement，DADD）的异常识别模型，基于第 5.2 节的新源域训练 DADD 异常识别模型，基于新目标域测试 DADD 异常识别模型的性能，最终构建 FA-DADD 异常识别模型。FA-DADD 异常识别模型的基学习器选择 CNN 和 LSTM 深度学习网络，基于时域特征构成的新源域训练 LSTM 基学习器，基于频域特征构成的新源域训练 CNN 基学习器，通过动态主动学习挑选不确定数据池的高熵值无标签过程数据，标记选定的无标签过程数据，将新标记的过程数据加入错误识别的基学习器的标签源域，通过新标签源域训练基学习器，提升该基学习器的学习上限。FA-DADD 异常识别模型采用分歧思想作为模型学习的指导思想，FA-DADD 异常识别模型的训练流程如图 5-3 所示。

FA-DADD 异常识别模型的具体训练过程共分为 7 步，具体如下：

① 对得到的新源域数据进行预处理，包含均分无标签特征数据集为 n 个批次等过程。

② 基于标签时域特征构成的新源域预先训练 LSTM 基学习器，基于标签频域特征构成的新源域预先训练 CNN 基学习器。

③ 基于 LSTM 基学习器预测第 i 批次的无标签时域特征，基于 CNN 基学习器预测第 i

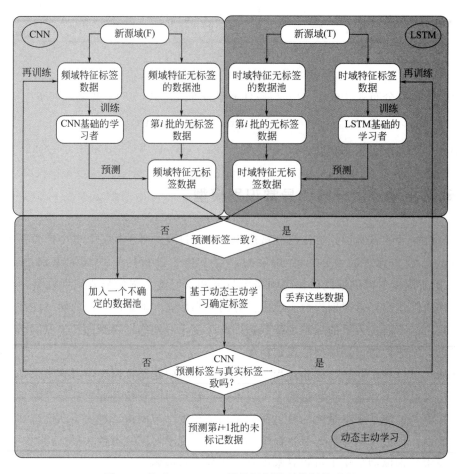

图 5-3 基于 FA-DADD 异常识别模型的训练过程

批次的无标签频域特征，对比 CNN 基学习器和 LSTM 基学习器的预测标签。

④ 若 LSTM 基学习器与 CNN 基学习器的预测标签一致，则舍弃该特征数据。若两者预测标签不一致，则将该特征数据加入不确定特征池。

⑤ 直至预测完成第 i 批次全部的无标签特征数据，然后基于动态主动学习挑选不确定特征池的高熵值无标签特征数据，专家标注选定的高熵值无标签特征数据。

⑥ 若真实数据标签与 CNN 基学习器的预测标签一致，则将相应的时域特征及其标签加入 LSTM 基学习器的标签源域，重新训练 LSTM 基学习器。若与之相反，则将相应的频域特征及其标签加入 CNN 基学习器的标签源域，重新训练 CNN 基学习器。

⑦ 重复步骤③～⑥，基于 CNN 基学习器和 LSTM 基学习器预测第 $i+1$ 批次的无标签特征数据，直至预测完成所有的无标签特征数据或达到预定的迭代次数。

5.3.2 CNN 基本模块

CNN 作为典型深度学习网络的一种，其最主要的特点是通过卷积运算提取化工过程的数据特征。卷积运算提取化工过程数据的频域特征能够显著加速 CNN 基学习器的运算速度[4]，为此设计并提取化工过程数据的 16 种频域特征训练 CNN 基学习器。CNN 包含卷积层、池化层和目标函数等基本模块[5]，这些基本模块共同构成一个 f_{CNN} 函数。CNN 的基本模块分层映射输入特征到数据标签，其损失函数包含数据损失和正则损失。在损失函数最小化的前提下，基于网络误差反向传播更新 CNN 的模型参数。CNN 正向学习过程如图 5-4 所示。

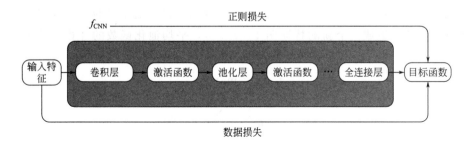

图 5-4　CNN 基本流程图

（1）卷积层

CNN 的卷积层通过 a 个卷积核学习化工过程数据的 a 个特征，各个特征的学习形式如式(5-7) 所示。

$$h_{ij}^k = f((W^k \times x)_{ij} + b_k) \tag{5-7}$$

式中，$f()$ 代表激活函数；W^k 代表连接第 k 个特征图的核权重；b_k 代表特征图的偏置。

假设化工过程输入数据的形式为 $1 \times m \times 1$，在步长 s 和填充 p 的状态下，经过卷积窗口 $n \times 1$ 的卷积核提取特征，通过式(5-7) 得到的特征图形式为 $1 \times z_1 \times a$，其中 $z_1 = (m-n+2p)/s+1$。其中卷积操作示意图如图 5-5 所示。

$$y_i = \sum_{i=1}^{(m-n+2p)/s+1} W_i x_i + b \tag{5-8}$$

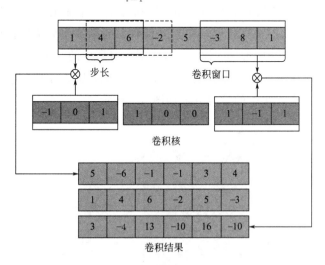

图 5-5　一维卷积操作示意图

（2）池化层

池化层包含最大池化层和平均池化层两种池化类型。最大池化层通过池化窗口 $q \times 1$ 和步长 s 依次滑过特征图 $1 \times z_1 \times a$，滑过各个窗口的最大值组成一个新的特征图 $1 \times z_2 \times a$，其中 z_2 的计算方法与 z_1 相同。将每个特征图划分为 $R_{m,n}$ 个区域，$1 \leqslant m \leqslant M$，$1 \leqslant n \leqslant N$，则最大池化函数计算形式如式（5-9）所示。平均池化层与最大池化层的学习方式不同，其滑过各个窗口的平均值组成一个新的特征图 $1 \times z_2 \times a$，平均池化函数的计算方式如式（5-10）所示。其中最大池化操作示例如图 5-6 所示。

$$p_{m,n} = \max_{i \in R_{m,n}} x_i \tag{5-9}$$

$$p_{m,n} = \frac{1}{|R_{m,n}|} \sum_{i \in R_{m,n}} x_i \tag{5-10}$$

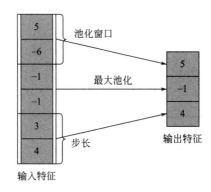

图 5-6　一维池化操作示意图

（3）全连接层

全连接层的作用是映射卷积层和池化层提取的特征到预先定义的数据标签，扮演了异常识别模型中的分类器角色。具体地说，Flatten 层压缩上一层输出为一维数组，进而将此一维数组输入 CNN 基学习器的全连接层，化工过程数据的标签作为全连接层的输出，最终实现输入与输出的全连接。其中 Flatten 层是 CNN 基学习器中的一个模块，当 Flatten 层的输入数组是多维数组时，压缩其输出数组至一维数组。CNN 基学习器全连接层的激活函数常用 Softmax 激活函数，全连接层的学习方式如图 5-7 所示。

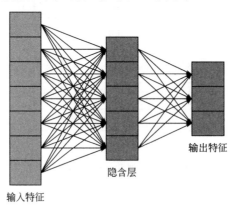

图 5-7　全连接层操作示意图

（4）激活函数

激活函数层非线性转换 CNN 基学习器的输出特征，增强 CNN 基学习器非线性表达化工过程特征的能力。CNN 的激活函数常用 ReLU（rectified linear unit，ReLU）激活函数，ReLU 属于分段函数的类型，其特征非线性转换方式如式（5-11）所示，ReLU 函数非线性转换特征的图像表达如图 5-8 所示。

$$\text{ReLU}(x)=\max\{0,x\}=\begin{cases}x,x\geqslant0\\0,x<0\end{cases} \tag{5-11}$$

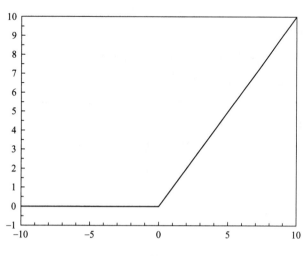

图 5-8　ReLU 函数非线性转换特征

（5）目标函数

为了保证异常识别模型的识别准确率，异常识别模型的损失函数衡量预测值与目标值之间的误差，通过误差反向传播更新异常识别模型的权重，减少异常识别模型预测结果与化工过程数据标签的误差，这个损失函数称为目标函数。化工过程异常识别任务的目标函数常用交叉熵损失函数，其计算形式如式（5-12）所示。

$$L_{\text{loss}}=-\frac{1}{N}\sum_{i=1}^{N}p_i^c\lg q_i^c \tag{5-12}$$

式中，N 表示数据批次大小；c 表示异常工况类别；i 表示第 i 个数据。

5.3.3　LSTM 基本模块

深度学习网络中的循环神经网络（recurrent neural network，RNN）能够记住短时间的化工过程特征，其处理时间序列特征变量具有显著的优势。RNN 主要的特点是在学习当前输入数据的过程中，有选择性地考虑历史相关信息。RNN 训练过程存在梯度不稳定的问题，具体表现在反向传播调整网络参数的过程中，RNN 的梯度逐渐变小，导致 RNN 前期网络层的学习速率非常缓慢，为此 RNN 引入新的记忆单元和门控机制，形成长短期记忆网络（long short-term memory，LSTM）。LSTM 弥补了 RNN 训练过程梯度不稳定的缺点，保证反向传播过程中的前期网络层能够有效地更新参数。

（1）网络结构

LSTM 的状态 c_t 实现网络内部的化工过程特征的线性传递，基于当前工况的输入特征 x_t 和前一工况的状态 h_{t-1} 得到 $\tilde{c}_t$，如式（5-13）所示。c_t 存储 t 时刻前的化工过程历史特征信息，如式（5-14）所示。激活函数非线性转换的信息传递到状态 h_t，如式（5-15）所示。

$$\tilde{c}_t = \tanh(\boldsymbol{W_c} x_t + \boldsymbol{U_c} h_{t-1} + b_c) \tag{5-13}$$

$$c_t = f_t \odot c_{t-1} + i_t \odot \tilde{c}_t \tag{5-14}$$

$$h_t = o_t \odot \tanh(c_t) \tag{5-15}$$

式中，$\boldsymbol{W_c}$ 表示状态与输入之间的权重矩阵；$\boldsymbol{U_c}$ 表示状态与状态之间的权重矩阵；b_c 表示偏置；f_t 表示 LSTM 网络的遗忘门；i_t 表示 LSTM 网络的输入门；o_t 表示 LSTM 网络的输出门；$\odot$ 表示向量元素乘积；$\tanh()$ 表示激活函数。

LSTM 的输入门决定 $\tilde{c}_t$ 的特征保留量，如式（5-16）所示；遗忘门决定 c_{t-1} 的遗忘特征量，如式（5-17）所示；输出门确定 c_t 输出到 h_t 的特征量，如式（5-18）所示。LSTM 网络的特征正向传递过程如图 5-9 所示。

$$i_t = \sigma(\boldsymbol{W_i} x_t + \boldsymbol{U_i} h_{t-1} + b_i) \tag{5-16}$$

$$f_t = \sigma(\boldsymbol{W_f} x_t + \boldsymbol{U_f} h_{t-1} + b_f) \tag{5-17}$$

$$o_t = \sigma(\boldsymbol{W_o} x_t + \boldsymbol{U_o} h_{t-1} + b_o) \tag{5-18}$$

式中，$\sigma()$ 代表 Logistic 激活函数。

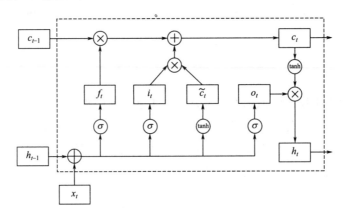

图 5-9　LSTM 单元结构框图

（2）其他

LSTM 与 CNN 的全连接层和目标函数一致，在此不再赘述。LSTM 的激活函数常用 tanh 激活函数，tanh 激活函数非线性转换特征的公式如式（5-19）所示，图像形式如图 5-10 所示。

$$\tanh(x) = \frac{e^x - e^{-x}}{e^x + e^{-x}} \tag{5-19}$$

5.3.4　动态主动学习

通常半监督学习方法基于少量的标签过程数据预先训练异常识别模型，充分学习无标签

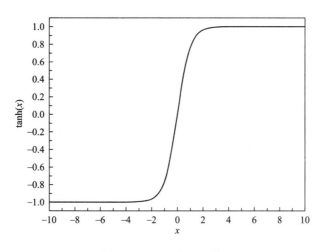

图 5-10　tanh 激活函数

过程数据。由于存在预先训练的异常识别模型训练不充分，无标签过程数据集中有噪声等问题，经过自学习的异常识别模型反而出现性能变差的现象，因此通过主动学习识别最有价值的无标签过程数据，基于专家标注无标签过程数据，减少专家的标注数据量和标注时间，提升异常识别模型的识别性能。

采用基于池的主动学习算法，以信息熵作为查询函数，信息熵值越高代表化工过程数据携带的信息量越多。计算无标签过程数据 j 熵值的数学公式如式（5-20）所示。

$$\text{ent}_j = -\sum_{c=1}^{C} p_{j,c}\lg p_{j,c} \qquad (5\text{-}20)$$

式中，ent_j 表示第 j 个无标签过程数据的熵值；c 表示无标签过程数据属于的异常类型（$c=1$，2，$\cdots$，C）；$p_{j,c}$ 表示第 c 类异常的第 j 个无标签过程数据的伪标签置信度。

为了过滤噪声的影响，提高异常识别模型伪标签置信度的精度，提出动态主动学习化工过程无标签过程数据的方法，其中当前工况的伪标签置信度采用历史、当前和未来伪标签置信度的均值，当前工况的伪标签置信度如式（5-21）所示。

$$p_{j,c} = \frac{1}{3}(p_{j-1,c} + p_{j,c} + p_{j+1,c}) \qquad (5\text{-}21)$$

式中，$p_{j-1,c}$ 表示第 c 类异常的第 $j-1$ 个无标签过程数据的伪标签置信度；$p_{j+1,c}$ 表示第 c 类异常的第 $j+1$ 个无标签过程数据的伪标签置信度。

动态主动学习选择高熵值无标签过程数据的标准如式（5-22）所示。

$$x_s = \arg\max_{x_j \in X_U} \text{ent}_j \qquad (5\text{-}22)$$

动态主动学习停止选择无标签过程数据的标准如式（5-23）所示。

$$\max_{1 \leqslant k \leqslant K} p_{j,c} \geqslant \text{sc} \qquad (5\text{-}23)$$

式中，sc 是停止选择无标签过程数据的标准。

5.4　案例应用研究

本节将 FA-DADD 异常识别模型应用于 TE 过程，同时与传统的 PCA-DAS4VM 异常识别模型进行性能对比。

5.4.1 TE 过程说明

本节的研究案例是 TE 过程。TE 过程是由田纳西-伊斯曼化学公司的 Downs 和 Vogel 提出的[6]，是由反应器、冷凝器、压缩机、汽提塔和分离器组成，该过程主要包含 4 个化学反应，其中又划分为两个主反应［式(5-24) 和式(5-25)］和两个副反应［式(5-26) 和式(5-27)］。TE 过程的工艺流程如图 5-11 所示。

$$A(g)+C(g)+D(g)\longrightarrow G(liq) \tag{5-24}$$

$$A(g)+C(g)+E(g)\longrightarrow H(liq) \tag{5-25}$$

$$A(g)+E(g)\longrightarrow F(liq) \tag{5-26}$$

$$3D(g)\longrightarrow 2F(liq) \tag{5-27}$$

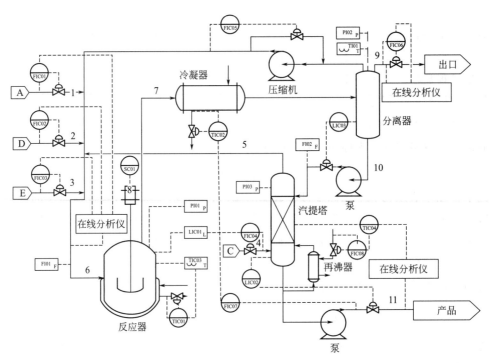

图 5-11 TE 过程的工艺流程图

为了便于工艺作业人员判断当前过程所属的工况类型，TE 过程设置了 22 个连续测量变量（表 5-3）并预先设定了 20 种故障（表 5-4）。

表 5-3 TE 过程连续测量变量

变量	说明	正常值	单位
$CMV(1)$	A 组分进料流量	0.25052	$\times 10^3 m^3 \cdot h^{-1}$
$CMV(2)$	D 组分进料流量	3664.0	$kg \cdot h^{-1}$
$CMV(3)$	E 组分进料流量	4509.3	$kg \cdot h^{-1}$
$CMV(4)$	A 和 C 组分进料流量	9.3477	$\times 10^3 m^3 \cdot h^{-1}$
$CMV(5)$	循环流量	26.902	$\times 10^3 m^3 \cdot h^{-1}$

续表

变量	说明	正常值	单位
CMV(6)	反应器进料流量	42.339	$\times 10^3 m^3 \cdot h^{-1}$
CMV(7)	反应器压力	2705.0	kPa
CMV(8)	反应器液位	75.0	%
CMV(9)	反应器温度	120.40	℃
CMV(10)	放空流量	0.33712	$\times 10^3 m^3 \cdot h^{-1}$
CMV(11)	产品分离器温度	80.109	℃
CMV(12)	产品分离器液位	50.000	%
CMV(13)	产品分离器压力	2633.7	kPa
CMV(14)	产品分离器下部出料	25.160	$m^3 \cdot h^{-1}$
CMV(15)	汽提塔液位	50.000	%
CMV(16)	汽提塔压力	3102.2	kPa
CMV(17)	汽提塔下部出料	22.949	$m^3 \cdot h^{-1}$
CMV(18)	汽提塔温度	65.731	℃
CMV(19)	汽提塔蒸汽流量	230.31	$kg \cdot h^{-1}$
CMV(20)	压缩机功率	341.43	kW
CMV(21)	反应器冷却水出口温度	94.599	℃
CMV(22)	冷凝器冷却水出口温度	77.297	℃

表 5-4　TE 过程故障类型

故障触发变量	故障变量	故障类型
IDV(1)	APC 进料比变化(成分 B 不变)	跃变
IDV(2)	成分 B 变化(APC 进料比不变)	跃变
IDV(3)	进料 2 温度	跃变
IDV(4)	反应器冷却水温度	跃变
IDV(5)	冷凝器冷却水温度	跃变
IDV(6)	进料 1 损失	跃变
IDV(7)	成分 C 进料压力下降	跃变
IDV(8)	进料 4 的 A、B 和 C 组分变化	随机
IDV(9)	进料 2 温度变化	随机
IDV(10)	进料 4 温度变化	随机
IDV(11)	反应器冷却水温度变化	随机
IDV(12)	冷凝器冷却水温度变化	随机
IDV(13)	反应动力学特性变化	缓慢漂移
IDV(14)	反应器冷却水阀门	黏滞
IDV(15)	冷凝器冷却水阀门	黏滞
IDV(16)～IDV(20)	未知	未知

本节选取 TE 过程的 6 种异常工况作为研究对象，每种异常工况均包含 22 个连续测量

变量（表 5-3）。异常工况的训练集包含 480 条过程数据，测试集包含 960 条过程数据，每条过程数据由 22 个连续测量变量值组成。采集 TE 过程连续测量变量数据的时间间隔设定为 3min。选取的 6 种异常工况涵盖 TE 过程的跃变型、随机型、缓慢漂移型和黏滞型 4 种异常类型，具体选择表 5-4 中的异常工况 1、异常工况 4、异常工况 10、异常工况 12、异常工况 13 和异常工况 15。为了便于比较不同异常识别模型之间的性能差异，按照异常工况原编号从小到大的顺序，重新编号以上异常工况为异常工况 1～6。

5.4.2　特征自适应

（1）特征提取

采用 TE 过程作为研究案例，依次提取 TE 过程选定的 6 种异常工况的 22 个连续测量变量的 20 种时域特征和 16 种频域特征，基于时域特征和频域特征分别构建一个充分冗余且满足条件独立性的源域和目标域。其次，基于 PCA-DAS4VM 异常识别模型的 PCA 方法选择 TE 过程选定的 6 种异常工况的关键连续测量变量。

① 提取时域特征　针对 TE 过程的 6 种异常工况，通过滑动窗口的方式依次提取 6 种异常工况的 22 个连续测量变量的 20 种时域特征值（表 5-1）。如下采用反应器压力变量的均值特征和标准差特征为例进行讨论。为了消除化工过程数据的噪声，滑动时域窗口大小设置为 16，步长设置为 1。

图 5-12 是 6 种异常工况的反应器压力变量的均值特征，均值特征是指时域提取窗口内过程数据的平均值。

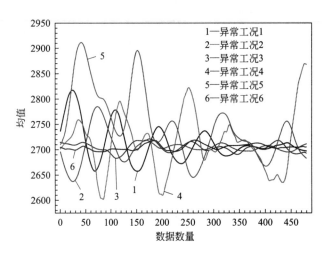

图 5-12　6 种异常工况中的反应器压力的均值特征

如图 5-12 所示，工况前期的异常工况 1、异常工况 2、异常工况 4 和异常工况 5 的均值特征均表现出了大幅度的波动现象，以上 4 种异常工况之间的波动差异明显，表明均值特征对于以上 4 种异常工况的敏感程度高且敏感情况差异大。在工艺过程的后期，异常工况 1 和异常工况 2 的均值特征逐渐趋向于一致，表明均值特征对于以上工况后期的敏感程度低。在整个过程中，异常工况 3 和异常工况 6 的均值特征表现趋势相似，均值特征曲线基本重合，表明均值特征对于异常工况 3 和异常工况 6 的敏感程度低且敏感情况相似，该现象影响异常识别模型对于以上异常工况的识别效果。图 5-13 是 6 种异常工况的反应器压力变量的标准差特征。标准差特征表示时域提取窗口内的过程数据的离散程度。

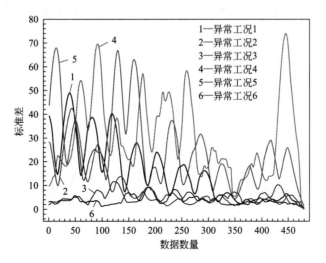

图 5-13　6 种异常工况中的反应器压力的标准差特征

如图 5-13 所示，在工况前期和工况中期，异常工况 1、异常工况 2、异常工况 4 和异常工况 5 的标准差特征值变化幅度大，表明以上异常工况的离散程度高，标准差特征对于以上异常工况具有高敏感度。在整个工况的运行过程中，异常工况 3 和异常工况 6 的标准差特征表现平稳，仅在第 125 和第 430 个过程数据周围，异常工况 3 的标准差特征出现了较大幅度的波动现象，与其他异常工况的标准差特征值具有差异，表明该过程数据有利于异常识别模型对于异常工况 3 的准确识别。

② 提取频域特征　针对 TE 过程选定的 6 种异常工况，通过滑动窗口的方式依次提取 6 种异常工况的 22 个连续测量变量的 16 种频域特征（表 5-2）。采用反应器压力变量幅度的均值特征和幅度的偏度特征为例进行讨论。设置滑动频域窗口大小为 16，步长设置为 1。图 5-14 是 6 种异常工况的反应器压力变量的幅度的均值特征。

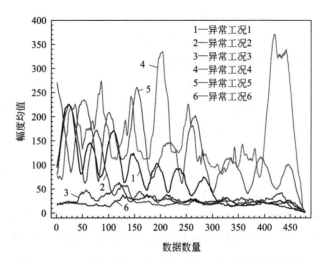

图 5-14　6 种异常工况中的反应器压力的幅度的均值特征

如图5-14所示，整个工况过程中的异常工况1、异常工况4和异常工况5的幅度均值特征均出现了显著的波动现象，表明幅度的均值特征对于以上异常工况具有高敏感性。异常工况2和异常工况3仅在工况前期表现出了高度的敏感特性。整个工况过程中的异常工况6的幅度均值特征值基本保持不变，表明幅度的均值难以提取异常工况6的有效特征，也难以提高FA-DADD异常识别模型对于异常工况6的识别准确率。图5-15是6种异常工况的反应器压力变量的幅度的偏度特征。

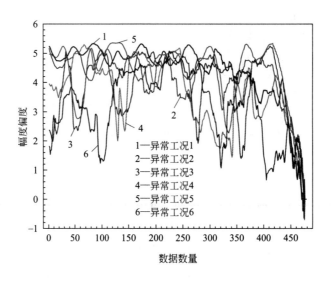

图5-15　6种异常工况中的反应器压力的幅度的偏度特征

如图5-15所示，在整个工况过程中的6种异常工况的幅度的偏度特征均表现出了明显的波动现象，6种异常工况在不同工况阶段的幅度偏度特征的表现差异显著，表明幅度偏度特征对于6种异常工况具有高敏感度且敏感程度差异大，该特征有利于提高异常识别模型对于6种异常工况的识别精度。

③ PCA选择关键变量　PCA-DAS4VM异常识别模型是FA-DADD模型的对比方法，此处介绍PCA-DAS4VM模型的PCA部分。采用TE过程的异常工况2（反应器冷却水温度异常）为例进行分析。基于PCA计算异常工况2的主成分方差百分比和特征值，异常工况2的主成分方差百分比和特征值如图5-16和图5-17所示。

图5-16显示了TE过程异常工况2的前12个主成分的方差百分比已经达到了83.15%（超过了80%）。在实际化工过程中，权重阈值没有具体的选择标准，本节基于实践经验的方式确定80%作为权重阈值，所以认为前12个主成分能够代表所有主成分的信息。图5-17显示了前12个主成分的特征值。

基于主成分的值和特征值获得异常工况2前12个主成分的综合得分系数和权值比。其中综合得分系数包含22个子系数，每个子系数代表一个变量。对以上22个子系数的值进行排序，前13个子系数的权值总和达到80.06%（超过80%），即前13个变量的权值总和为80.06%，所以认为前13个变量能够代表所有变量的信息，如图5-18所示。TE过程6种异常工况的关键变量如图5-19所示。

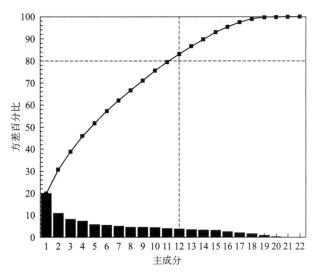

图 5-16　异常工况 2 的主成分方差百分比

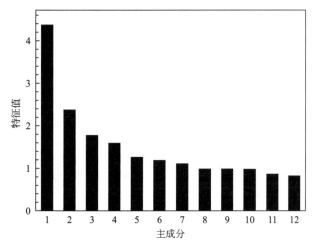

图 5-17　异常工况 2 的主成分特征值

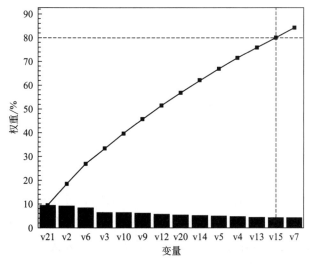

图 5-18　异常工况 2 的关键变量的权重

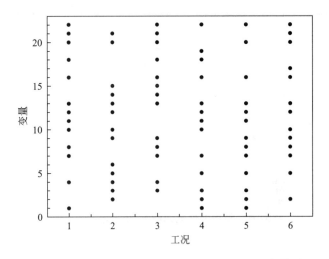

图 5-19　TE 过程的 6 种异常工况的关键变量选择结果

（2）自适应

基于 TE 过程选定的 6 种异常工况的时域特征构成了源域和目标域，图 5-20 是 t-SNE 可视化的源域和目标域的特征分布图。

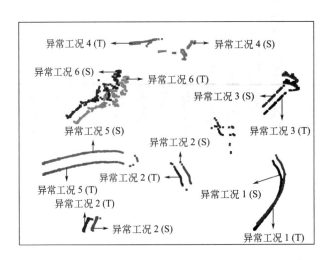

图 5-20　时域特征构成的源域和目标域的特征分布可视化图

如图 5-20 所示，异常工况 1 的源域和目标域特征的数据分布基本吻合，表明异常工况 1 的边缘概率分布和条件概率分布的距离值较低。异常工况 2、异常工况 3 和异常工况 4 的源域和目标域特征的数据分布离散程度高，其边缘概率分布和条件概率分布存在明显不一致的现象。异常工况 5 和异常工况 6 的源域和目标域特征的数据分布存在边缘概率分布不一致的问题，故不满足异常识别模型的前提假设。因此，适配 TE 过程 6 种异常工况的源域和目标域，基于最大均值距离适配源域和目标域的边缘概率分布和条件概率分布，在其距离值最小化的前提下，得到耦合投影矩阵 A_s 和 A_t，通过耦合投影矩阵 A_s 和 A_t 获得数据分布一致的新源域和新目标域。图 5-21 是时域特征构成的新源域和新目标域的可视化图像。

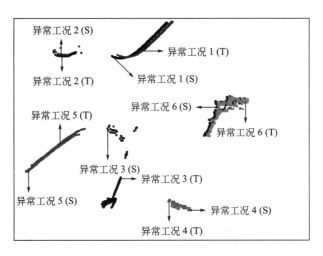

图 5-21　时域特征构成的新源域和新目标域的特征分布可视化图

如图 5-21 所示，在 TE 过程的 6 种异常工况中，同一种异常工况的源域和目标域特征的数据分布基本一致，不同种异常工况的源域和目标域特征的数据分布形态具有明显的差异。6 种异常工况的新源域和新目标满足异常识别模型的前提假设且有利于模型的准确识别。

5.4.3　动态主动深度分歧的异常识别模型

基于数据分布一致的新源域和新目标域训练 FA-DADD 异常识别模型，建立 PCA-DAS4VM 异常识别模型作为 FA-DADD 异常识别模型的对比方法。

SVM 属于传统的二分类异常识别模型，其优势在于在化工过程训练数据较少的情况下仍能够表现出强泛化性能和高识别准确率[7]，因此选用 SVM 作为 FA-DADD 异常识别模型的对比方法。在许多情况下，采用相同数量的标签过程数据训练异常识别模型时，现有的半监督 SVM 异常识别模型比监督 SVM 异常识别模型表现出更差的性能，因此将李宇峰等[8]提出的安全半监督支持向量机（safe semi-supervised support vector machine，S4VM）与动态主动学习相结合，采用 PCA 预先处理化工过程数据，提出一种 PCA-DAS4VM 异常识别模型。

(1) CNN 基学习器超参数

验证和确认的 CNN 基学习器的最优网络结构和超参数，如表 5-5 所示。CNN 基学习器通过交叉熵损失函数确定基学习器的误差值，基于 Adam 优化方法求解基学习器的梯度，过程特征的批次大小设置为 512。采用 Early stopping 方法监测 CNN 基学习器的验证集误差值，防止 CNN 基学习器陷入过拟合。图 5-22 是 CNN 基学习器的训练误差和测试误差图像。

表 5-5　CNN 基学习器的最优网络结构和超参数表

序号	层类型	输出维度	内核大小/步长	填充类型	内核初始化类型	偏置值初始化类型
1	Convolution1D	32	3×1/1×1	Same	He_uniform	He_uniform
2	Relu	32	—	—	—	—
3	Convolution1D	32	3×1/1×1	Same	He_uniform	He_uniform
4	Relu	32	—	—	—	—

续表

序号	层类型	输出维度	内核大小/步长	填充类型	内核初始化类型	偏置值初始化类型
5	MaxPooling1D	32	2×1/2×1	Same	—	—
6	Dropout	32	—	—	—	—
7	Convolution1D	64	3×1/1×1	Same	He_uniform	He_uniform
8	Relu	64	—	—	—	—
9	Convolution1D	64	3×1/1×1	Same	He_uniform	He_uniform
10	Relu	64	—	—	—	—
11	MaxPooling1D	64	2×1/2×1	Same	—	—
12	Dropout	64	—	—	—	—
13	Convolution1D	128	3×1/1×1	Same	He_uniform	He_uniform
14	Relu	128	—	—	—	—
15	Convolution1D	128	3×1/1×1	Same	He_uniform	He_uniform
16	Relu	128	—	—	—	—
17	MaxPooling1D	128	2×1/2×1	Same	—	—
18	Dropout	128	—	—	—	—
19	Flatten	128	—	—	—	—
20	Dense	256	—	—	Glorot_uniform	Glorot_uniform
21	Dense	6	—	—	Glorot_uniform	Glorot_uniform
22	Softmax	6	—	—	—	—

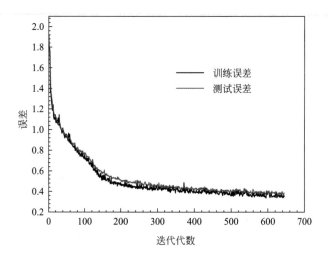

图 5-22　CNN 基学习器的训练误差和测试误差

如图 5-22 所示，随着 CNN 基学习器训练次数的增加，训练误差值和测试误差值均表现出明显的下降趋势，训练误差值始终略低于测试误差值，说明 CNN 基学习器的训练过程是有效的。第 160 次迭代以后，CNN 基学习器的学习速率降低，训练误差和测试误差基本保持不变，表明基学习器已经收敛且不需要继续学习。CNN 基学习器的训练准确率和测试准确率如图 5-23 所示。

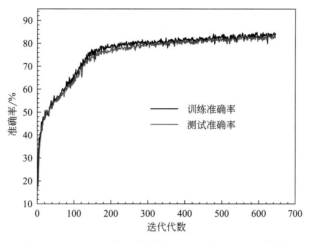

图 5-23　CNN 基学习器的训练准确率和测试准确率

如图 5-23 所示，随着 CNN 基学习器训练误差和测试误差的降低，CNN 基学习器的训练准确率和测试准确率逐步提升。第 160 次迭代以后，CNN 基学习器的识别准确率趋于稳定，最高识别准确率达到 83.77%。

（2）LSTM 基学习器超参数

经过验证和确认的 LSTM 基学习器的最优网络结构和超参数如表 5-6 所示。LSTM 基学习器的损失函数采用交叉熵损失函数，优化方法设置为 Adam 优化方法，过程特征的批次大小设置为 128。采用 Early stopping 方法监测 LSTM 基学习器的学习性能。图 5-24 是 LSTM 基学习器的训练误差和测试误差。

表 5-6　LSTM 基学习器的网络结构和超参数

序号	隐含层类型	输出层维数	内核初始化类型	偏置值初始化类型
1	LSTM	20	He_normal	He_normal
2	Dropout	20	—	—
3	Relu	20	—	—
4	LSTM	25	He_normal	He_normal
5	Dropout	25	—	—
6	Relu	25	—	—
7	LSTM	30	He_normal	He_normal
8	Dropout	30	—	—
9	Relu	30	—	—
10	LSTM	35	He_normal	He_normal
11	Dropout	35	—	—
12	Relu	35	—	—
13	LSTM	40	He_normal	He_normal
14	Dropout	40	—	—
15	Relu	40	—	—
16	Dense	256	Glorot_uniform	Glorot_uniform
17	Relu	256	—	—
18	Dense	6	Glorot_uniform	Glorot_uniform
19	Softmax	6	—	—

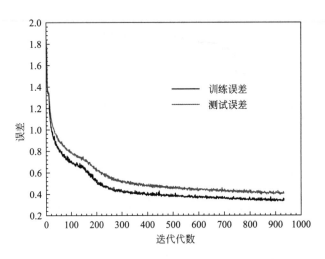

图 5-24　LSTM 基学习器的训练误差和测试误差

如图 5-24 所示,随着训练误差逐渐降低,LSTM 基学习器的测试误差呈现出明显降低的趋势,测试误差始终略高于训练误差,表明 LSTM 基学习器不存在欠拟合和过拟合现象。第 300 次迭代以后,LSTM 基学习器训练误差和测试误差的降低幅度逐渐减小,表明 LSTM 基学习器已经收敛且达到了最佳性能。LSTM 基学习器的训练准确率和测试准确率如图 5-25 所示。

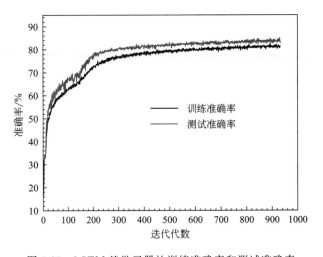

图 5-25　LSTM 基学习器的训练准确率和测试准确率

如图 5-25 所示,LSTM 基学习器准确率的变化情况与误差的变化情况一致,表明 LSTM 基学习器的学习效果良好,其最高异常识别准确率达到 84.56%。

(3) 确定异常识别模型参数

① 确定 FA-DADD 异常识别模型参数　通过分析 TE 过程的 6 种异常工况,前面已经确定了 CNN 基学习器和 LSTM 基学习器的最优网络结构和超参数,见表 5-5 和表 5-6。FA-DADD 异常识别模型中的动态主动学习的 sc 参考 Yin 等[9]的推荐值,设置为 0.8。接下来讨论源域中不同数量的标签过程数据和无标签过程数据对于 FA-DADD 异常识别模型

平均识别准确率的影响，依据目标域的识别结果确定最优的标签过程数据数量和无标签过程数据数量。首先讨论源域中的标签过程数据数量对于 FA-DADD 异常识别模型平均识别准确率的影响，如图 5-26 所示。其中 TE 过程的各种异常工况的无标签过程数据数量为 960，因此源域中的无标签过程数据总数量为 5760。

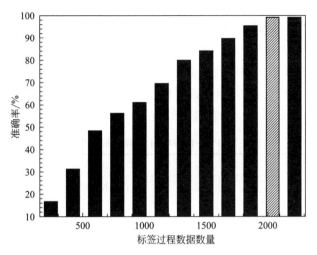

图 5-26　在不同的标签过程数据数量条件下 FA-DADD 异常识别模型的识别准确率

如图 5-26 所示，在源域中的标签过程数据数量增加的同时，FA-DADD 异常识别模型的平均识别准确率逐渐提高。当标签过程数据数量超过 2040 时，FA-DADD 异常识别模型的平均识别准确率提升缓慢，因此 FA-DADD 异常识别模型的标签过程数据数量设置为 2040（在图 5-26 使用 ▨ 标识）。

接下来讨论源域中的无标签过程数据数量对于 FA-DADD 异常识别模型平均识别准确率的影响，如图 5-27 所示。源域中的标签过程数据数量设置为 2040，源域中的无标签过程数据总数量为 5760。

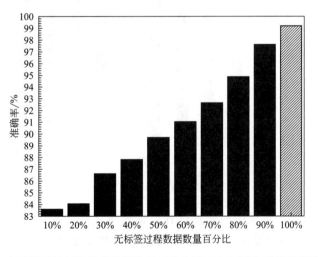

图 5-27　在不同的无标签过程数据数量百分比下 FA-DADD 模型的识别准确率

如图 5-27 所示，在无标签过程数据数量百分比增加的过程中，FA-DADD 异常识别模型的平均识别准确率逐渐提高。当无标签过程数据数量达到100％时，FA-DADD异常识别模型的平均识别准确率最高，达到99.20％，因此源域采用100％（5760）的无标签过程数据训练FA-DADD异常识别模型（在图5-27使用 ▨ 标识）。

② 确定PCA-DAS4VM异常识别模型参数 PCA-DAS4VM异常识别模型是FA-DADD模型的对比方法，此处介绍PCA-DAS4VM模型的DAS4VM部分。由于实际化工过程的工况类型复杂，为了降低DAS4VM异常识别模型的建模复杂性，采用一类一网络（one class one network，OCON）的结构[10]。OCON网络结构包含一个全局网络和多个子网络，其中各个子网络是一个二分类的异常识别模型。全局网络负责协调所有子网络的输出，确定最终的异常识别结果。PCA-DAS4VM异常识别模型中的S4VM模型参数采用Li等[9]推荐的参数，参数sc设置为Yin等[9]的推荐值，如表5-7所示。

表 5-7　PCA-DAS4VM 异常识别模型参数

PCA-DAS4VM 参数	数值	PCA-DAS4VM 参数	数值
Sample time	100	Kernel	RBF
C_1	100	sc	0.8
C_2	0.1		

首先讨论源域中的标签过程数据数量对于PCA-DAS4VM异常识别模型平均识别准确率的影响，如图5-28所示。以其中一个子网络为例，TE过程的每种异常工况的无标签过程数据数量为960，由于子网络是二分类的异常识别模型，所以子网络的源域中的无标签过程数据总数量为1920。

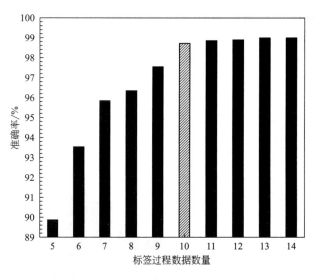

图 5-28　在不同的标签过程数据数量条件下 PCA-DAS4VM 模型的识别准确率

如图5-28所示，随着源域中的标签过程数据数量逐渐增加，PCA-DAS4VM异常识别模型的平均识别准确率逐步提高。当标签过程数据总数量超过10时，PCA-DAS4VM异常识别模型的平均识别准确率提升缓慢，因此PCA-DAS4VM异常识别模型的源域标签过程数据数量设置为10（在图5-28使用 ▨ 标识）。

接下来讨论无标签过程数据数量对于 PCA-DAS4VM 异常识别模型平均识别准确率的影响，如图 5-29 所示。其中各个子网络的源域标签过程数据数量设置为 10，无标签过程数据总数量为 1920。

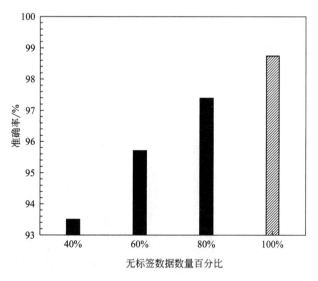

图 5-29　在不同的无标签数据数量百分比条件下 PCA-DAS4VM 模型的识别准确率

如图 5-29 所示，随着源域中的无标签过程数据数量百分比的增加，PCA-DAS4VM 异常识别模型的平均识别准确率逐渐提高。在源域中的无标签过程数据总数量达到 1920 时，PCA-DAS4VM 异常识别模型平均识别准确率达到 98.74%，因此源域采用 100%（1920）的无标签过程数据训练 PCA-DAS4VM 异常识别模型（在图 5-29 使用 ▨ 标识）。

（4）异常工况识别结果

图 5-30 是 FA-DADD、PCA-DAS4VM、A-DADD、F-DADD 和 FA-DD 异常识别模型在 TE 过程 6 种异常工况下的 F1 分数图。

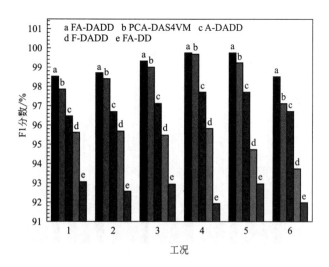

图 5-30　FA-DADD、PCA-DAS4VM、A-DADD、F-DADD 和 FA-DD 模型的 F1 分数

如图 5-30 所示，FA-DADD 异常识别模型的平均 F1 分数达到 99.09%，较 A-DADD、F-DADD 和 FA-DD 异常识别模型的平均 F1 分数分别提高了 2.08%、4.10% 和 7.04%，证明 FA-DADD 异常识别模型更加适用于 TE 过程。与 PCA-DAS4VM 异常识别模型相比，FA-DADD 异常识别模型的平均 F1 分数提高了 0.55%，说明在 TE 过程中 FA-DADD 异常识别模型具有更加优异的识别性能。FA-DADD、PCA-DAS4VM、A-DADD、F-DADD 和 FA-DD 异常识别模型的 FPR 如图 5-31 所示。

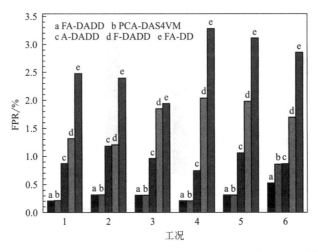

图 5-31　FA-DADD、PCA-DAS4VM、A-DADD、F-DADD 和 FA-DD 模型的 FPR

为了说明 FA-DADD 异常识别模型在工业过程中的有效性，对比了 FA-DADD、PCA-DAS4VM、A-DADD、F-DADD 和 FA-DD 异常识别模型的 FPR。如图 5-31 所示，FA-DADD 异常识别模型的平均 FPR 仅为 0.32%，表明 FA-DADD 异常识别模型产生误报警的概率较低，更加有利于在化工过程中的应用。FA-DADD 异常识别模型的平均 FPR 相较于 PCA-DAS4VM、A-DADD、F-DADD 和 FA-DD 模型分别降低了 15.27%、66.78%、81.24% 和 88.22%。FA-DADD、PCA-DAS4VM、A-DADD、F-DADD 和 FA-DD 异常识别模型的 FDR 如图 5-32 所示。

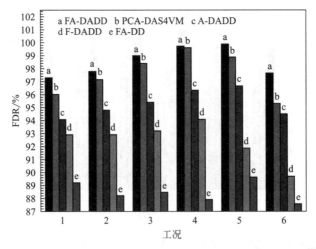

图 5-32　FA-DADD、PCA-DAS4VM、A-DADD、F-DADD 和 FA-DD 模型的 FDR

如图 5-32 所示，FA-DADD 异常识别模型的平均 FDR 高达 98.57％，表明 FA-DADD 异常识别模型能够识别 TE 过程多数的异常工况。与 PCA-DAS4VM、A-DADD、F-DADD 和 FA-DD 异常识别模型相比，FA-DADD 异常识别模型的平均 FDR 分别提升了 1.02％、3.42％、6.60％和 11.36％。由于离线阶段训练和测试 FA-DADD 异常识别模型是化工过程识别工作的核心部分，因此针对 TE 过程 6 种异常工况对比各种异常识别模型的平均计算时间，结果如图 5-33 所示。

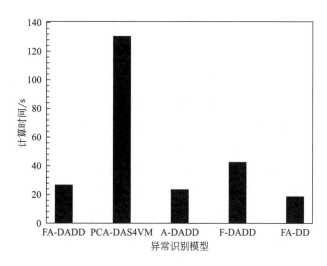

图 5-33　FA-DADD、PCA-DAS4VM、A-DADD、F-DADD 和 FA-DD 模型的平均计算时间

如图 5-33 所示，FA-DADD 异常识别模型的平均计算时间为 26.76s（测试环境：酷睿 i5，8GB 内存的计算机）。与 PCA-DAS4VM、A-DADD、F-DADD 和 FA-DD 异常识别模型相比，FA-DADD 异常识别模型的平均计算时间分别减少了 79.47％，增加了 13.78％，减少了 37.05％，增加了 43.56％。虽然在平均计算时间的指标上 FA-DADD 异常识别模型并非最优的，但是在 F1 分数、FPR、FDR 和准确率的计算指标上 FA-DADD 异常识别模型表现出更加优异的识别性能，因此本节推荐使用 FA-DADD 异常识别模型识别 TE 过程的异常工况。

本章小结

本章提出了一种 FA-DADD 异常识别模型，在 TE 流程的应用过程中，FA-DADD 异常识别模型与传统的 PCA-DAS4VM 异常识别模型进行了多项指标的性能对比，证明了 FA-DADD 异常识别模型的优越性。最终总结得到如下 4 条结论：

① 针对 FA-DADD 异常识别模型的 2 个基学习器在学习过程中容易趋向于一致的问题，采用了具有明显差异性的 CNN 和 LSTM 作为 FA-DADD 异常识别模型的基学习器。依据 CNN 和 LSTM 基学习器的特性，设计并提取了化工过程离线数据的 20 种时域特征和 16 种频域特征，通过时域特征和频域特征分别构建了源域和目标域。采用 Dropout 方法训练 CNN 和 LSTM 基学习器，保证了 FA-DADD 异常识别模型的多样性。与 A-DADD 异常识别模型相比，FA-DADD 异常识别模型在脱丙烷精馏过程的识别性能更佳，其平均 F1 分数

提高了 2.96%，平均 FPR 降低了 53.42%，平均 FDR 提高了 4.23%。

② 针对化工过程运行数据随工艺参数变化服从不同概率分布的问题，提出了一种化工过程离线数据特征自适应的方法。通过自适应源域和目标域特征的数据分布，有效解决了 FA-DADD 异常识别模型的欠拟合和过拟合问题以及特征的欠适配问题。在脱丙烷精馏过程的应用结果表明，FA-DADD 异常识别模型更加适应化工过程数据。与 F-DADD 异常识别模型相比，FA-DADD 异常识别模型的平均 F1 分数提高了 5.27%，平均 FPR 降低了 74.48%，平均 FDR 提高了 7.33%。

③ 针对化工过程标签数据稀少，标记无标签过程数据人工成本高，半监督异常识别方法利用无标签过程数据容易出现性能变差的现象，提出了一种半监督异常识别模型集成动态主动学习的方法。基于动态主动学习方法指导半监督异常识别模型的学习，确定了动态主动学习停止选择高熵值无标签过程数据的标准 sc 为 0.8。在脱丙烷精馏过程中的应用结果表明，FA-DADD 异常识别模型较 FA-DD 异常识别模型的平均 F1 分数提高了 7.54%，平均 FPR 降低了 83.73%，平均 FDR 提高了 9.89%。

④ 针对传统的异常识别模型难以提取化工过程数据的深层次特征，利用大量无标签过程数据出现计算复杂度高和计算时间长的问题，构建了新型的 FA-DADD 异常识别模型。与传统的 PCA-DAS4VM 异常识别模型相比，FA-DADD 异常识别模型能够提取化工过程数据的深层次特征，计算大量化工过程数据的能力更强。在 TE 过程中的应用结果表明，FA-DADD 异常识别模型较 PCA-DAS4VM 异常识别模型的平均 F1 分数提高了 0.55%，平均 FPR 降低了 15.27%，平均 FDR 提高了 1.02%，平均计算时间减少了 79.47%。

通过工业仿真案例脱丙烷精馏过程和 TE 过程的应用结果表明，本章提出的 FA-DADD 异常识别模型具有较高的工业应用价值。为了更好地保障化工过程的安全平稳运行，现提出如下 2 个本研究工作仍需改进的研究方面。

① 如何诊断化工过程异常工况的根原因节点。针对化工过程异常识别的研究，本章取得了阶段性的成果，下一步将结合神经网络与图论的方法识别化工过程的异常工况类型，进一步追溯异常工况的根原因节点。

② 如何识别化工过程未知的异常工况类型。本章主要识别已知的化工过程异常工况，下一步将结合主动学习识别未知的化工过程异常工况，动态补充异常识别模型的识别工况库。

参考文献

[1] 贾旭清，杨霞，田文德，等 . 基于 DMFA 与深度学习的化工过程多工况异常识别 . 高校化学工程学报，2020, 34 (4)：1026-1033.

[2] 周志华 . 基于分歧的半监督学习 . 自动化学报，2013, 39 (11)：1871-1878.

[3] Mobin M, Li Z, Cheraghi S H, et al. An approach for design Verification and Validation planning and optimization for new product reliability improvement. Reliability Engineering & System Safety, 2019, 190: 106518.

[4] Ayat S O, KHALIL-HANI M, AB Rahman A A-H, et al. Spectral-based convolutional neural network without multiple spatial-frequency domain switchings. Neurocomputing, 2019, 364: 152-167.

[5] Gu J, Wang Z, Kuen J, et al. Recent advances in convolutional neural networks. Pattern Recognition, 2018,

77: 354-377.

[6] Downs J J, Vogel E F. A plant-wide industrial process control problem. Computers & Chemical Engineering, 1993, 17（3）: 245-255.

[7] Yin Z, Hou J. Recent advances on SVM based fault diagnosis and process monitoring in complicated industrial processes. Neurocomputing, 2016, 174: 643-650.

[8] 李宇峰. 半监督支持向量机学习方法的研究. 南京: 南京大学, 2013.

[9] Yin L, Wang H, Fan W, et al. Incorporate active learning to semi-supervised industrial fault classification. Journal of Process Control, 2019, 78: 88-97.

[10] Srinivasan R, Wang C, Ho W K, et al. Neural network systems for multi-dimensional temporal pattern classification. Computers & Chemical Engineering, 2005, 29（5）: 965-981.

第6章

基于LSTM的化工异常识别

6.1 LSTM 模型

6.1.1 模型结构

　　本章首先搭建了 LSTM 的深度学习模型，包括 RNN 基本单元、损失函数计算、优化器、序列预测等模块。具体的训练过程如下：首先初始化参数，输入经过 RNN 层算出 Cell 的状态值，再传递给 Out_layer。将计算出的预测值与真实值进行比较，算出损失，再反向求导得出梯度后对每一层的和进行更新，LSTM 的模型结构如图 6-1 所示。

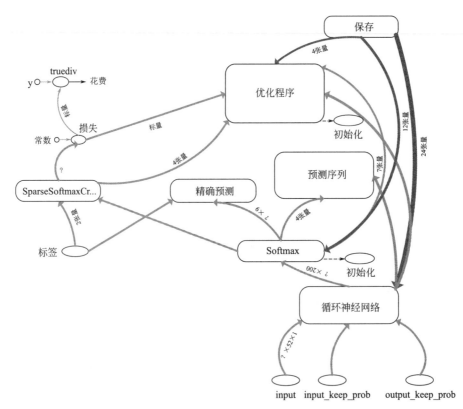

图 6-1　LSTM 分类模型计算图

LSTM 模型要解决的是一个多分类问题，选择 Softmax 函数作为输出层的激活函数，用于计算样本属于不同类别的概率。对于给定的测试输入 x，利用假设函数针对每一类别 j 估算出概率值 $p(y=j|x)$。因此，假设函数将要输入一个 k 维的向量（向量元素的总和为 1）来表示这 k 个估计的概率值，假设函数形式如式(6-1) 所示：

$$h_\theta(x^{(i)}) = \begin{bmatrix} p(y^{(i)}=1 \mid x^{(i)};\theta) \\ p(y^{(i)}=2 \mid x^{(i)};\theta) \\ \vdots \\ p(y^{(i)}=k \mid x^{(i)};\theta) \end{bmatrix} = \frac{1}{\sum_{j=1}^{k} e^{\theta_j^T x^{(i)}}} \begin{bmatrix} e^{\theta_1^T x^{(i)}} \\ e^{\theta_2^T x^{(i)}} \\ \vdots \\ e^{\theta_k^T x^{(i)}} \end{bmatrix} \tag{6-1}$$

x 属于类别 j 的概率 $p(y=j|x)$ 为：

$$p(y^{(i)}=j \mid x^{(i)};\theta) = \frac{\exp(\theta_i^T x)}{\sum_{k=1}^{K} \exp(\theta_k^T x)} \tag{6-2}$$

随后，Softmax 的输出向量 $[y_1, y_2, y_3, \cdots]$ 和样本的实际标签做交叉熵计算，公式如下：

$$H_y(y') = -\sum_i y_i' \lg(y_i) \tag{6-3}$$

式中，y_i 指代实际的标签值，之后对输出向量求均值，得到想要的成本函数值（cost）。

在定义好成本函数后，选择优化算法将成本函数最小化。针对简单的随机梯度下降（SGD）及动量（momentum）存在的问题，本文选择 AdamOptimizer 作为自适应优化算法。Adam 优化器对梯度的一阶矩估计（first moment estimation）和二阶矩估计（second moment estimation）进行综合考虑，计算出更新步长，更新规则如下：

首先，利用式(6-4)计算梯度的指数移动平均数，β_1 系数为指数衰减率，控制权重分配；其次，计算梯度平方的指数移动平均数，β_2 系数为指数衰减率，控制之前的梯度平方的影响情况；第三，在训练初期阶段，由于 m_0 初始化为 0，会导致 m_t 偏向于 0。所以，此处需要对梯度均值 m_t 进行偏差纠正，降低偏差对训练初期的影响；第四，与 m_0 类似，因为 v_0 初始化为 0 导致训练初始阶段 v_t 偏向 0，对其进行纠正；第五，更新参数，初始的学习率 α 乘以梯度均值与梯度方差的平方根之比。

由式(6-4)～式(6-9) 可以看出，对更新的步长计算，能够从梯度均值及梯度平方两个角度进行自适应调节，而不是直接由当前梯度决定。

$$g_t = \nabla_\theta J(\theta_{t-1}) \tag{6-4}$$

$$m_t = \beta_1 m_{t-1} + (1-\beta_1)g_t \tag{6-5}$$

$$V_t = \beta_2 v_{t-1} + (1-\beta_2)g_t^2 \tag{6-6}$$

$$\overline{m_t} = m_t/(1-\beta_1^t) \tag{6-7}$$

$$\overline{v_t} = v_t/(1-\beta_2^t) \tag{6-8}$$

$$\theta_t = \theta_{t-1} - \alpha\overline{m_t}/(\sqrt{\overline{v_t}} + \varepsilon) \tag{6-9}$$

本节借助 Tensorflow 实现了该模型。Tensorflow 是谷歌开发出的深度学习框架，是通过计算图（computation graph）的形式来表述计算的编程系统，计算图也叫数据流图。

TensorBoard 是 TensorFlow 上一个实现数据可视化的功能包，可以把复杂的神经网络训练过程可视化，便于更好地理解、调试并优化程序。进入 TensorBoard 的界面时，会有 Scalars、Images、Graphs、Histogram、Distribution、Embedding 等选项，每个选项将展现一组可视化的序列化数据集。下面对模型中的具体结构进行介绍。

　　RNN 部分：使用 tf. nn. rnn_cell. BasicLSTMCell 定义单个基本的 LSTM 单元。这一部分使用 tf. nn. rnn_cell. DropoutWrapper 来控制输入和输出的 Dropout 概率，将 tf 提供的交叉熵计算函数定义为成本函数，具体结构如图 6-2 所示。

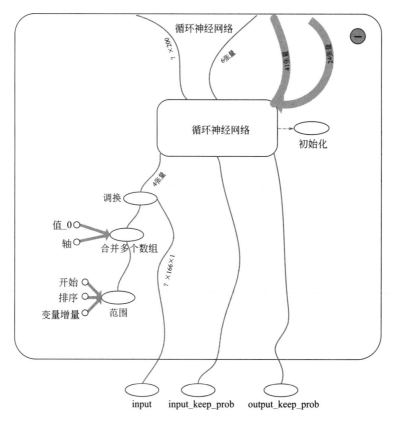

图 6-2　RNN 基本单元

　　Optimer 部分：对梯度进行更新计算，结构如图 6-3 所示。上一步已经计算得到每批数据的平均误差，在根据误差进行参数修正之前，必须先求梯度。通过 tf. trainable_variables 可以得到整个模型中所有 trainable＝True 的变量。具体代码如下：

　　tvars＝tf. trainable_variables()

　　grads,_＝tf. clip_by_global_norm(tf. gradients(self. cost,tvars),max_grad_norm)

　　tf. gradients 用来计算导数，tf. clip_by_global_norm 用于修正梯度值，避免出现梯度爆炸。梯度爆炸和梯度消失的原因一样，都是因为链式法则求导的关系，导致梯度的指数级衰减。为了避免梯度爆炸，需要对梯度进行修剪。之后，利用求得的合适梯度来更新参数值。tf 提供了很多种梯度优化器，这一部分使用 AdamOptimizer。同时使用 optimizer. apply_gradients 来将求得的梯度用于参数修正，而不是之前简单的 optimizer. minimize（cost）。

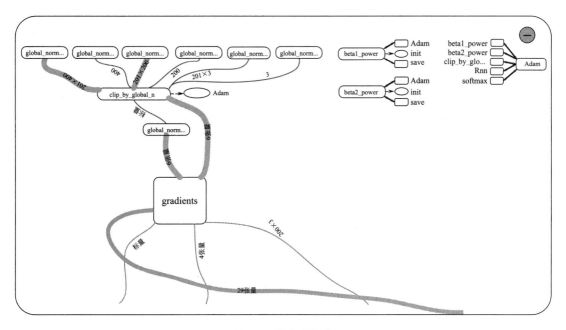

图 6-3　优化器部分

Softmax 部分：激活函数，结构如图 6-4 所示。

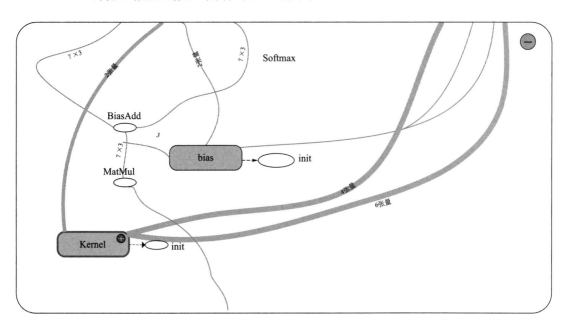

图 6-4　Softmax 激活函数

Prediction_sequence 部分：根据输入数据，将网络提取的特征输入到输出层，对数据进行预测分类，如图 6-5 所示。

6.1.2　算法原理

在循环神经网络的训练过程中容易出现梯度消失的问题，而长短期记忆网络（LSTM）

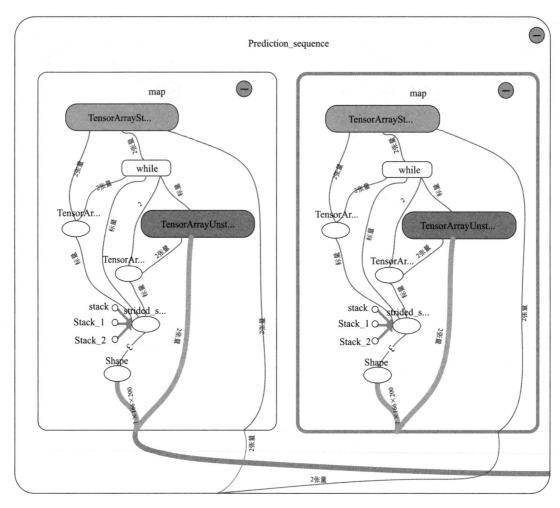

图 6-5　序列预测

是 RNN 的一种变体，可以很好地记住长时间的信息。由于更多以前的信息可能会影响模型的准确性，因此 LSTM 成为处理序列数据的自然选择。LSTM 采用如下方法让网络学习更新信息：

① 增加遗忘机制。

② 增加保存机制，比如模型在看到一副新图时，会自动判断是否对信息进行使用和保存。

③ 当模型有一个新的输入时，模型首先选择遗忘用不上的长期记忆信息，随后学习新输入有用的信息，然后存入长期记忆中。

④ 将长期记忆结合到工作记忆中。

这样就构成了一个长短期记忆网络（LSTM），网络结构如图 6-6 所示。

相比标准的 RNN，LSTM 拥有三个门来保护和控制细胞状态。输入门 $i_f^{(t)(v\tau)}$ 决定要在神经元细胞中保存什么信息即 $g_f^{(t)(v\tau)}$；遗忘门 $f_f^{(t)(v\tau)}$ 决定什么信息应该被神经元遗忘；输出门 $o_f^{(t)(v\tau)}$ 决定要输出什么。图 6-7 展现了 LSTM 隐藏单元的结构细节。

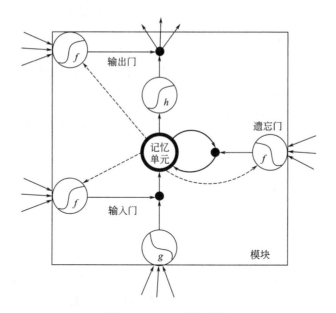

图 6-6 LSTM 网络结构

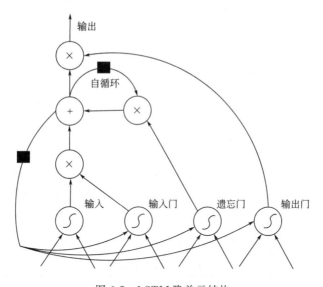

图 6-7 LSTM 隐单元结构

第一步，LSTM 通过遗忘门从细胞状态中丢弃信息。该门会读取 $h_f^{(t)(v-l\tau)}$ 和 x_t，输出一个 $[0，1]$ 区间的数给每个细胞状态 $C_f^{(t)(v-l\tau)}$。第二步，确定细胞状态中将存放什么样的新信息。第三步，利用这两个信息对细胞（cell）的状态进行更新，将 $C_f^{(t)(v-l\tau)}$ 更新为 $C_f^{(t)(v\tau)}$。把旧状态与 $f_f^{(t)(v\tau)}$ 相乘，丢弃掉确定需要丢弃的信息。接着加上 $i_f^{(t)(v\tau)} * g_f^{(t)(v\tau)}$，最终确定需要的输出值。

下面按照计算顺序给出每个门的公式。

输入门（input gates）：控制有多少信息可以流入记忆单元。

$$i_f^{(t)(v\tau)} = \sigma\Big(\sum_{f'=0}^{F_{v-1}-1} \Theta_{f'}^{i_v(v)f} h_{f'}^{(t)(v-l\tau)} + \sum_{f'=0}^{F_v-1} \Theta_{f'}^{i_v(v)f} h_{f'}^{(t)(v\tau-1)}\Big) \tag{6-10}$$

遗忘门（forget gates）：控制上一时刻细胞中的信息可以累积到当前时刻的比例。

$$f_f^{(t)(v\tau)} = \sigma\Big(\sum_{f'=0}^{F_{v-1}-1}\Theta_{f'}^{f_v(v)f}h_{f'}^{(t)(v-l\tau)} + \sum_{f'=0}^{F_v-1}\Theta_{f'}^{f_v(v)f}h_{f'}^{(t)(v\tau-1)}\Big) \tag{6-11}$$

记忆单元（cell）：累积历史信息，通过遗忘门限制上一时刻细胞中的信息，并靠输入门来限制新信息输入量的大小。

$$g_f^{(t)(v\tau)} = \tanh\Big(\sum_{f'=0}^{F_{v-1}-1}\Theta_{f'}^{g_v(v)f}h_{f'}^{(t)(v-l\tau)} + \sum_{f'=0}^{F_v-1}\Theta_{f'}^{g_\tau(v)f}h_{f'}^{(t)(v\tau-1)}\Big) \tag{6-12}$$

$$C_f^{(t)(v\tau)} = f_f^{(t)(v\tau)}C_f^{(t)(v\tau-1)} + i_f^{(t)(v\tau)}g_f^{(t)(v\tau)} \tag{6-13}$$

输出门（output gates）：控制当前时刻细胞中的信息可以流入当前隐藏状态中的比例。

$$O_f^{(t)(v\tau)} = \sigma\Big(\sum_{f'=0}^{F_{v-1}-1}\Theta_{f'}^{o_v(v)f}h_{f'}^{(t)(v-l\tau)} + \sum_{f'=0}^{F_v-1}\Theta_{f'}^{o_\tau(v)f}h_{f'}^{(t)(v\tau-1)}\Big) \tag{6-14}$$

记忆单元输出：当前隐藏状态的计算。

$$h_f^{(t)(v\tau)} = O_f^{(t)(v\tau)}\tanh(C_f^{(t)(v\tau)}) \tag{6-15}$$

当前隐藏状态 h_f 是从 c_f 计算得来的，因为 c_f 是以线性的方式自我更新的，所以先将其加入带有非线性功能的 $\tanh(c_f)$。随后再靠输出门 o_f 的过滤来得到当前隐藏状态。

后向传播过程也是通过梯度下降法迭代更新所有的参数，关键点在于都是基于成本函数的偏导数来计算所有参数。计算过程类似前向传播，不再详细叙述，具体公式如下：

$$g_f^{(t)(v\tau)} = O_f^{(t)(v\tau)}(1-\tanh^2(C_f^{(t)(v\tau)}))i_f^{(t)(v\tau)}(1-(g_f^{(t)(v\tau)})^2) \tag{6-16}$$

$$f_f^{(t)(v\tau)} = O_f^{(t)(v\tau)}(1-\tanh^2(C_f^{(t)(v\tau)}))c_f^{(t)(v\tau-1)}f_f^{(t)(v\tau)}(1-f_f^{(t)(v\tau)}) \tag{6-17}$$

$$i_f^{(t)(v\tau)} = O_f^{(t)(v\tau)}(1-\tanh^2(C_f^{(t)(v\tau)}))g_f^{(t)(v\tau-1)}i_f^{(t)(v\tau)}(1-i_f^{(t)(v\tau)}) \tag{6-18}$$

$$O_f^{(t)(v\tau)} = h_f^{(t)(v\tau)}(1-O_f^{(t)(v\tau)}) \tag{6-19}$$

6.1.3 超参数设置

超参数是决定深度学习网络框架的参数。超参数跟训练过程中学习到的参数不一样，无法通过训练过程自动更新。因此，超参数的训练往往采用暴力枚举的方式。常用的超参数有学习率（learning rate）、动量（momentum）、迭代代数、Dropout 等。

搭建的 LSTM 模型中涉及的超参数及其意义如表 6-1 所示。

表 6-1　LSTM 超参数设置

LSTM 参数	意义
Num_layers	LSTM 层数
Hidden_size	隐含层中的单元格数
Max_grad_norm	梯度最大范数
Batch_size	数据批量大小
Seq_len	序列长度
Num_classes	线路条数
Input_keep_prob	用于舍弃
Output_keep_prob	
Max_iterations	最大迭代代数

6.2　LSTM 训练策略

6.2.1　5-折交叉验证

　　将数据划分为训练集、验证集和测试集，其中，80％的训练数据用于训练，10％用于验证，剩余数据用于测试。因为测试集被用来测试已经训练好的网络的性能，所以测试集中的样本不能出现在验证集中。验证集用于在训练过程中对网络进行验证，更新超参数。当验证集准确率不再提高时，网络便可以停止训练。

　　由于样本量较少，为了充分利用数据集对网络进行训练测试，采用 5-折交叉验证方法。通过生成一个具有 N（N 为数据集的样本个数）个随机数的列表，可以在每次训练时将所有样本数据打乱。通过循环来控制数据集的划分，这样就可以达到将数据集分成 k 个不重合子集的目的。

6.2.2　过拟合

　　在利用反向传播算法更新梯度的过程中，很容易陷入局部最优解，导致过拟合。并且，在对模型进行训练时，有可能遇到训练数据不够的情形。训练数据无法对整个数据的分布进行估计或在对模型进行过度训练（Overtraining）时，常常会导致模型的过拟合（Overfitting），如图 6-8 所示。此时，随着模型复杂度的提高，验证集误差值不降反升。

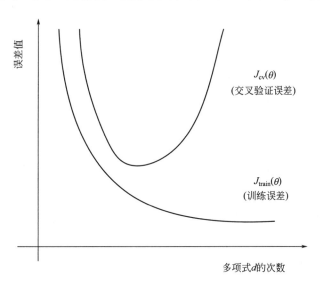

图 6-8　过拟合示意图

　　本文采用 Early stopping、Dropout 两种方法防止过拟合发生。

（1）Early stopping

　　Early stopping 是指在模型对训练数据集迭代收敛之前停止迭代来防止过拟合。在每一个 Epoch 结束时，计算验证集数据的准确率。当准确率不再提高时，便停止训练。

　　神经网络中应用 Early stopping 的具体步骤如下：

① 将训练数据分为训练集和验证集；

② 仅在训练集上进行训练，并在每迭代一定次数后利用验证集测试网络的性能；

③ 一旦验证集上的误差不再下降或者准确率不再上升，就停止训练。最终，使用停止训练后的参数作为网络的参数。

（2）Dropout

Dropout 是指在深度学习网络的训练过程中，按照一定的概率启用一些神经网络单元，将其他的暂时从网络中丢弃。

6.3 LSTM 训练过程

LSTM 的分类属于有监督训练，包括训练和测试两个过程。LSTM 的训练本质上还是有监督训练，具体的分类步骤如下：

① 状态初始化　初始化网络的权值矩阵及偏置等参数。

② 序列降维　根据变量的多少判断是否需要降维，即通过 t-SNE 将几百个变量组成的变量序列降维到低维特征空间。

③ 输入预处理　将所有样本归一化到 [0，1] 区间之后，随机打乱数据的顺序，使用均匀随机抽样的方式划分训练集、验证集和测试集。从训练集中选择一个样本 $(X，Y)$，向 Cell 输入数据，并求得对应的实际输出向量 y，而上一 Cell 的状态信息自动参与到当前时间段的状态的计算。

④ 成本函数计算　进行梯度计算，修正梯度值，用于控制梯度爆炸的问题。计算实际输出向量 O 与理想输出向量 Y 之间的误差。

⑤ 梯度下降　利用优化器，用已经求得的梯度更新权重、偏置等普通参数的值。将上一步骤求得的误差逐层反向传播，再采用随机梯度下降法求得误差代价函数对参数的梯度，然后对权重参数进行更新。

⑥ 迭代计算　定义批训练样本数（batchsize）并进行批训练。进行多次迭代计算，在网络的精度达到指定的识别率或者迭代终止条件时，停止迭代。

⑦ 超参数优化　根据验证集的表现调节超参数。

⑧ 将测试样本输入到已训练好的网络中，进行检验，最终选择最优的模型的分类性能。

6.4 案例应用与分析

6.4.1 数据集描述

本章采用催化裂化分馏仿真装置作为研究案例。催化裂化装置是为满足汽油市场的需求而诞生的。随着炼油事业的不断发展，催化裂化装置成为重要的原油二次加工装置。起初原料为柴油，后来转变为以蜡油及常、减压渣油为原料。使用超稳分子筛催化剂，生产高辛烷值汽油、普通柴油并副产液态烃、干气。催化裂化装置对于提高炼油厂的轻油收率和经济效益起着重要的作用。催化裂化的构成包括：反应-再生、主风机、分馏、吸收稳定和汽油脱硫醇等产品精制部分，工艺流程如图6-9所示。

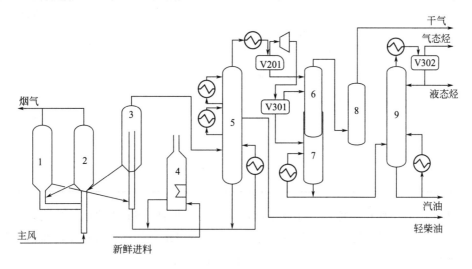

图6-9 催化裂化工艺流程图

1—第二再生器；2—第一再生器；3—提升管反应器；4—预热室；5—主分馏塔；

6—吸收塔；7—解吸塔；8—再吸塔；9—稳定塔

为了从模型机理上对分馏系统进行掌握，了解各变量之间的内在联系，利用已有的DSAS平台建立严格的机理模型，对该工艺进行了动态模拟。采集装置正常运行和添加故障时主要变量的运行数据，作为诊断依据。设置了3类典型的故障，3类故障共采集9000个样本，按照80%/10%/10%的比例划分训练集、验证集和测试集，具体故障类型如表6-2所示。表6-3展示了分馏系统部分测量变量。

表6-2 分馏塔故障列表

序号	故障类型	故障原因
1	分馏塔进料中断	装置出现异常、发生事故,反应进料切断
2	油浆泵停运	①机泵本身故障造成泵停运 ②塔底液面或温度低造成泵抽空 ③塔底油浆系统结焦或堵塞 ④处理设备等问题,泵被迫停运 ⑤发生火灾,泵被迫停运
3	停循环水	①循环水泵故障,水压大幅度下降或供水完全中断 ②分管破裂或其他原因迫使供水中断

表6-3 分馏塔部分测量变量

变量	变量名称	参考值	单位
1	分馏塔顶温度	125.3	℃
2	分馏塔底温度	350	℃
3	分馏塔顶压力(绝)	0.31	MPa(A)
4	分馏塔顶油气分离器压力(绝)	0.27	MPa(A)
5	顶循环取热量	21736	kW

变量	变量名称	参考值	单位
6	顶循环流量	303	$t \cdot h^{-1}$
7	顶循环抽出温度	163.3	℃
8	分馏一中循环取热量	26868	kW
9	分馏一中循环流量	103.8	$t \cdot h^{-1}$
10	分馏二中循环取热量	6071	kW
11	循环油浆取热量	39297	kW
12	进料压力	0.138	MPa(A)
13	塔底蒸汽量	0.88	$m^3 \cdot h^{-1}$

LSTM 处理的序列长度越长，计算量就越大。为了保证 LSTM 的运算速度，本文利用 t-SNE 降维算法，对催化裂化分馏塔的所有连续测量变量组成的序列进行了降维。将原高维空间中的数据点映射到二维的空间中，结果如图 6-10 所示。

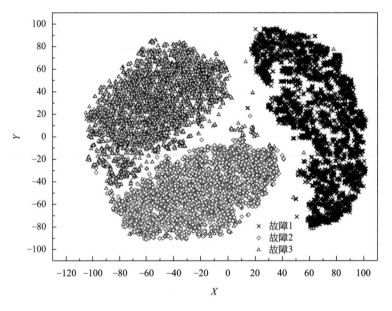

图 6-10　二维空间数据的分布情况

6.4.2　异常识别结果

本节对比了循环神经网络两种不同的变体 LSTM 和 GRU 在案例上数据的性能，采用相同的网络结构参数：1 层隐藏层，隐层节点数为 200，单元激活函数采用 tanh 和 Sigmoid 函数。每一次训练迭代最大次数为 10000 次，对长短期记忆网络整体利用 BPTT 进行权值和偏置的微调，每次迭代随机选择 200 个样本组成"Mini-batch"进行训练。经计算后，样本的故障识别率和成本函数与迭代代数的关系如图 6-11、图 6-12 所示。

如图 6-11 所示，LSTM 进行初次迭代时，训练集故障识别准确率能达到 45%。随着迭代代数的增加，在迭代代数达到 600 次左右时，准确率快速上升；迭代代数超过 1000 之后，

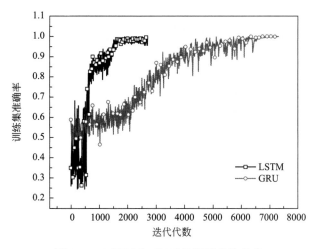

图 6-11　LSTM 和 GRU 的训练集准确率

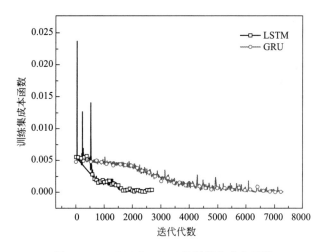

图 6-12　LSTM 和 GRU 的训练集成本函数

准确率增加的同时有小幅波动；当迭代代数为 1500 次左右，准确率超过 96%；之后训练集准确率在 99% 上下波动，最大迭代代数为 2701 次。GRU 训练集准确率随着迭代代数也在逐步增加，但是上升趋势相比 LSTM 较为缓慢，达到稳定时的最大迭代代数为 7500 次，意味着计算量大。

　　从图 6-12 可以看出，训练集成本函数在初始迭代时有几个大幅波动，在迭代代数代到 600 左右时，呈现迅速下降的趋势，最终稳定在 0 左右。从图 6-13 可以看出，验证集的准确率在迭代代数达 1500 时达到最高，随后稳定在 97% 左右。此时，网络停止训练，防止过拟合。验证集的成本函数呈现同样的下降趋势，如图 6-14 所示。GRU 成本函数下降较为缓慢，最大迭代代数达到 7500 次。

　　因为数据集样本数并不大，所以使用所有的样本估计平均测试误差。对两种变体都进行了 5-折交叉验证试验，在原始数据上随机采样或分离出的不同数据集上重复训练和测试。图 6-15 展示了 5 次试验测试集的准确率。可见，5-折交叉验证测试最低准确率为 96%，最高准确率达到 98.1%，平均准确率为 97.3%。GRU 网络的平均准确率为 96.6%，可以认

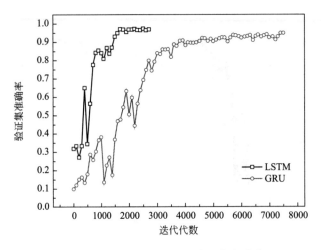

图 6-13　LSTM 和 GRU 的验证集准确率

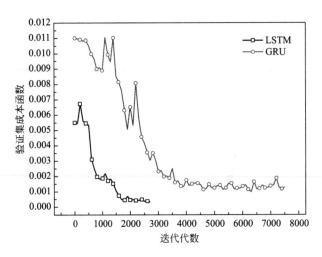

图 6-14　LSTM 和 GRU 验证集成本函数

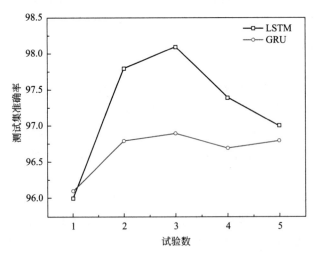

图 6-15　5-折验证试验测试集准确率

为 LSTM 网络的分类性能更好。

本章小结

　　根据所使用的 LSTM 的网络结构，利用深度学习框架 TensorFlow 搭建了相关模型，并利用 TensorFlow 自带的可视化工具 TensorBoard 对训练过程和训练数据进行了可视化。通过工业某催化裂化分馏系统实例，对所提故障识别方法进行了验证，并对两种不同的循环神经网络的性能进行了对比。经过参数优化后的网络鲁棒性强、准确度高，能够有效地识别故障。

参考文献

[1] Bhagvati R C. Word representations for gender classification using deep learning [J]. Procedia computer science, 2018, 132: 614-622.

[2] Liu J, Wang G, Duan L Y, et al. Skeleton-Based Human Action Recognition With Global Context-Aware Attention LSTM Networks [J]. IEEE Transactions on Image Processing, 2018, 27(99): 1586-1599.

[3] Xia X, Jiang S, Zhou N, et al. Genetic algorithm hyper-parameter optimization using Taguchi design for groundwater pollution source identification [J]. Water Science & Technology, 2019, 19: 137-146.

第7章

基于图论的化工异常识别

在危险化学品泄漏事故中，对泄漏的初期响应非常重要。通过在事故的早期阶段识别、定位泄漏源，可以防止后续危害的蔓延，例如火灾和爆炸。换句话说，对泄漏事故的早期响应是减轻危害蔓延的关键因素。为建立完备的泄漏响应系统，专家学者们做了大量的研究，大致分为基于硬件和软件的方法，已在化工厂应用且取得一定的优势。但基于硬件的方法常受到外界环境因素干扰且不能实时监控，而基于软件方法易出现多次误报，依赖于数据样本的质量且建模复杂，因此开发一种强鲁棒性、快速、准确的识别模型必不可少。

7.1 研究思路

本章针对化工流程的泄漏识别问题，提出了一种基于图论的深度学习网络模型。采用数据驱动方法中的机器学习模型有效地克服了外界不利因素的干扰和实时监控问题。针对样本缺失的问题建立了泄漏的机理模型，采用特征选择的方式进行数据降维，并基于图论考虑了变量两两之间的相互影响，解决化工过程数据高耦合性、变量高维度等特点，并且降低了识别模型的搭建难度。

泄漏识别模型的研究思路分为三个部分（机理模型搭建、图论变量选择和深度学习网络识别），如图7-1所示。机理模型在动态模拟的基础上分别对8个位置进行了泄漏模拟；针

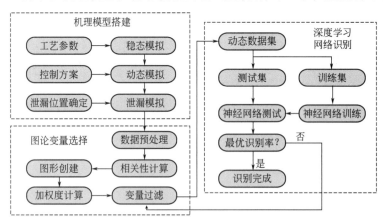

图 7-1　泄漏识别模型流程框图

对机理模型中选取的 78 个过程变量建立了图论的变量选择，试图最大限度地保留原始数据信息，删除冗余信息，简化建模；在深度学习网络识别中分别采用 LSTM 和 CNN 模型对数据进行学习和识别，通过工业验证与确认的（verification and validation，V&V）思想[1]优化网络超参数，并对比了两种模型的性能。

7.2　特征选择

7.2.1　变量相关性计算

在特征选择方法中，通常使用皮尔逊[2]或斯皮尔曼[3]秩相关系数来量化两列数据之间的单调性和相互依赖性。两个变量之间的皮尔逊相关系数定义为两个变量之间的协方差和标准差的商，如式(7-1)所示：

$$r_s = \frac{\sum_i (A_i - \overline{B})(A_i - \overline{B})}{\sqrt{\sum_i (A_i - \overline{A})^2 \sum_i (B_i - \overline{B})^2}} \tag{7-1}$$

式中，$\overline{A}$ 和 $\overline{B}$ 分别表示数据 A 和 B 的平均值。

皮尔逊相关系数有一个严重的缺点，其数值主要取决于网络的大小和程度分布。尤其对于大型无规模网络，它将收敛为零，这严重阻碍了不同网络的定量比较。

斯皮尔曼秩相关系数是一种非参数度量，当数据没有在两个变量之间正常分布时使用。它被定义为两个等级随机变量之间的皮尔逊相关系数，记录每个数据点的正负等级之间的差异。对于大小为 n 的数据样本，将原始数据 A_i 和 B_i 由小到大进行排序并转换为等级 rgA_i 和 rgB_i，rgA_i 和 rgB_i 称为原始数据 A_i 和 B_i 的秩次，若排列后秩次相同，则按式(7-1)计算皮尔逊相关系数。如果排列后秩次不同，则按照式(7-2)计算 r_s。它的取值介于 $-1\sim1$ 之间，如果取值为 1，则表示两组数据完全正相关；如果取值为 -1，则表示完全负相关；若取值为 0，则表示两组数据没有任何联系。

$$r_s = 1 - \frac{6\sum d_i^2}{n(n^2-1)} \tag{7-2}$$

式中，d_i 为 A_i 和 B_i 的秩次之差。

若只研究数据之间影响关系的大小，一般只考虑计算结果的绝对值，它还可以表示为更直观的热图，如图 7-2 所示。分别计算五组数据的斯皮尔曼秩相关系数，不同的颜色表示样本之间联系的大小，对角线表示样本自身的联系（完全正相关），样本 1 与 5 之间（左下角与右上角）呈高度相关关系；而样本 2 与 5 之间联系很小。斯皮尔曼秩相关系数基于等级，与网络规模和程度分布无关，这使它在高维化工数据中准确表达两个变量之间的相关性成为可能[4]。

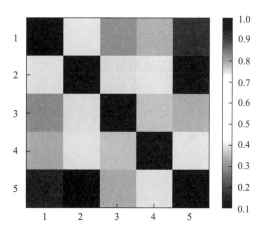

图 7-2　斯皮尔曼秩相关系数热图

7.2.2　基于图论的特征选择

图论通过节点和边之间的可视化连接可以清晰地表示节点之间的关系，这种关系可以包括大小和从属关系，如式(7-3)所示：

$$G = (V, E) \tag{7-3}$$

式中，V 表示一个节点或事件；E 表示节点与事件间的联系。

图分为无向图（undirected graph，UG）和有向图（directed graph，DG）。UG 是指图形创建之后节点与节点连接的边没有方向，也可以理解为双向连接，如图 7-3(a) 所示。无向图常用于表示社交网络中个体用户之间的关系。反之，DG 是指节点连接的边有明显的方向指向，如图 7-3(b)，常用于表示逻辑关系中的父子节点，父节点发生变化导致子节点相应改变。

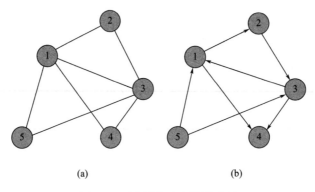

(a)　　　　　　　　　(b)

图 7-3　无向图与有向图的表示

为了更深入地研究一个节点在整个网络里的重要性，图论中引入了度和加权度的概念。度表示一个节点中连入和连出的边的数量，当一个节点在网络中没有任何边连入和连出时，此节点被认为与网络中的任何节点都没有关系，在实际分析中通常不予考虑；当一个节点有较多的边连入和连出时，此节点被认为与网络中的较多节点都有关系，但这并不代表它是网络中的关键节点。加权度在度的基础上考虑了边的权重（通常用边的粗细表示），带有加权度的图论表示如式(7-4)所示：

$$G = (V, E, w) \tag{7-4}$$

式中，w 表示边的权重。

在有向图中，加权度是加权入度和加权出度的总和。一个节点的加权入度指所有连入该节点的边的权重之和；加权出度指从该节点连出的边的权重之和。单个节点的加权度可以由式(7-5) 计算：

$$W = \sum_{i=1}^{n} a_i + \sum_{j=1}^{m} b_j \tag{7-5}$$

式中，n 和 m 分别表示连入和连出该节点的边的数量；a 和 b 分别表示连入和连出的边的权重。

通过对节点之间的加权度计算可以得出节点与节点、节点与网络之间联系的紧密程度，当节点与网络的大部分节点都有较高的加权度时，可认为此节点为网络的关键节点。关键节点的选择对网络的输出结果有不可忽视的影响。虽然可以通过加权度的方式计算出节点在网络中的重要性，但由于输入节点数量与网络的识别性能不是单调关系（过多的节点会造成不必要的计算成本和冗余信息，而较少的节点可能造成重要信息的丢失）。本文采用对加权度归一化的方式层层筛选，寻找使网络识别性能最优的节点数量，归一化公式如式（7-6）所示：

$$x^* = \frac{x - x_{\min}}{x_{\max} - x_{\min}} \tag{7-6}$$

式中，$x_{\max}$ 代表样本中的最大值；$x_{\min}$ 代表样本中的最小值。

图论在数据降维领域有广泛的应用[5]，学者也将它应用于化工领域，例如，Matheus 等将 GTM 与图论结合用于 TE 过程的故障识别，与 PCA、核主成分分析（kernel principal component analysis，KPCA）相比表现出更加优异的性能[6]；Sun 等建立了一种基于图论的平行板翅式换热器冷箱数学模型，该模型能够描述冷箱内多个物流与各组分的关系[7]。由于化工过程变量的特点，通常一个变量的波动会影响整个工艺的生产甚至导致停车，不可靠的识别模型可能会导致过多的误报，给操作员带来误导。所以如何在复杂的化工流程的众多变量中找到关键的变量，去除冗余变量，提高网络的识别精确度十分重要。

7.3 深度学习模型

7.3.1 序列问题学习过程

（1）循环神经网络

随着机器学习方法的发展，"一对一"学习模型已扩展到"一对多"学习模型，例如循环神经网络。它是一种处理序列问题的网络，对有序列变化的数据更加敏感，它使用输入和输出数据反复迭代的方式学习历史信息和当前信息，并预测输入变量下一时刻的变化，网络的输出与当前状态下的输入和上一个节点的输出有关，如图 7-4 所示。

传统的 RNN 是一种由重复模块组成的链条状的网络，其重复模块具有非常简单的结构，一般由单个 tanh 层组成，如图 7-5 所示。它允许信息的持续存在，在需要输出的信息与之前节点信息较近时，它可以很好地利用历史信息，但是对于更长的时间节点的情况，它很难有效利用。

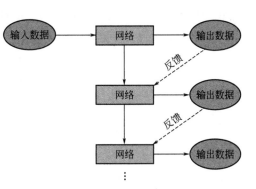

图 7-4　循环神经网络学习序列问题

（2）长短期记忆网络

LSTM 作为 RNN 模型的改进和扩展能够学习更长的依赖关系，它具有两个主要优点：第一，它具有随时间变化的细胞状态 C 来保持长期记忆；第二，它在网络结构中引入了遗

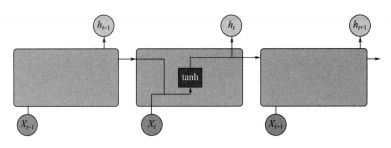

图 7-5　循环神经网络重复模块结构

忘门、输入门和输出门，用存储单元替换简单的神经元，避免了梯度爆炸和梯度消失的问题[8]。LSTM 神经元的相互作用如图 7-6 所示。

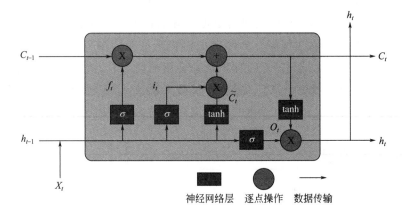

神经网络层　逐点操作　数据传输

图 7-6　长短期记忆网络学习过程

LSTM 具有三个门来保护和控制细胞状态。遗忘门控制从上一时刻到当前时刻在细胞中累积的信息比例，输入门控制有多少信息可以流入存储细胞，输出门控制从当前时刻到当前隐藏状态的细胞中信息的比例。每个门的计算如式(7-7)、式(7-8) 和式(7-9) 所示。

$$f_t = \sigma(W_f h_{t-1} + W_f X_t + b_f) \tag{7-7}$$

$$i_t = \sigma(W_i h_{t-1} + W_i X_t + b_i) \tag{7-8}$$

$$o_t = \sigma(W_o h_{t-1} + W_o X_t + b_o) \tag{7-9}$$

式中，f_t 是 LSTM 单元的忘记门；i_t 是 LSTM 单元的输入门；o_t 是 LSTM 单元的输出门；σ 是激活函数；$W_{()}$ 是门的权重矩阵；h_{t-1} 是在时间 $t-1$ 处计算 LSTM 细胞的输出向量；X_t 是时间 t 处的输入值，$b_{()}$ 是门的偏置。

LSTM 的第一步是确定需要从上一时刻的细胞状态中遗忘哪些信息。遗忘门查看 h_{t-1}（前一个输出）和 X_t（当前输入）中的信息，并输出 0~1 之间的数字传递给当前时刻的细胞，1 代表完全保留，而 0 代表彻底删除。

下一步是确定哪些信息需要在细胞状态中保留，分为两个部分。首先，通过输入门决定要输入哪些信息，接下来通过 tanh 层创建新细胞 C_t。然后，LSTM 将结合这两个信息来创建更新值，按照决定更新的每个状态值来衡量，如式(7-10) 和式(7-11) 所示：

$$\widetilde{C}_t = \tanh(W_c h_{t-1} + W_c X_t + b_c) \tag{7-10}$$

$$C_t = f_t C_{t-1} + i_t \widetilde{C}_t \tag{7-11}$$

式中，$\widetilde{C}_t$ 是 LSTM 细胞的激活载体；C_t 是 t 时刻 LSTM 细胞的状态。

最后一步是确定输出信息的多少。首先，运行一个 Sigmoid 层决定要输出的细胞状态的信息，然后，将细胞状态通过 tanh 进行规范化，并将其乘以 Sigmoid 门的输出，至此只输出了已决定的那些部分。存储单元的输出如式(7-12) 所示：

$$h_t = o_t \tanh(C_t) \tag{7-12}$$

几个门的控制为 LSTM 细胞状态提供了信息，并保持了对输入变量的长期记忆，借助于细胞状态和三个门，LSTM 能够找到哪些历史数据值得记住，哪些应该被遗忘。

7.3.2　卷积神经网络学习过程

CNN 最早是在 20 世纪 80 年代末提出的，用于处理以多数组形式出现的数据[9]。从那时起，它在计算机视觉领域的对象检测和识别方面取得了巨大的成功。它的一般功能包括特征提取和分类。对于特征提取，原始数据进入堆叠的卷积层和池化层以转换为更具本质特征的抽象样本。然后，使用全连接层对转换后的样本分类。

(1) 卷积层

在卷积层中，通过一组权重组成的过滤器对输入的局部图片卷积，最终形成特征图。输出特征图中的所有单元共享相同的过滤器（共享权重），图层中的不同要素图使用不同的过滤器，典型的卷积层如图 7-7 所示。

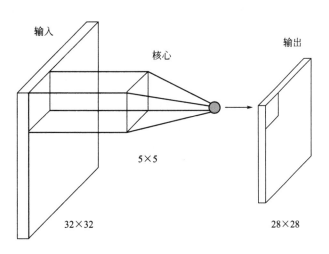

图 7-7　卷积层工作原理

在卷积层中，假设有 M 个输入特征图和 N 个过滤器，那么第 l 层的输出特征图如式(7-13)所示：

$$x_j^l = f\left(\sum_{i=1}^m x_i^{l-1} \times k_{ij}^l + b_j^l\right), j = 1, 2, \cdots, N, \tag{7-13}$$

式中，k_{ij}^l 代表连接到第 i 个输入映射的第 j 个过滤器的内核；x_i^{l-1} 代表第 i 个输入图；

x_j^l 表示第 j 个输出图；b_j^l 表示与第 j 个滤波器对应的偏差；f 表示激活函数。

过滤器与特征图的输出数量一致，假设内核大小为 $s \times s$，卷积层所有参数的数量如式(7-14)所示：

$$P = N \times (s \times s \times M + 1) \tag{7-14}$$

卷积运算如图 7-8 所示，其中输入映射的大小为 4×4，内核大小为 2×2，跨度为 1。在进行卷积运算并加上相应的偏差后，激活函数用于计算输出特征图。卷积层主要有两个功能：第一，在诸如过程数据之类的多维数据中，局部数值通常具有更高的相关性，其可以形成局部模式使检测或识别更加容易；第二，独特的局部模式可以出现在输入特征图中的任何位置，因此，共享相同权重的不同位置的单元可以帮助检测相同的模式。

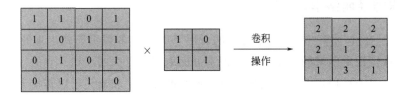

图 7-8　CNN 卷积运算过程

（2）池化层

池化层也称为子采样层，它紧随卷积层以生成输入特征图的采样版本，池化层的目标是将相似的局部特征合并为一个。有两种类型的池化操作：最大池化和平均池化。最大池化单元计算要素图中局部单位的最大值，而平均池化单元计算平均值。池化层中的计算过程与卷积层中的计算过程相似，输入特征图与输出特征图的数量一致，第 l 层的输出特征图的计算如式(7-15) 所示：

$$x_j^l = f(\beta_j^l \, \mathrm{down}(x_i^{l-1}) + b_j^l), \quad j = 1, 2, \cdots, M \tag{7-15}$$

式中，x_j^{l-1} 表示第 j 个输入特征图；β_j^l 和 b_j^l 分别代表与第 j 个滤波器相对应的加偏差和乘偏差；f 代表激活函数；down 代表子采样函数。

最大池化和平均池化操作如图 7-9 所示，其中输入映射的大小为 4×4，内核大小为 2×2，跨度为 2。池化层有三个优点。第一，由于形成局部图案的特征的相对位置可能会略有变化，因此将类似特征合并到局部位置进行检测更为可靠。第二，池化层通常没有参数，使用池化层可以大大减少整个网络的计算时间和参数。第三，池化层有利于防止过度拟合。

（3）全连接层

卷积层和池化层构成整个网络的特征提取器。特征提取之后，全连接层的目标是对原始数据中提取的特征进行分类，其本质上是反向传播神经网络，输入必须是一维向量。假设输入向量和输出向量的长度分别为 M 和 N，输入向量的每个值通过一个神经元连接到输出向量，如图 7-10 所示，第 l 层的输出向量如式(7-16) 所示：

$$x_j^l = f\left(\sum_{i=1}^{M} x_i^{l-1} \times w_{ij}^l + b_j^l\right), \quad j = 1, 2, \cdots, N, \tag{7-16}$$

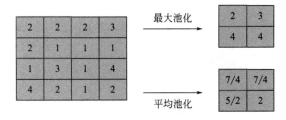

图 7-9　CNN 池化运算过程

式中，w_{ij}^{l} 代表连接到第 i 个输入映射的第 j 个过滤器的权重。

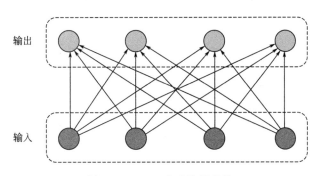

图 7-10　CNN 全连接层结构

7.4　案例应用与分析

图论-深度学习模型是一种多异常工况的识别模型，本节通过合成氨工艺的多处泄漏评估模型的性能。分别比较了 LSTM、GT-LSTM、CNN 和 GT-CNN 模型的性能，对比 LSTM 与 GT-LSTM 是为了比较特征选择在识别异常工况的作用，对比 LSTM 与 CNN 两大深度学习领域优异的网络是为了比较两者在化工工艺数据学习时的优劣。

7.4.1　动态数据集与预处理

根据合成氨工艺的特点，分别在工段的不同位置模拟了 8 处泄漏使其覆盖整个工艺，包括换热工段（位置 1、3）、反应工段（位置 2、4、5）、进料（位置 6）和循环（位置 7、8），如图 7-11 所示。泄漏点的详细描述如表 7-1 所示。在模拟时通过添加分流器模块实现工艺泄漏，分别对 8 个泄漏位置进行泄漏模拟并记录工艺 78 个变量的波动，每个泄漏位置采样 900 个样本，搭建泄漏识别的动态数据集（900×78×8）。

表 7-1　泄漏位置描述

序号	描述	序号	描述
1	水冷器(E103)热物流出口	5	合成塔出口
2	合成塔进口	6	多级压缩机(COM1)出口
3	冷交换器(E104)热物流出口	7	氨分离器(D101)进循环段
4	合成塔内部	8	闪蒸罐(D102)进循环段

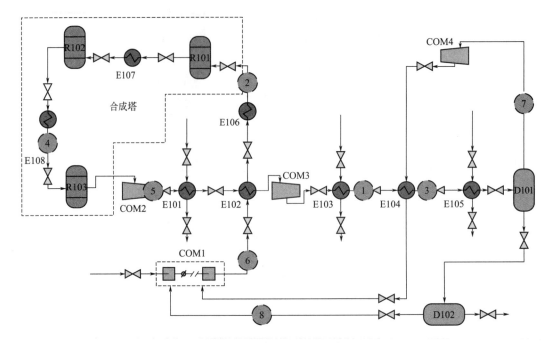

图 7-11　氨合成工艺泄漏位置

工业数据具有高维度、时序性、多噪声的特点，而深度学习网络是纯数据驱动的模型，对数据样本的质量要求较高。若直接把工业数据用于模型搭建会大大降低模型性能并造成不必要的成本损失，所以在输入网络之前对数据进行预处理是十分必要的。预处理过程主要分为两步：第一步是删除无影响冗余变量，首先分别计算 78 个变量 8 种泄漏情况下的标准差，删除标准差小于 1 的变量，因为认为这些变量对模型识别的贡献很小，为无效变量，删除了 13 个变量（T-R101、T-E107、T-R102、T-E108、T-R103、t-E1011、t-E1021、t-E1031、t-E1051、P-E10121、P-E10122、P-E10321、P-E10322）；然后根据位置相关性（流量变量在同一管道或在不影响流量的设备的两个管道上）删除变量，具有位置相关性的变量只保留其中一个，删除了 8 个变量（F-104、F-106、F-108、F-112、F-113、F-116、F-120、F-123）；最终动态数据集大小为 $900 \times 57 \times 8$。第二步是变量归一化，由于输入网络的变量中包含温度、压力和流量等众多变量，不同变量的阈值会导致学习权重和网络节点的尺寸不一致。需根据式(7-5) 将变量规范到 0~1 之间，便于网络的学习和训练。

7.4.2　图论特征选择

基于图论创建合成氨工艺变量之间的图结构，节点表示工艺变量，边表示节点之间的联系，通过斯皮尔曼相关系数计算 57 个变量两两之间的相关性。在不考虑权重时，默认权重为 1；考虑权重时，乘以变量之间的斯皮尔曼相关系数。分别计算每个节点的加权入度和加权出度，最终以加权度作为指标的节点关系如图 7-12 所示。

图 7-12 中，节点由小到大直观地表示出工艺变量之间的联系程度，节点越小，其所对应的加权度越小，反之越大。可以看出，与其他变量关系不密切的变量有 T-D101、

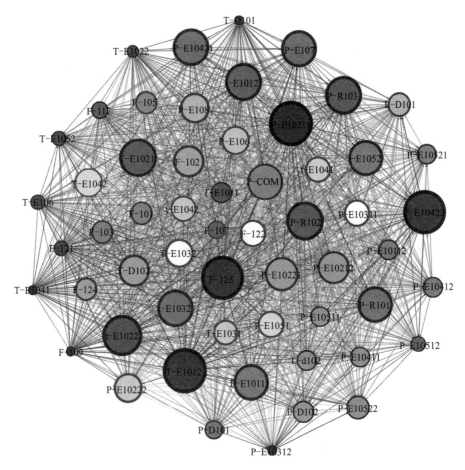

图 7-12　氨合成工艺节点图论搭建

T-E1022、T-E1041、F-109、P-E10312 等；与网络其他变量关系密切的变量有 P-E10211、F-125、t-E1022、T-E1012、P-E10422。其中 T-E1022 和 t-E1022 分别表示热交换器热物流和冷物流的出口，虽然两个变量同属于一个工艺设备，但加权度却相差很大，通过人工经验很难作出解释。并且从图中可以看出，在加权度相对较大的节点中，与高压锅炉给水换热器（E101）和热交换器（E102）有关的温度或压力节点占更多的比重，侧面体现出这两个工艺设备的变量对其他设备影响更大。

通过对 57 个节点加权度的归一化和排序可以将每个节点的重要性转换为 0～1 之间，并确定了节点的淘汰次序。由于网络节点的数量不多，这里选用 0.1 作为分隔，生成包括原始图形的 10 张图，通过层层筛选的方式，淘汰冗余变量，减少关键信息的丢失，寻找最优的用于输入网络的数据集。加权淘汰 10%～90% 节点的图结构如图 7-13 所示。节点数量分别为 57、53、48、42、33、27、20、16、7、4。

7.4.3　识别模型搭建

识别模型学习训练集的特征，深度挖掘变量之间的潜在关系，并通过测试集测试当前网络的学习效果，在输入网络之前需对动态数据集分隔。为了更好地测试网络的优劣，采取随机抽

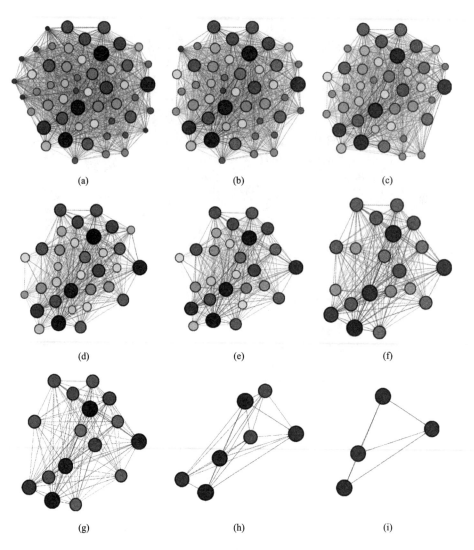

图 7-13　加权筛选变量结构图

样的方式将动态数据集按 8∶2 的比例分为训练集和测试集，其中训练集维度 $m \times 8 \times 720$，测试集维度 $m \times 8 \times 180$（m 表示输入网络的变量数）。

　　深度学习网络模型的搭建包括网络结构和超参数选择，本节通过工业中常用的 V&V 方法寻找最优的模型参数。其步骤分为两步：第一步，设计网络模型的结构，并通过专家经验验证结构是否合理，是否符合网络最优的设计原则；第二步，将训练集用于网络训练，通过测试集验证网络性能。若不是最优则重新调整网络超参数，若达到最优则终止，意为找到最优的网络结构和超参数。由于输入网络的数据集维度不一致，还需对网络超参数进行微调，最终通过 V&V 方法确定的 LSTM 和 CNN 网络结构和超参数如表 7-2、表 7-3 所示。两种网络的优化算法采用自适应矩估计（adaptive moment estimation，Adam），均通过 Early stopping 方法来监视网络的误差变化，当训练过程中有下降趋势时及时停止迭代，保证网络识别准确度（识别准确率），且添加 Dropout 层防止网络的过拟合。

表 7-2　LSTM 网络结构与超参数

输入变量维度	RNN 层数	隐含层大小	最大梯度范数	特征学习步频	优化器学习率
4、7、16	3	30	5	15	0.005
20、27、33	3	45	5	15	0.005
42、48、53	4	45	5	15	0.005
57	4	45	5	15	0.0045

表 7-3　CNN 网络结构与超参数

输入变量维度	卷积层 1		卷积层 2		池化层大小	全连接层大小
	过滤器	卷积核	过滤器	卷积核		
4、7	15	3	15	2	2	8
16、20、27	15	3	30	2	2	8
33、42、48	30	3	30	3	3	8
53、57	30	3	60	3	3	8

为了避免网络误差的影响，每种维度的数据集在相同的网络环境下运行 10 次取平均值，最终得到的测试集识别准确率如图 7-14 所示。可以看出，在筛选初期，随着淘汰的变量逐渐增多，两种深度学习模型的识别准确率整体呈上升趋势，且都在 50%淘汰率（27 变量）时达到最高；超过 50%后，随着淘汰变量的增加，可供网络学习的变量减少，在 70%后出现了大幅下降，由此可以看出 70%淘汰率（16 变量）之后，虽然还保留着网络中相对重要的变量，但大量的工艺特征和信息已经丢失，LSTM 和 CNN 都很难在不到 10 个变量的数据集中表现出良好的分类性能。

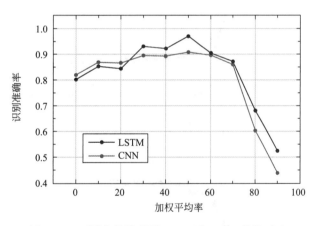

图 7-14　不同变量维度下 LSTM 与 CNN 性能对比

最终选取 27 个变量的数据集作为网络的输入，列于表 7-4。采用对应的网络结构和超参数完成 GT-LSTM 和 GT-CNN 网络模型的搭建，图 7-15 和图 7-16 分别为 GT-LSTM 训练集和测试集的识别误差和准确率。如图 7-15 所示，随着迭代步数的增加，GT-LSTM 的训练集和测试集误差呈现明显的下降趋势，在第 1000 步左右逐渐趋于平稳，且训练集在 1500 步以后误差变为 0，证明 GT-LSTM 已达最佳训练效果。与之对应，在图 7-16 中，随着迭代步数的增加，GT-LSTM 的识别准确率逐步提升，最终平稳，训练集的识别准确率在 1500 步左右变为 1，测试集的准确率最终达到 97.1%。

表 7-4　图论选择的最优变量表

变量号	变量描述	变量号	变量描述
F-102	阀门 V2 流量	P-E10211	E102 热物流进口压力
F-122	阀门 V22 流量	P-E10221	E102 冷物流进口压力
F-125	阀门 V25 流量	P-E10212	E102 热物流出口压力
T-E1021	E102 热物流进口温度	P-E10222	E102 冷物流出口压力
T-E1012	E101 热物流出口温度	P-E106	E106 压力
T-E1032	E103 热物流出口温度	P-R101	R101 压力
T-E1042	E104 热物流出口温度	P-E107	E107 压力
T-E1051	E105 热物流进口温度	P-R102	R102 压力
T-D102	D102 温度	P-E108	E108 压力
t-E1012	E101 冷物流出口温度	P-R103	R103 压力
t-E1022	E102 冷物流出口温度	P-E10111	E101 热物流进口压力
t-E1032	E103 冷物流出口温度	P-E10421	E104 热物流出口压力
t-E1052	E105 冷物流出口温度	P-E10422	E104 冷物流出口压力
P-COM1	多级压缩机 COM1 压力		

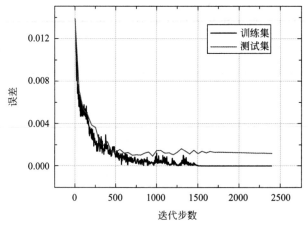

图 7-15　GT-LSTM 训练与测试误差

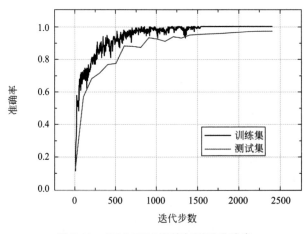

图 7-16　GT-LSTM 训练与测试准确率

图 7-17 和图 7-18 分别为 GT-CNN 训练集和测试集的识别误差和准确率。相较于 LSTM 模型，CNN 模型的迭代次数更少，如图 7-17 所示，GT-CNN 模型的误差在迭代时表现出了更快的下降趋势，在 200 次左右 CNN 学习效率开始下降，误差逐渐平稳。在图 7-18中，模型的训练集与测试集的趋势几乎相同，并随着迭代次数的增加平稳上升，证明了 CNN 学习器的稳定性，测试集的准确率最终达到 90.3%。

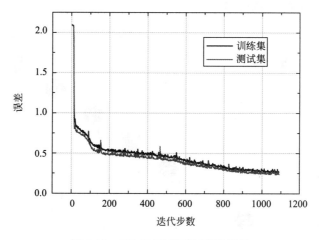

图 7-17　GT-CNN 训练与测试误差

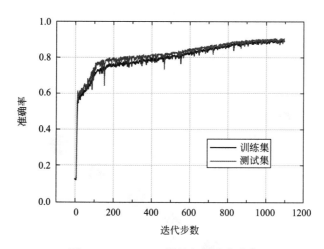

图 7-18　GT-CNN 训练与测试准确率

7.4.4　识别结果对比

为了深度挖掘 LSTM、GT-LSTM、CNN 和 GT-CNN 模型在 8 种泄漏工况下的识别性能，引入混淆矩阵表示深度学习网络测试集的分类情况。LSTM 与 GT-LSTM 在 8 种工况下的识别性能如图 7-19 和图 7-20 所示。通过混淆矩阵图可以清晰地看到各个工况的识别情况，图中对角线的黑色点大小表示识别正确的测试样本的比例，值为 1 表示所有的该标签的测试样本都识别正确。相反，灰色点表示错误识别的比例，例如图 7-19 中，LSTM 模型将 41.7%的标签为 1 的样本错误识别为标签 3，同理其将 91.6%的标签为 3 的样本错误识别为标签 7，这也意味着只有 8.4％的标签 3 的样本识别正确。这说明仅仅通过 LSTM 模型直接学习合成氨工艺中众多的变量特征并不能达到很好的效果，虽然其在除泄漏位置 1、3 的识别正确率高达 93％以上，但在测试泄漏位置 3 时出现了严重的错误识别。其原因可能是，泄漏位置 3 和 7 在工艺流程中相对距离更近，LSTM 作为学习时间序列特征出色的网络，捕捉了两个位置更多的相关信息；又由于设备 E105 和 D101 冗余变量的干扰，导致 LSTM 错误地将大量的标签 3 的样本识别为 7。

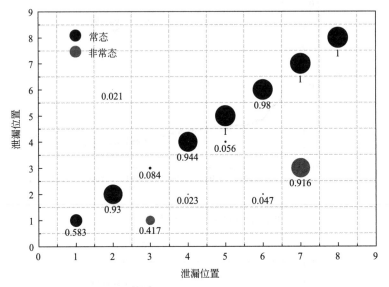

图 7-19　8 种工况下 LSTM 模型识别性能

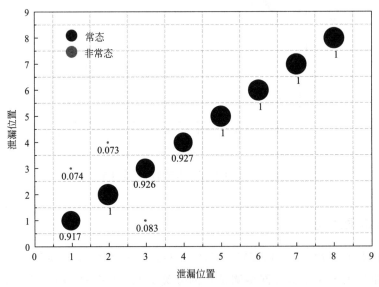

图 7-20　8 种工况下 GT-LSTM 模型识别性能

图 7-20 中可以看出，经过图论筛选的 GT-LSTM 模型表现出了很好的识别性能，除泄漏位置 1、3、4 外，其余泄漏工况的识别正确率均为 100％，在 1、3 和 4 工况中，分别仅有 8.3％、7.4％和 7.3％的样本被错误识别，证明了特征选择对提高识别模型性能的重要性。

　　图 7-21 和图 7-22 分别显示了 CNN 与 GT-CNN 模型的识别性能。如图 7-21 所示，CNN 模型在识别过程中出现了更多的错误样本识别，但错误地样本数量相较于 LSTM 模型更少。除泄漏位置 2 和 4 外，其余位置的识别率达到 88.8% 以上，但在识别位置 2 时错误地将 66.7% 的样本识别为位置 6，识别位置 4 时又有 51.7% 的样本被错误识别为 2，且错误识别的样本类型多达 10 个。而在图 7-22 中，GT-CNN 模型的识别准确率明显高于 CNN 模型，8 种工况下的识别准确率达到 78.2% 以上。但错误识别的类型并没有减少，其可能原因是 CNN 模型本身卷积层的特征提取与图论的特征选择出现冲突，导致样本的部分关键信息在卷积过程中丢失，造成多个工况的识别准确率整体下降。

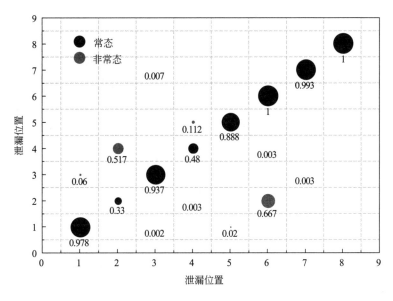

图 7-21　8 种工况下 CNN 模型识别性能

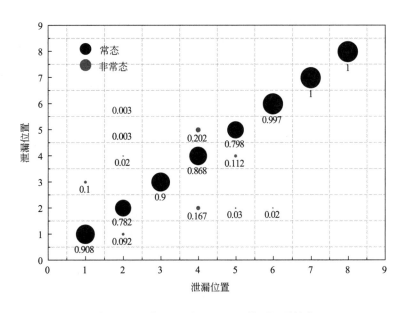

图 7-22　8 种工况下 GT-CNN 模型识别性能

为了进一步综合比较 4 种模型的识别性能，引入 4 种分类情况如表 7-5 所示。Positive 表示识别为正，Negative 表示识别为负，以标签为 1 的样本为例，其中 TP 表示标签为 1 的样本被识别为标签 1 的个数；FP 表示除标签 1 的样本被识别为标签 1 的个数；FN 表示标签为 1 的样本被识别为其他样本的个数；TN 表示除标签 1 的其他样本被识别为其他的个数。

表 7-5　机器学习分类情况

项目		实际值	
		正	负
预测值	正	True Positive(TP)	False Positive(FP)
	负	False Negative(FN)	True Negative(TN)

根据分类情况引入 3 个评估指标：精准度（precision）、召回率（pecall）和 F1 分数分别由式(7-17)、式(7-18) 和式(7-19)计算。精准度定义为衡量模型误报的指标，因为随着 FP 的增加会有更多的其他标签的样本识别为标签 1。召回率定义为衡量风险控制能力的指标，随着 FN 的增加会有更多的标签 1 识别为其他样本。F1 分数是结合精准度和召回率的综合指标。

$$PRE = \frac{TP}{TP+FP} \times 100\% \tag{7-17}$$

$$REC = \frac{TP}{TP+FN} \times 100\% \tag{7-18}$$

$$F1 = \frac{2 \times PRE \times REC}{PRE+REC} \times 100\% \tag{7-19}$$

8 种泄漏位置下 LSTM、GT-LSTM、CNN、GT-CNN 模型的精准度和召回率如表 7-6 所示。可以看出，在工况 3 中，LSTM 模型的精准度和召回率分别仅有 0.186 和 0.090，而 GT-LSTM 精准度和召回率相较于 LSTM 模型分别提高了 0.740 和 0.836。这说明特征选择过程中，删除了干扰工况 3 的特征变量，使模型更好地挖掘出工况 3 的特征。同理，CNN 模型在识别工况 2 时表现不佳，精准度和召回率分别为 0.390 和 0.330，通过特征选择后分别提高了 0.479 和 0.452。但由于 CNN 模型本身的特征提取功能，工况 1 和 5 的精确度和召回率经过特征选择后反而出现了小幅下降，工况 1 和 5 的精度度分别降低 0.041 和 0.129，召回率分别降低 0.070 和 0.092。

表 7-6　4 种模型精准度和召回率评估

泄漏位置号	精准度				召回率			
	LSTM	GT-LSTM	CNN	GT-CNN	LSTM	GT-LSTM	CNN	GT-CNN
1	1	0.917	0.942	0.901	0.583	0.917	0.978	0.908
2	0.976	0.925	**0.390**	**0.869**	0.930	1	**0.330**	**0.782**
3	**0.186**	**0.926**	0.991	1	**0.090**	**0.926**	0.937	0.900
4	0.971	1	0.807	0.702	0.944	1	0.480	0.868
5	0.961	1	0.978	0.849	1	1	0.888	0.796
6	0.959	1	0.599	0.979	0.979	0.927	1	0.997
7	0.540	1	0.996	1	1	1	0.993	1
8	1	1	1	1	1	1	1	1

8 个泄漏位置的精准度、召回率和 F1 分数的平均值如图 7-23 所示。可以看出，基于图论的深度学习模型相较于传统深度学习模型具有更好的识别性能。LSTM 的精准度、召回率和 F1 分数分别为 0.824、0.816 和 0.802，通过特征选择后，GT-LSTM 模型 3 个指标的识别率都为 0.971，较 LSTM 模型分别提高了 0.147、0.155 和 0.169。GT-CNN 模型较 CNN 模型分别提高了 0.075、0.080 和 0.088，最终 8 种工况的平均 F1 分数为 0.908。在传统的深度学习模型中，CNN 的识别性能要略好于 LSTM，而经过特征选择后却低于 LSTM 模型，其原因是图论筛选类似于空间域上的特征选择，LSTM 通过其记忆细胞和"门"机制更好地记住了数据的时间域特征，时间域和空间域的特征学习并不冲突，这使得 LSTM 和图论的结合更加有效，而 CNN 独有的卷积层和池化层擅长计算机视觉领域的识别，图论筛选的 CNN 再次卷积导致部分数据特征的丢失，最终 GT-LSTM 的 F1 分数较 GT-CNN 提高了 0.063。

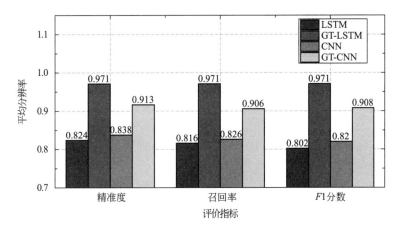

图 7-23　4 种模型识别性能比较

本章小结

本章提出了一种基于图论特征选择的深度学习识别模型，以工业合成氨的 8 个泄漏位置为案例，证明了 GT-LSTM 模型的有效性。首先介绍了变量相关系数与图论筛选方法的思路以及 LSTM 和 CNN 模型的工作原理，然后基于工业 V&V 思想构建网络的结构和超参数，并通过加权度的方式确定了 27 个变量为 LSTM 和 CNN 模型的最优输入变量。引入混淆矩阵，讨论了四种模型在八种工况下的识别效果，发现传统 LSTM 模型在除工况 1 和 3 外的识别正确率在 93% 以上，但在识别工况 3 时错误地将 91.6% 的样本识别为工况 7，CNN模型相较于 LSTM 模型的错误识别类型更多，但错误识别的数量较少。最后，通过精准度、召回率和 F1 分数分别比较了四种模型的识别性能，发现，GT-LSTM 与 GT-CNN 模型相较于传统的模型性能更好，GT-LSTM 的精准度、召回率和 F1 分数较 LSTM 分别提高了 0.147、0.155 和 0.169，GT-CNN 较 CNN 模型分别提高了 0.075、0.080 和 0.088。传统的 CNN 模型的识别率略高于 LSTM 模型，但经过图论变量选择后 GT-LSTM 的 F1 分

数为 0.971，较 GT-CNN 提高了 0.063，证明了 LSTM 与图论的结合更加有效。

参考文献

[1] Schaefer R, Wesuls J-H, Köckritz O, et al. A Mobile Manoeuvring Simulation System for Design, Verification and Validation of Marine Automation Systems. IFAC-PapersOnLine, 2018, 51（29）: 195-200.

[2] Yuxi Dong, Wende Tian, Xiang Zhang. Fault Diagnosis of Chemical Process based on Multivariate PCC Optimization. The 36th Chinese Control Conference, 2017, 7370-7375.

[3] Wende Tian, Zijian Liu, Lening Li, et al. Identification of abnormal conditions in high-dimensional chemical process based on feature selection and deep learning. Chinese Journal of Chemical Engineering, 2020, 28（7）: 1875-1883.

[4] Zhang W Y, Wei Z W, Wang B H, et al. Measuring mixing patterns in complex networks by Spearman rank correlation coefficient. Physica A: Statistical Mechanics and its Applications, 2016, 451: 440-450.

[5] 史明. 图论在网络和信息提取中的若干应用. 河北大学, 2017.

[6] Escobar M S, Kaneko H, Funatsu K. On Generative Topographic Mapping and Graph Theory combined approach for unsupervised non-linear data visualization and fault identification. Computers & Chemical Engineering, 2017, 98: 113-127.

[7] Sun H, Hu H, Ding G, et al. A general distributed-parameter model for thermal performance of cold box with parallel plate-fin heat exchangers based on graph theory. Applied Thermal Engineering, 2019, 148: 478-490.

[8] Wende Tian, Nan Liu, Dongwu Sui, et al. Early warning of internal leakage in heat exchanger network based on dynamic mechanism model and long shortterm memory method. Processes, 2021, 9: 378.

[9] Lecun Y, Jackel L D, Boser B, et al. Handwritten digit recognition: applications of neural network chips and automatic learning. IEEE Communications Magazine, 1989, 27（11）: 41-46.

第8章

基于DBN的化工过程异常识别

特征提取是决定故障诊断准确性和效率的关键步骤。作为一种复杂的非线性动态系统，化工装置系统组成关系与行为复杂。化工过程产生的多变量故障特征中，并不是每一个特征都能够对故障诊断做出同等贡献。与传统的建立机理模型[1-3]的故障诊断方法不同，很多机器学习的方法被用来对高维数据进行降维以提取数据特征。将原高维空间中的数据点映射到低维度的空间中，寻找数据内部的本质结构特征，例如经典的主元分析（PCA）、独立成分分析（ICA）、多维标度分析（MDS）、t-分布邻域嵌入算法（t-SNE）等[4-10]。尽管这些方法已经成功应用，但仍然存在一些限制。例如，PCA 仅限于线性数据，LLE 等非线性方法学习不到数据更本质的特征，因此有必要探索提取故障数据特征的新方法。

传统的数据挖掘可以通过互信息、相关系数等特征工程进行数据的特征提取和抽取。与此不同，深度学习通过网络的权值来捕捉外界输入模式的特征，并且通过网络连接方式来组合这些特征，从而提取出更加高层特征。用这种方法逐级从大量的输入数据中学习到对于输入模式有效的特征表示，然后再把学习到的特征用于分类、回归和信息检索。

8.1 基于 VAE-DBN 的异常工况识别

在深度学习中，自编码器是非常有用的一种无监督学习模型。自编码器由编码器和解码器组成，前者将原始数据编码成隐层表示，将数据投射到低维的隐变量空间提取数据的抽象特征；后者将隐层表示解码成原始表示，训练目标为最小化重构误差。目前，自编码器已经成功应用于故障诊断领域[11-14]，如 Sun 提出了使用 SAE 与 DNN 组合进行轴承故障诊断的 SAE-DNN 模型[11]。

然而，SAE 和 DAE 学习到的隐变量（latent variable）z 是自动学习的，没有任何的先验约束。我们希望学习出来的表征空间 z 也符合某个分布，也就是实现无监督表征空间 z 的约束。变分自编码器（variational auto-encoder，VAE）作为自编码器理论的最新成果，也是一类重要的生成模型（generative model）。它于 2013 年由 Kingma 等[15]提出，通过变分推断和重参数化（re-paramerization），可以在编码网络上添加一个约束，使它生成的隐变量 z 大致遵循标准正态分布，学习到数据更高层的特征后，将学习到的隐变量 z 用作其他分类算法的输入特征，以提高分类和聚类操作的准确性。Hinton[16] 在 2006 提出深度置信网络（deep belief network，DBN），DBN 使用受限玻尔兹曼机（restricted Boltzmann machine，RBM）进行预训练[17]。Zhang 等[18]构建了多 DBN 混合模型用于田纳西-伊斯曼（TE）化工过程的故障诊断。

本章选择 DBN 作为分类器，将 VAE 结合 DBN 的方法应用于 TE 化工过程的故障分类。首先，使用变分自编码器来学习原始数据更高层的抽象特征。其次，将学习的数据特征输入一个深层神经网络分类器，训练分类器来识别不同的故障。该方法在 TE 过程数据重叠较多的故障分类任务中取得了良好的分类效果。

8.1.1　基于 VAE-DBN 的异常识别模型

（1）变分自动编码器

VAE 是一种生成模型，也是一种无监督的特征学习方法，类似传统自编码器的编码（encoding）和解码（decoding）过程。VAE 对学习出来的表征空间添加约束，用于约束高维空间的隐变量 z 满足高斯分布，实现观测样本 x 到隐变量 z 的编码过程，这样隐变量 z 就能提取到更加抽象有效的特征。VAE 形式上和自动编码器类似，但它与传统的稀疏自动编码器（SAE）和降噪自动编码器（DAE）不同。图 8-1 是 VAE 的网络结构模型，x 由 z 产生，z 到 x 是生成模型 $p(x|z)$。从自编码器的角度来看，就是解码器；而 x 到 z 是识别模型（recognition model），$q(z|x)$ 类似于自编码器的编码器。

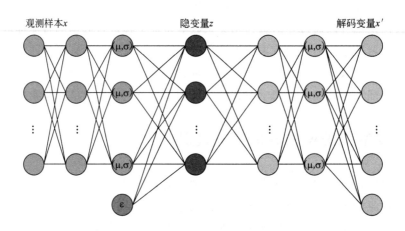

图 8-1　VAE 网络结构模型

生成模型根据式(8-1)对观测样本 $p(x)$ 建模。式(8-1) 中，引入条件概率 $p(x|z)$ 来近似计算观测样本 x 的分布 $p(x)$。VAE 的核心思想就是尝试去采样，得到最有可能产生观测样本 x 的隐变量 z，然后基于 z 计算 $p(x)$。通过构造一个新的函数 $q(z|x)$ 来表示输入观测样本 x 条件下，产生与之相关的隐变量 z 的分布。VAE 采用了变分推理的原理构建 $q(z|x)$。

$$p(x) = \int_z p(x,z,O)\mathrm{d}z = E_z[p(x|z,O)] \tag{8-1}$$

式中，x 代表观测样本；z 代表隐变量；O 表示参数的集合；$p(x)$ 表示观测样本 x 的分布；$p(x,z,O)$ 表示观测样本 x 与隐变量 z 的联合概率分布；$p(x|z,O)$ 表示 x 相对于 z 的条件概率。

我们的目标是最大化似然的期望，变分推理中优化的目标函数是变分的证据下界 ELBO 函数，如式(8-2) 所示：

$$L(q)=E_q\left[\ln(p(x|z,O))-\mathrm{KL}(q(z|x,O)\,||\,p(z,O))\right] \tag{8-2}$$

式中，$L(q)$ 表示变分的证据下界目标函数；KL 表示散度，用于衡量两个分布之间的距离。式(8-2) 右边期望中的第二项 $\mathrm{KL}(q(z|x,O)\,||\,p(z,O))$ 表示把 x 编码到隐变量 z。

假设观测样本 x 服从 $N(\mu(x,O),d(x,O))$ 的高斯分布，隐变量 z 服从 $N(0,1)$ 的高斯分布，则目标函数式(8-2) 中最右边的 KL 可以简化表示成式(8-3) 的形式：

$$\mathrm{KL}\left[N(m(x,O),d(x,O))\,\|\,N(0,1)\right]=\frac{1}{2}\left(\mathrm{tr}(d(x))+(m(x)^\mathrm{T}(u(x)-k-\mathrm{lgdet}(d(x)))\right)$$

$$\tag{8-3}$$

当求解高维度或者复杂分布的时候，直接计算后验概率的积分是不可行的，只有通过采样的方法近似求解似然函数的值，因此采用 MCMC 采样的方法近似求解。此时，VAE 的网络结构如图 8-2(a) 所示。Kingma 等提出重参数化来处理采样操作无法进行梯度反向传播的问题。把采样操作移动到输出层操作，可以从 $N(u(x),d(x))$ 中，结合 $e\sim N(0,1)$ 采样得到 $q(z|x)$ 的均值 $u(x)$ 和协方差矩阵 $d(x)$，然后计算 $z=u(x)+d^{1/2}(x)*e$。此时，目标函数转换为式(8-4)，采样方式换成相乘再求和的方式。式(8-4) 的梯度反向传播可导，此时的 VAE 模型如图 8-2(b) 所示。

$$L(q)=E_q\left[\ln(p(x|z=u(x)+d^{1/2}(x)*e))-\mathrm{KL}(q(z|x,O)\,\|\,p(z,O))\right] \tag{8-4}$$

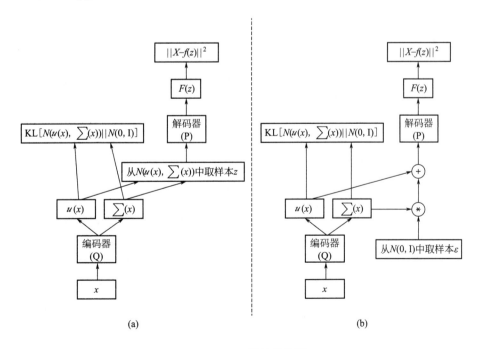

图 8-2　VAE 训练结构图

经典的 VAE 模型利用解码器部分生成新样本，而本章则是利用编码器部分。通过反向传播算法进行梯度下降训练整个网络，根据 x 求解 z 的均值方差，对隐变量空间进行重构，提取出原始数据更高层的特征，避免了维度灾难和计算量大的问题。

（2）受限玻尔兹曼机

DBN 使用受限玻尔兹曼机（restricted Boltzmann machine，RBM）进行预训练，预训练过程相当于逐层训练每一个 RBM，经过预训练的 DBN 可用于模拟训练数据。为了进一步提高网络的判别性能，利用标签数据通过反向传播算法对网络参数进行微调，具体结构如图 8-3所示。

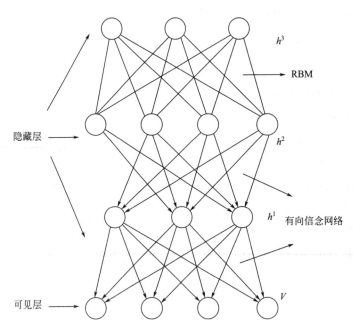

图 8-3　DBN 结构示意图

RBM 可以表示成一个二分图模型，所有可见单元 v 和隐藏单元 h 之间存在着给定状态下的连接值 (v, h)。假设可见层单元（可见单元）和隐藏层单元（隐藏单元）均服从柏努力分布，则 RBM 的能量公式是：

$$E(v,h \mid \theta) = -\sum_{i=1}^{n} a_i v_i - \sum_{j=1}^{m} b_j h_j - \sum_{i=1}^{n}\sum_{j=1}^{m} v_i W_{ij} h_j \tag{8-5}$$

式中，$E(v,h|\theta)$ 表示能量函数；a_i 表示第 i 个可见单元的偏置阈值；b_j 表示第 j 个隐藏单元的偏置阈值；w_{ij} 表示第 i 个可见单元与第 j 个隐藏单元之间的权值；v_i 表示第 i 个可见单元；h_j 表示第 j 个隐藏单元。

同一层神经元之间具有独立性，所以概率密度亦满足独立性，故得到下两式：

$$p(h \mid v) = \prod_{j=1}^{n} p(h_j \mid v) \tag{8-6}$$

$$p(v \mid h) = \prod_{i=1}^{m} p(v_i \mid h) \tag{8-7}$$

式中，$p(h_j|v)$ 表示隐层神经元 h_j 被显层神经元激活的概率；$p(v_i|h)$ 表示显层神经元 v_i 被隐层神经元激活的概率。

对于参数的求解往往采用似然函数求导的方法。已知联合概率分布 $p(v,h)$，通过对隐藏层节点集合的所有状态求和，可以得到可见层节点集合的边缘分布 $P(v)$：

$$P(v) = \frac{1}{Z} \sum_h e^{-E(v,h)} \tag{8-8}$$

由于 RBM 模型具有特殊的层间连接、层内无连接的结构，在给定可见单元的状态时，各隐藏单元的激活状态之间是条件独立的。此时，第 j 个隐藏单元的激活概率为：

$$P(H_i = 1 \mid v) = \sigma(c_i + \sum_{j=1}^{m} w_{ij} v_j) \tag{8-9}$$

式中，σ 表示 Sigmoid 激活函数。

由于是双向连接，显层神经元同样能被隐层神经元激活：

$$P(V_j = 1 \mid h) = \sigma(b_j + \sum_{i=1}^{n} w_{ij} h_i) \tag{8-10}$$

(3) VAE-DBN 异常识别模型

无监督特征学习能够从大量未标记数据中学习到有效的数据特征。在故障诊断领域，标记故障耗时费力，需要具体而详细的实验设置。本节提出了一种结合无监督特征学习算法 VAE 的故障诊断方法。在该方法中，采用 VAE 将原始数据映射到低维的隐变量空间 z，然后将学习到的隐变量输入神经网络分类器中。VAE 和 DBN 的混合模型结构如图 8-4 所示。

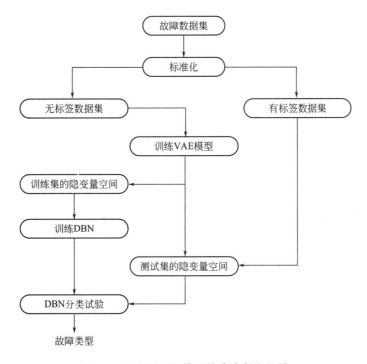

图 8-4 VAE-DBN 模型故障诊断流程图

8.1.2 案例应用研究

（1）特征学习

本节选取 TE 过程的 9 种类型的故障数据，并将之混合作为故障数据集进行学习，每类故障数据均归一化为 [0,1] 之间的数据，具体的故障类型如表 8-1 所示。对于每一种类型的故障数据集，均包含 480 个训练样本和 800 个测试样本。VAE 的参数设置如表 8-2 所示。

表 8-1　故障类型

故障类型	变量名称	事件类型
1	APC 进料比的变化	上升
4	反应器冷却水温度	增加
8	进料 4 中 A、B、C 组分变化	随机变化
10	进料 4 温度变化	随机变化
13	反应动力学特性变化	漂移
14	未知	未知
17	未知	未知
20	未知	未知
21	未知	未知

表 8-2　VAE 参数设置

参数	数据	参数	数据
输入节点	52	学习率	0.001
编码节点	50	隐变量维数	3/5/10
解码节点	50		

为说明所提方法可以有效地学习故障数据的潜在特征，使用一种叫 t-SNE 的数据可视化技术将隐变量特征展示出来，具体效果如图 8-5 所示。相比于 Isomap 等无参方法，

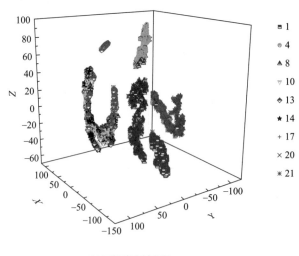

(a) 三维隐变量空间

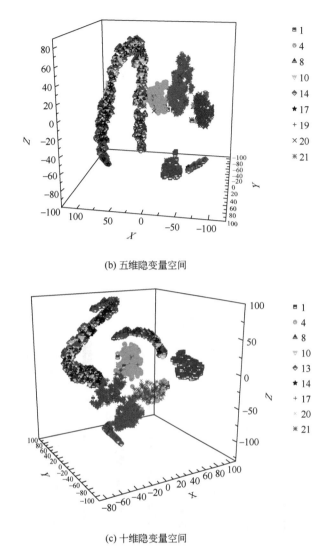

(b) 五维隐变量空间

(c) 十维隐变量空间

图 8-5　隐变量特征空间

t-SNE的参数可调节，结构更加灵活，低维空间数据分布更好。从图 8-5 可以看出，VAE 可以学习到原始故障数据的潜在特征，当隐变量维度为十维时，故障能够最大限度地被识别出来。

（2）对比试验

将 9 种故障的原始数据的训练集和测试集统一起来，通过 VAE 学习数据的潜在特征，再重新划分特征训练集和测试集。将特征训练集输入 DBN 进行训练，经过多次重复试验，选择的网络结构参数如表 8-3 所示。

表 8-3　参数设置

参数	DBN	SAE
输入层节点	52	52
隐藏层节点	70/70/70	200

续表

参数	DBN	SAE
输出层节点	9	52
动量	0.3	0.4
与训练学习率	0.001	1
稀疏率		0.4
学习率		1

针对同样的特征集合，将 VAE-DBN 与 SAE 的分类效果进行对比。SAE 采用与 DBN 类似的预训练方式，通过逐层叠加的方式学习数据特征，最后输出分类结果。由图 8-6 可知，所提方法对大部分故障都以最高的分类准确率进行分类。相比 SAE，分类准确率有了较大的提高。特别是对于故障 20，VAE-DBN 的分类准确率提高了 20％左右。对于故障 16，SAE 的分类准确率较高。故障 4 和故障 11 都是因为反应器冷却水温度变化导致的故障，数据重叠较多，因此两种方法的分类准确率都较低。分类效果见图 8-6。

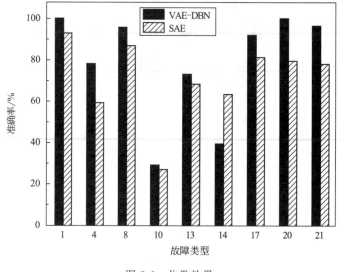

图 8-6　分类效果

VAE 可以从无标注数据中学习到较好的数据特征，同时降低特征的维度。DBN 作为分类器来使用，可以使得分类错误率尽可能地小。两种方法结合可以得出数据更好的特征表达，同时使得故障分类准确率更高。

8.2　基于 SRCC-DBN 的异常工况识别

8.2.1　研究思路

SRCC-DBN 模型的异常工况识别过程如图 8-7 所示，首先将经过 GAN 模型进行缺失值重建后的数据集运用 SRCC 进行特征变量选择，消除冗余变量，提高收敛速率，减少训练时间。再处理 SRCC 选择后的数据样本得到训练样本、测试样本和验证样本，用于 DBN 的训练和模型性能检测。最后，使用训练样本和测试样本对 SRCC-DBN 进行无监督训练和有监督调优，使用验证样本对 SRCC-DBN 模型的性能进行检测，评价异常工况识别效果。

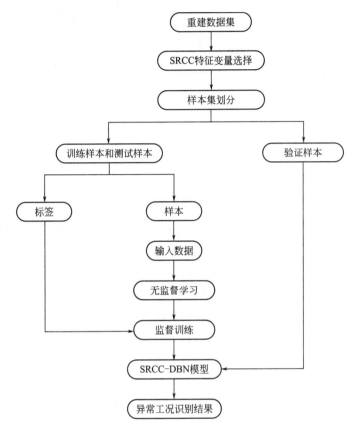

图 8-7　SRCC-DBN 异常工况识别流程图

SRCC 特征变量选择过程同时也是冗余变量的去除过程，通过计算得出两两变量之间的 SRCC 系数 ρ_s。通常认为 $0 \leqslant \rho_s < 0.3$ 时两变量之间的相关关系为低度相关，$0.3 \leqslant \rho_s < 0.8$ 时为中度相关，$0.8 \leqslant \rho_s \leqslant 1$ 时为高度相关[19]。本节认为当 $0.3 \leqslant \rho_s \leqslant 1$ 时两变量的相关关系值得关注。

用 X 表示精馏过程中的某一个变量，对于与变量 X 的相关关系值得关注的变量用相关关系组 $(X_1, X_2, \cdots, X_n)$ 表示，由此形成的集合 $\{X \mid X_1, X_2, \cdots, X_n\}$ 就称为相关系数集，X 称为中心变量，X_1，X_2，$\cdots$，X_n 称为周围变量，如图 8-8 所示。由于相关系数集中的变量与中心变量都具有值得关注的相关关系，所以可以只监测中心变量，剔除多余的周围变量。将所有相关系数集按照相关变量个数排序，在保证选择的中心变量及其周围变量包含所有的工艺变量的前提下，选出尽可能少的中心变量，即为通过 SRCC 系数选出的特征变量。

8.2.2　Spearman 秩相关系数

1904 年，Spearman 提出了 SRCC 的概念，并将其用于度量两变量之间联系的强弱[20]。当一个变量与另外一个变量具有严格单调关系时，两变量之间的 SRCC 就是 +1 或 -1，称

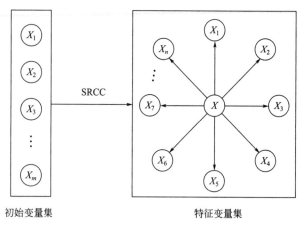

图 8-8 SRCC 特征变量选择

两者完全 Spearman 相关。SRCC 的这一性质与 PCC 不同，只有当两变量之间具有线性关系时 PCC 才完全相关。

SRCC 被认为是经过排列后的两变量之间的 PCC，所以可通过秩次关系计算 ρ_s。将原始数据 x_i、y_i 按由大到小的顺序排列，记 x_i'、y_i' 为排列后 x_i、y_i 的位置。则 x_i'、y_i' 称为变量 x_i、y_i 的秩次，$d_i = x_i' - y_i'$ 为 x_i、y_i 的秩次之差。

如果没有相同的秩次，则 ρ_s 可由式(8-11) 计算得到：

$$\rho_s' = 1 - \frac{6 \sum d_i^2}{n(n^2-1)} \tag{8-11}$$

如果有相同的秩次存在，那么就需要利用式(8-12) 计算秩次之间的 PCC：

$$\rho_s = \frac{\sum_i (x_i - \overline{x})(y_i - \overline{y})}{\sqrt{\sum_i (x_i - \overline{x})^2 \sum_i (y_i - \overline{y})^2}} \tag{8-12}$$

SRCC 的正负表示 X 和 Y 之间相关性的方向。若 Y 随着 X 的增大而增大，则二者的 SRCC 为正；反之，若 Y 随着 X 的增加而减小，则二者的 SRCC 为负；另外，当 Y 不随着 X 的增大而增大或减小时，二者的 SRCC 为 0。当 X 和 Y 具有严格单调递增关系时，它们之间的 SRCC 为 1；反之，当 X、Y 具有严格单调递减关系时，二者之间的 SRCC 为 −1。

8.2.3 深度置信网络

深度置信网络是由多个 RBM 构成的多层感知器神经网络，最底层为输入层，表示原始数据，高层表示数据特征，从底层到高层逐层抽象，挖掘数据的本质特征[21-23]。图 8-9 所示为 DBN 结构图，其中，每个 RBM 都由一个可见层和一个隐藏层构成，可见层和隐藏层的神经元之间为双向全连接，而同一层神经元之间相互独立，没有连接，具体结构如图 8-10所示。以下第（1）部分详细介绍了 RBM 的训练过程，第（2）和（3）部分详细介绍了 DBN 的训练过程。

（1）RBM 训练过程

RBM 是 DBN 中最小的训练单元，表现为一个由 HMM 模型构成的可见单元 $v = \{0,1\}^n$

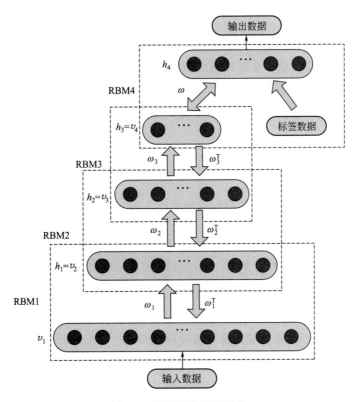

图 8-9　深度置信网络结构

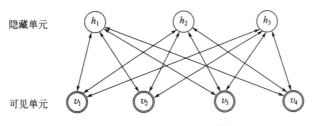

图 8-10　受限玻尔兹曼机结构

和隐藏单元 $h = \{0,1\}^m$，定义其能量函数为：

$$E(v,h \mid \theta) = -\sum_{i=1}^{n} a_i v_i - \sum_{j=1}^{m} b_j h_j - \sum_{i=1}^{n}\sum_{j=1}^{m} w_{ij} v_i h_j \qquad (8\text{-}13)$$

式中，$E(v,h|\theta)$ 为能量函数；a_i 为第 i 个可见单元的偏置阈值；b_j 为第 j 个隐藏单元的偏置阈值；w_{ij} 为第 i 个可见单元与第 j 个隐藏单元之间的权值；v_i 为第 i 个可见单元；h_j 为第 j 个隐藏单元；m 为隐藏单元个数；n 为可见单元个数。

通过似然函数求导对网络参数进行求解，如果已知联合概率分布 $p(v,h|\theta)$，则对隐藏层节点集合的所有状态进行求和，就可得到可见层节点集合的边缘分布。可见层节点和隐藏层节点的联合概率为：

$$P(v,h \mid \theta) = \frac{1}{Z(\theta)} \exp(-E(v,h \mid \theta)) \qquad (8\text{-}14)$$

$$Z(\theta) = \sum_v \sum_h E(v, h \mid \theta) \tag{8-15}$$

式中，$Z(\theta)$ 为归一化因子，表示对可见层和隐藏层节点集合的所有可能状态求和。

由 RBM 的结构可以看出，从可见层到隐藏层进行映射以及对可见层进行重构实质就是对神经元进行激活，因此神经元的状态可用 0 和 1 表示，0 表示神经元为关闭状态，1 表示神经元为激活状态[24]。当给定可见层所处状态 v 时，隐含层第 j 个神经元 h_j 被激活的概率可表示为：

$$P(h_j = 1 \mid v) = \sigma \Big(b_j + \sum_{i=1}^n w_{ij} v_i \Big) \tag{8-16}$$

根据 RBM 结构可知，当给定隐含层所处状态 h 时，可见层第 i 个神经元 v_i 被激活的概率可表示为：

$$P(v_i = 1 \mid h) = \sigma \Big(a_i + \sum_{j=1}^m w_{ij} h_j \Big) \tag{8-17}$$

$$\sigma(x) = \frac{1}{1 + \exp(-x)} \tag{8-18}$$

一旦隐藏单元的状态确定，输入数据就可以通过式(8-17) 调整 v_i 的值至 1。这样隐含层的状态得到更新，它们所代表的特征也相应地重构。

权重 w_{ij} 通过 Hinton 提出的对比散度算法（contrastive divergence，CD）来确定，在保持精度的同时能快速提高计算速率[25]。具体算法如下：

① 确定初始化模型参数，设定学习率、隐含层节点数、迭代次数；

② 将样本数据赋给可见层向量 v；

③ 根据式(8-16)～式(8-18) 计算 h_0、v_1、h_1；

④ 用下列公式对 $\theta = \{a_i, b_j, \omega_{ij}\}$ 进行更新。

$$a_i = a_i + \eta (\langle v_i \rangle_0 - \langle v_i \rangle_k) \tag{8-19}$$

$$b_j = b_j + \eta (\langle h_j \rangle_0 - \langle h_j \rangle_k) \tag{8-20}$$

$$w_{ij} = w_{ij} + \eta (\langle v_i h_j \rangle_0 - \langle v_i h_j \rangle_k) \tag{8-21}$$

式中，η 为学习率；$\langle \rangle$ 为数学期望。通过学者研究发现，将采样个数 k 的值取 1 即能达到可见层和隐含层的平稳分布[26]。

⑤ 超过预设的迭代次数时，训练结束；否则，转到步骤③，继续训练。

（2）DBN 预训练过程

DBN 的预训练过程如图 8-11 所示，主要包括以下步骤：

① 训练最底层的 RBM；

② 固定最底层 RBM 的权重和偏置，将其隐层神经元的状态作为下个 RBM 的输入；

③ 重复上述步骤，堆叠多个 RBM；

④ 在顶层 RBM 的训练过程中，显层输入除了显层神经元之外，还需要加入带标签的神经元共同训练。

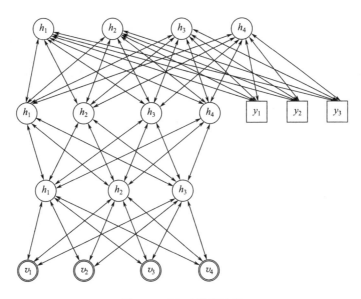

图 8-11　DBN 训练过程

（3）DBN 反向调优过程

采用 Contrastive Wake-Sleep 算法进行反向调优，调节步骤如下。

① Wake 阶段：通过外界特征和认知权重对每层进行抽象表示，使用梯度下降法调整层与层之间的生成权重。

② Sleep 阶段：通过顶层表示和生成权重对底层状态进行表示，并调整层与层之间的认知权重。

8.2.4　案例应用研究

为了验证本节提出的 SRCC-DBN 异常工况识别模型的性能，将 SRCC-DBN 模型用于 TE 过程的 8 个异常工况（故障 1、故障 2、故障 6、故障 7、故障 8、故障 12、故障 14、故障 16，涵盖了所有故障类型）和 1 个正常工况的识别，并与传统 DBN 异常工况识别模型进行了对比。

（1）特征变量选择

为了解决传统 DBN 在进行高维数据分类时存在的网络负荷大、运算复杂度高、训练耗时长等问题，本节将特征变量选择与 DBN 相结合，通过特征变量选择有效地去除冗余变量、减少训练时间、提高识别准确率。本部分将 SRCC、PCC 和 MI 三种特征变量选择方法与 DBN 相结合，并比较了传统 DBN、SRCC-DBN、PCC-DBN 以及 MI-DBN 的异常工况识别效果。

① SRCC 特征变量选择　计算 41 个变量两两之间的 SRCC 系数 ρ_s，求得各变量相关关系集，选择合适的中心变量（选得的中心变量应尽可能少，但须以包含所有工艺变量信息为前提），最终选得 13 个特征变量，如表 8-4 所示。从中可以看出，这 13 个特征变量及其相

关变量包含了 TE 过程的全部 41 个变量信息。

表 8-4　特征变量及其相关变量

特征变量	相关变量
XMEAS(3)	XMEAS(2)、XMEAS(8)、XMEAS(18)、XMEAS(19)、XMEAS(20)、XMEAS(21)、XMEAS(22)、XMEAS(23)、XMEAS(27)、XMEAS(29)、XMEAS(32)、XMEAS(33)、XMEAS(38)、XMEAS(39)、XMEAS(41)
XMEAS(4)	XMEAS(1)、XMEAS(6)、XMEAS(8)、XMEAS(13)、XMEAS(26)、XMEAS(28)、XMEAS(34)
XMEAS(5)	—
XMEAS(9)	—
XMEAS(12)	—
XMEAS(13)	XMEAS(1)、XMEAS(4)、XMEAS(7)、XMEAS(10)、XMEAS(11)、XMEAS(16)、XMEAS(19)、XMEAS(22)、XMEAS(24)、XMEAS(25)、XMEAS(27)、XMEAS(28)、XMEAS(30)、XMEAS(31)、XMEAS(33)、XMEAS(34)、XMEAS(35)、XMEAS(36)
XMEAS(14)	—
XMEAS(15)	—
XMEAS(17)	—
XMEAS(22)	XMEAS(3)、XMEAS(6)、XMEAS(7)、XMEAS(10)、XMEAS(11)、XMEAS(13)、XMEAS(16)、XMEAS(19)、XMEAS(20)、XMEAS(21)、XMEAS(23)、XMEAS(24)、XMEAS(25)、XMEAS(29)、XMEAS(30)、XMEAS(31)、XMEAS(35)、XMEAS(36)、XMEAS(38)、XMEAS(39)
XMEAS(33)	XMEAS(2)、XMEAS(3)、XMEAS(7)、XMEAS(11)、XMEAS(13)、XMEAS(16)、XMEAS(20)、XMEAS(21)、XMEAS(23)、XMEAS(24)、XMEAS(27)、XMEAS(29)、XMEAS(30)、XMEAS(32)、XMEAS(35)、XMEAS(38)
XMEAS(37)	—
XMEAS(40)	—

② PCC 特征变量选择　计算 41 个变量两两之间的 Pearson 相关系数，求得各变量相关关系集，选择合适的中心变量，最终选得 11 个特征变量，如表 8-5 所示。从中可以看出，这 11 个特征变量及其相关变量包含了 TE 过程的全部 41 个变量信息。

表 8-5　特征变量及其相关变量

特征变量	相关变量
XMEAS(3)	XMEAS(2)、XMEAS(7)、XMEAS(8)、XMEAS(8-10)、XMEAS(11)、XMEAS(13)、XMEAS(16)、XMEAS(18)、XMEAS(19)、XMEAS(20)、XMEAS(21)、XMEAS(22)、XMEAS(23)、XMEAS(25)、XMEAS(27)、XMEAS(28)、XMEAS(29)、XMEAS(31)、XMEAS(32)、XMEAS(33)、XMEAS(35)、XMEAS(36)、XMEAS(38)、XMEAS(39)、XMEAS(40)、XMEAS(41)
XMEAS(4)	XMEAS(1)、XMEAS(6)、XMEAS(7)、XMEAS(8)、XMEAS(13)、XMEAS(16)、XMEAS(26)、XMEAS(28)、XMEAS(34)
XMEAS(5)	—
XMEAS(9)	—
XMEAS(10)	XMEAS(2)、XMEAS(3)、XMEAS(6)、XMEAS(7)、XMEAS(11)、XMEAS(13)、XMEAS(16)、XMEAS(18)、XMEAS(19)、XMEAS(20)、XMEAS(22)、XMEAS(23)、XMEAS(24)、XMEAS(25)、XMEAS(28)、XMEAS(29)、XMEAS(30)、XMEAS(31)、XMEAS(34)、XMEAS(35)、XMEAS(36)、XMEAS(39)
XMEAS(12)	—

续表

特征变量	相关变量
XMEAS(14)	—
XMEAS(15)	—
XMEAS(16)	XMEAS(1)、XMEAS(3)、XMEAS(4)、XMEAS(7)、XMEAS(10)、XMEAS(11)、XMEAS(13)、XMEAS(19)、XMEAS(20)、XMEAS(21)、XMEAS(22)、XMEAS(23)、XMEAS(24)、XMEAS(25)、XMEAS(29)、XMEAS(30)、XMEAS(31)、XMEAS(35)、XMEAS(36)、XMEAS(38)、XMEAS(40)、XMEAS(41)
XMEAS(17)	—
XMEAS(37)	—

③ MI 特征变量选择　互信息值是样本数据与9种工况状态标签数据的每个状态之间的相关性的测量。通过计算9种工况下41个变量的互信息值，选取前15个变量用于后续的异常工况识别。选出的特征变量如下所示：XMEAS(18)、XMEAS(21)、XMEAS(20)、XMEAS(16)、XMEAS(34)、XMEAS(11)、XMEAS(30)、XMEAS(1)、XMEAS(38)、XMEAS(7)、XMEAS(10)、XMEAS(28)、XMEAS(15)、XMEAS(31)、XMEAS(9)。

（2）DBN 超参数选择

为了探究不同参数对异常工况识别结果的影响，使用传统 DBN 异常工况识别模型对各参数进行了研究。由于化工过程数据具有很强的时序性，本节等间距选取训练数据集中各变量对应的12个数据，组成1个训练样本，即样本长度为 12×41。用同样方法处理测试数据集。最终将得到的所有数据按照6:2:2的比例分为训练集、测试集和验证集。本节对比了不同的 DBN 层数、迭代代数和激活函数对识别准确率的影响。

首先讨论了 DBN 层数对异常工况识别准确率的影响，并对 DBN 网络超参数进行预设。RBM 的学习率均为 10^{-3}，DBN 反向微调的学习率为 10^{-3}。RBM 的迭代代数均为150次，DBN 反向微调的迭代代数为200次，网络整体迭代代数预设为200。DBN 数据首先进行标准化处理，之后输入输入层。隐藏层的激活函数采用 PReLU 激活函数，输出层使用 Softmax 函数进行分类，损失函数采用 Cross-entropy 函数。为防止训练发生过拟合，在输出层处添加 Dropout 层，并且在样本输入 DBN 之前将其顺序打乱。

表 8-6 展现了不同 DBN 层数下的识别准确率变化情况，输入层节点数均为492，输出层节点数为异常工况个数，中间节点数根据层数的变化分别为输出层节点数的10倍、20倍、30倍等。由表 8-6 可以看出，随着 DBN 层数的增加，识别准确率也会增大，但是识别准确率增长的速率会越来越弱。考虑到随着网络层数的增加，训练所消耗的时间会越来越长，因此本节在保证识别准确率的前提下，选择中间层数尽可能小的网络，就 TE 过程而言，选择4层 DBN 网络较好。

表 8-6　不同层数对识别结果的影响

隐藏层数量	节点数量	识别准确率/%
2	(492,90,9)	72.3
3	(492,180,90,9)	90.1
4	**(492,270,180,90,9)**	**91.2**
5	(492,360,270,180,90,9)	91.5

图 8-12 展示了选择 Sigmoid、ReLU 和 PReLU 作为隐藏层激活函数时，识别准确率随着迭代代数的变化情况。由图 8-12 可以看出，当隐藏层激活函数选择 PReLU 函数时最终识别准确率最高，可达 90％以上，识别准确率的收敛速率较 ReLU 激活函数有明显的优势，与 Sigmoid 激活函数相近。收敛速率先是随着迭代代数的增加而迅速增大，当迭代代数超过 150 之后，识别准确率基本不变。因此，就 TE 过程而言选择 PReLU 函数作为隐藏层激活函数，设置迭代代数为 150 效果较好。

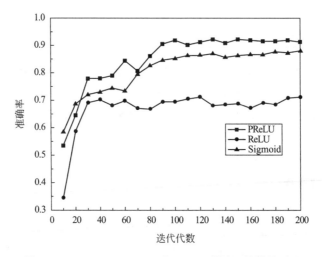

图 8-12　Sigmoid、PReLU 和 ReLU 激活函数结果对比

（3）异常工况识别结果

本节使用 SRCC-DBN、PCC-DBN、MI-DBN 以及 DBN 模型进行了异常工况识别，并对识别结果进行了比较。上述各方法将选得的特征变量作为输入变量输入对应的异常工况识别模型，其他冗余变量不输入异常工况识别模型。由于化工过程数据具有很强的时序性，本节等间距选取训练数据集中各变量对应的 12 个数据，组成 1 个训练样本，即样本长度为 $12 \times c$（c 为各异常工况识别模型选出的特征变量数）。用同样的方法处理测试数据集，将最终得到的所有数据按照 6：2：2 的比例分为训练集、测试集和验证集。

根据（2）节得出的网络层数、迭代代数和激活函数对识别结果的影响规律，结合当前识别模型对各参数微调后，得到最优的网络参数。本章采用三层 RBM 的 DBN 结构，输入层神经元个数为 $12 \times c$，第二层神经元个数为 180，第三层神经元个数为 90，输出层神经元个数为 9。RBM 的学习率均为 10^{-3}，DBN 反向微调的学习率为 10^{-3}。RBM 的迭代代数均为 150，DBN 反向微调的迭代代数为 200。DBN 数据首先进行标准化处理，之后输入输入层。隐藏层的激活函数采用 PReLU 激活函数，输出层使用 Softmax 函数进行分类，损失函数采用 Cross-entropy 函数。为防止训练发生过拟合，在输出层处添加 Dropout 层，并且在样本输入 DBN 之前将其顺序打乱。

为了更好地展现 SRCC-DBN 的快速收敛性和较好的识别精度，在相同的实验环境和设置下运行 10 次，将 DBN、SRCC-DBN、PCC-DBN 以及 MI-DBN 的运行结果进行比较，如表 8-7、表 8-8 所示。图 8-13 展示了基于 SRCC-DBN 异常工况识别模型的各运行工况识别效果。

表 8-7   TE 实验结果对比

方法	识别准确率/%	训练时间/min
DBN	90.1	9.717
SRCC-DBN	93.9	6.083
PCC-DBN	93.3	5.967
MI-DBN	92.6	6.333

表 8-8   TE 过程异常工况识别准确率对比

状态	DBN	SRCC-DBN	PCC-DBN	MI-DBN
正常	0.947727	0.94875	0.948735	0.947738
故障 1	0.907638	0.9425	0.950543	0.940867
故障 2	0.959686	0.9975	0.978934	0.964809
故障 6	0.917572	0.92875	0.929827	0.92113
故障 7	0.90724	0.9275	0.932149	0.932182
故障 8	0.899774	0.938925	0.907603	0.903403
故障 12	0.865309	0.906636	0.899543	0.891393
故障 14	0.927148	0.93452	0.949012	0.946124
故障 16	0.774639	0.925305	0.897203	0.890552

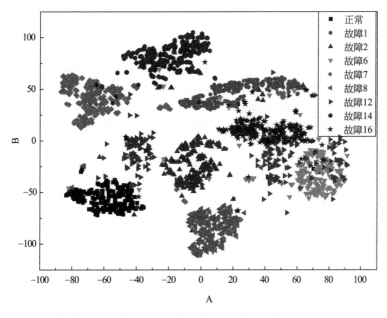

图 8-13   基于 SRCC-DBN 的异常工况分类效果图

由表 8-7 可以看出，基于特征变量选择的异常工况识别模型明显比未进行特征变量选择的异常工况识别模型耗时少且识别效果有所提升，并且在本节中 SRCC-DBN 的异常工况识别效果比 PCC-DBN 和 MI-DBN 要好。表 8-8 展现了各个异常工况识别模型对每个异常工况的识别准确率，从表 8-8 可以看出，SRCC-DBN、PCC-DBN 和 MI-DBN 较传统 DBN 对各异常工况的识别效果都略有提升，其中 SRCC-DBN 的识别效果最好。由表 8-8 和图 8-13 可以发现，故障 12（冷凝器冷却水温度变化）识别准确率并不是很高，这可能是因为故障 12 和故障 14 均为冷却水故障，导致部分变量变化趋势相同，网络不易区分。

本章小结

本章首先应用了一种无监督特征学习算法变分自动编码器，找到异常工况各自对应的潜在特征，通过 t-SNE 将其映射到三维空间实现可视化，并选取不同的分类器进行对比实验。通过对比潜在空间隐变量的维度，VAE 能够得到最能反映原始数据特征的隐变量。TE 应用结果表明，将隐变量空间的潜在特征集合输入分类器中，基于 VAE 与 DBN 的方法相比其他分类算法分类性能有所提升，能实现更高的分类精度，有效提高故障诊断的有效性。

然后，提出一种基于 Spearman 秩相关系数和深度置信网络相结合的精馏过程异常工况识别方法。Spearman 秩相关系数用于特征变量选择，去除冗余变量，提高了异常工况识别网络的训练效率和准确率。通过探讨网络层数、迭代代数和激活函数，构建适合 TE 过程的 SRCC-DBN 异常工况识别模型。本章还对比了传统 DBN、PCC-DBN、MI-DBN 与 SRCC-DBN 对 TE 过程异常工况识别的效果，展现了基于 SRCC-DBN 的方法在 TE 过程异常工况识别方面的优势。

参考文献

[1] Tian W D, Hu M G, Li C K. Fault Prediction Based on Dynamic Model and Grey Time Series Model in Chemical Processes . Chinese Journal of Chemical Engineering, 2014, 22（6）: 643-650.

[2] Tian W D, Sun S L, Guo Q J. Fault Detection and Diagnosis for Distillation Column Using Two-tier Model . Canadian Journal of Chemical Engineering, 2013, 91（10）: 1671-1685.

[3] 毛海涛, 田文德, 梁慧婷. 基于双层机器学习的动态精馏过程故障检测与分离. 过程工程学报, 2017, 17（2）: 351-356.

[4] Tenenbaum J B, De Silva V, Langford J C. A global geometric framework for nonlinear dimensionality reduction. Science, 2000, 290（5500）: 2319-2323.

[5] Roweis S T, Saul L K. Nonlinear Dimensionality Reduction by Locally Linear Embedding. Science, 2000, 290（5500）: 2323-2326.

[6] Belkin M, Niyogi P. Laplacian Eigenmaps for Dimensionality Reduction and Data Representation. Neural computation, 2003, 15（6）: 1373-1396.

[7] Silva V D, Tenenbaum J B. Global Versus Local Methods in Nonlinear Dimensionality Reduction. Advances in Neural Information Processing Systems, 2003, 15: 1959 - 1966.

[8] Hinton G E. Visualizing High-Dimensional Data Using t-SNE. Vigiliae Christianae, 2008, 9（2）: 2579-2605.

[9] Hinton G, Roweis S. Stochastic Neighbor Embedding. Advances in Neural Information Processing Systems, 2003, 41（4）: 833-840.

[10] Laurens V D M. Accelerating t-SNE Using Tree-based Algorithms. JMLR. org, 2014.

[11] Sun W, Shao S, Zhao R, et al. A Sparse Auto-encoder-based Deep Neural Network Approach for Induction Motor Faults Classification. Measurement, 2016, 89: 171-178.

[12] Lu C, Wang Z Y, Qin W L, et al. Fault Diagnosis of Rotary Machinery Components Using a Stacked Denoising Autoencoder Based Health State Identification. Signal Processing, 2017, 130（C）: 377-388.

[13] Shao H, Jiang H, Zhao H, et al. A Novel Deep Autoencoder Feature Learning Method for Rotating Machinery Fault Diagnosis. Mechanical Systems & Signal Processing, 2017, 95: 187-204.

[14] Cheriyadat A M. Unsupervised Feature Learning for Aerial Scene Classification. IEEE Transactions on Geoscience & Remote Sensing, 2013, 52（1）: 439-451.

[15] Kingma D P, Welling M. Auto-Encoding Variational Bayes//Conference proceedings: papers accepted to the International Conference on Learning Representations（ICLR）2014. arXiv. org, 2014.

[16] Hinton G E, Osindero S, Teh Y W. A Fast Learning Algorithm for Deep Belief Nets. Neural Computation, 2006, 18（7）: 1527-1554.

[17] Hinton G E, Salakhutdinov R R. Reducing the Dimensionality of Data with Neural Networks. Science, 2006, 313（5786）: 504.

[18] Zhang Z, Zhao J S. A Deep Belief Network Based Fault Diagnosis Model for Complex Chemical Processes. Computers & Chemical Engineering, 2017.

[19] D' Angelo M F S V, Palhares R M, Filho M C O C, et al. A new fault classification approach applied to Tennessee Eastman benchmark process. Applied Soft Computing, 2016, 49: 676-686.

[20] 冯元倍, 李枚毅, 王伟. 带 Spearman 相关性的多标签 GRF 算法. 模式识别与人工智能, 2010, 23（6）: 862-866.

[21] Pan Y, Mei F, Miao H, et al. An Approach for HVCB Mechanical Fault Diagnosis Based on a Deep Belief Network and a Transfer Learning Strategy. Journal of Electrical Engineering and Technology, 2019, 14（4）: 407-419.

[22] Luo J, Tang J, So D K C, et al. A Deep Learning-Based Approach to Power Minimization in MultiCarrier NOMA With SWIPT. IEEE Access, 2019, 7: 17450-17460.

[23] 朱萌, 梅飞, 郑建勇, 等. 基于深度信念网络的高压断路器故障识别算法. 电测与仪表, 2019, 56（02）: 10-15.

[24] 乔俊飞, 王功明, 李晓理, 等. 基于自适应学习率的深度信念网设计与应用. 自动化学报, 2017, 43（8）: 1339-1349.

[25] Hinton G E. Training products of experts by minimizing contrastive divergence. Neural computation, 2002, 14（8）: 1771-1800.

[26] Lopes N, Ribeiro B. Improving Convergence of Restricted Boltzmann Machines via a Learning Adaptive Step Size// Iberoamerican Congress on Pattern Recognition. Springer Berlin Heidelberg, 2012: 511-518.

第 9 章

基于机理分析的化工过程故障诊断

化工过程变量之间的相互作用关系复杂，检测出故障后及时找到故障根原因可以从源头阻止故障的进一步扩大。但是，变量之间相互作用导致不易确定故障的根原因。如何准确确定变量之间的因果作用关系从而确定变量相互之间的影响程度是故障诊断亟待解决的问题。因此，针对工艺流程和单元设备两种尺度，分别提出基于机理分析的贝叶斯网络和模型反演两种化工过程故障诊断方法，并通过 TE 流程进行了方法的验证。

9.1　基于机理相关分析贝叶斯网络的过程故障诊断

9.1.1　研究思路

基于贝叶斯网络的诊断方法作为图论的一个分支，已经发展并应用到各个领域。例如，它被用于识别石化过程中的根源和故障传播途径[1-4]、控制回路监测和诊断[5-7]、风险分析[8,9]。构建贝叶斯网络时，如果采用纯数据驱动的方法进行网络结构的构建存在着实际的困难。正常情况下，过程中采集的数据波动较小，一般都是趋于平稳运行，若以数据驱动的方法运用正常情况下的数据构建网络的结构，则变量之间的因果关系难以确定。由此，提出基于机理相关的变量因果关系结构，运用化工过程专业知识分析过程模型包含的变量，然后通过相关系数的方法进一步确定变量之间是否相关，并由此来构建贝叶斯网络。基于机理相关分析贝叶斯网络的化工过程故障诊断方法研究思路如图 9-1 所示。

上述流程的实现步骤如下：

① 进行网络结构构建，分析过程中变量之间的机理相关性，由此获得变量之间的因果关系，并构造成矩阵的形式。

② 对过程的历史数据进行估计，得到其在 99％置信度时的对应区间，以此计算过程中变量的状态以及贝叶斯网络的条件概率，并结合变量之间的因果关系构建贝叶斯网络。

③ 将统计方法用于监控过程，判断过程变量是处在正常状态还是故障状态，出现故障状态时立即执行数据状态转换。

④ 依据变量对状态的贝叶斯贡献确定故障证据，并且添加在贝叶斯网络中，识别其传播路径并确定其源头。对于断链传播路径，将添加一个虚拟节点来表示不可测的变量。

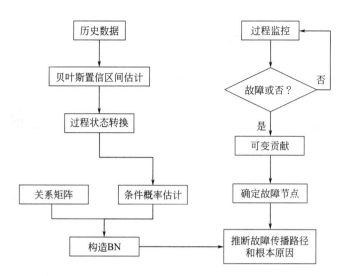

图 9-1 基于机理相关分析贝叶斯网络的故障诊断方法

⑤ 根据故障传播路径结合机理相关过程知识，分析观测路径确定的源头是否为故障的真实原因，从工艺流程中确定其根原因。

9.1.2 机理相关分析贝叶斯网络的故障诊断方法

(1) 基于机理相关分析的贝叶斯网络结构构建

由之前的分析可知，化工过程变量之间的机理相关可以分为质量相关、热量相关、相平衡相关以及与下一单元设备的转移相关等。其中质量相关包括物流的流量、浓度、组成、液位等；热量相关包括物料的温度以及一些与换热设备相关的变量等；相平衡相关包括一些设备中的温度、压力、组成等变量；转移相关包括压缩机功率、搅拌器转速等各种与转移有关的变量。依据上述四种相关可知，变量之间的相关关系是十分复杂的，某变量可能同时存在着多种相关，这也符合化工工艺过程的复杂关系。所以不对变量进行强制划分将其归为某一类，而是将某变量所有的相关关系均表示出来。但是可以通过制订一些网络结构确定的规则，使变量之间的关系大大简化，同时也保证能对过程中的故障作出准确的解释。机理关系的选取标准是选取可以代表过程关系的机理模型，只考虑设备内部或者工段内部变量之间的关系。并且由于过程的传递原理，以设备或工段进行机理关系的划分不会影响最终的诊断效果。

规则1：除非操作单元中有循环物流，否则只考虑相邻设备之间变量的关系。因为物流只能沿着相邻的设备传播，不可能跨越中间设备直接进入下一个设备。与物流相关的故障是随着物流流动逐渐传播的，即使简化了网络结构，仍然可以较好地描述故障传播的途径。

规则2：作为上游操作单元的某些变量，永远不会成为下游操作变量的子节点，除非变量存在着结构上的循环关系。

网络结构的构建：一是机理分析，通过分析化工过程变量之间的因果关系得到变量之间的父子结构子集；二是相关性分析，分析子集变量之间的相关性，得到变量之间的相关性矩阵 R，构建强相关变量之间的因果关系图。对于有循环结构的网络，删除有循环的有向边，然后通过添加虚拟节点，可以简单粗暴地打破网络的循环，避免网络陷入死循环[10]。但是精确求取过程变量之间的关系可能比较复杂，需要耗费大量精力，因此提出一种简化方法如图9-2所示。根据设备的分布对变量进行划分，根据机理相关性分析变量之间的关系，将变量间的参数暂时替换为一列不需要精确计算的变量 r_i。最后，将式(9-1)转化为式(9-2)所示的Spearman相关系数法求解变量的相关系数，得到一个相关的程度，分为低、中、高三个等级，其中 d_i 是两个变量的秩差，n_s 是总方差。

$$\rho = \frac{\sum_i (x_i - \overline{x})(y_i - \overline{y})}{\sqrt{\sum_i (x_i - \overline{x})^2}\sqrt{\sum_i (y_i - \overline{y})^2}}$$

$$(9-1)$$

式中，x_i、y_i 是原始数据转换后的秩次等级数据。

$$\rho_s = 1 - \frac{6\sum d_i^2}{n_s(n_s^2 - 1)}$$

$$(9-2)$$

由以上分析得到贝叶斯网络结构构建的方法如下：

① 得到工艺过程的流程图等信息。

② 依据流程图进行工段划分，然后对每个设备单元中的变量依据提出的相关关系进行分组，确定变量之间的机理关系，得到子网络关系矩阵。

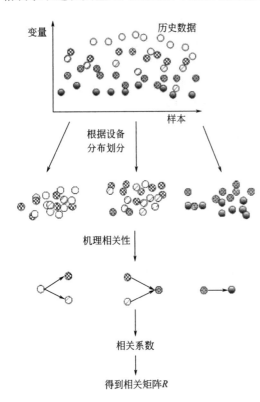

图 9-2　机理相关分析网络结构构建

③ 用相关系数法对具有机理关系的变量进行计算，其中具有中或强相关关系的变量确认为其存在因果关系。

④ 将各个子网络矩阵整合得到变量总体的相关性矩阵 R，构建贝叶斯网络的结构。

(2) 基于状态转换的过程故障检测与网络参数求取

依据概率图模型中的变量关系，可以得到一组随机变量 $X = [X_1, X_2, \cdots, X_n]$ 及其 n 组条件概率分布。贝叶斯网络中包含了三种重要的信息：先验分布、后验分布和条件概率。其中先验分布是人们之前对待估参数的认识，后验分布反映了新的数据或者新证据出现之后对待估参数的认识。先验分布与后验分布的差异体现在新样本 X 出现后人们对待估参数认识的调整，所以后验分布是对已有信息和新样本信息的综合。

首先假设数据的先验分布为高斯分布，用极大似然估计得到关于 x 分布的似然函数：

$$L(x \mid \theta) = \prod_{i=1}^{n} f(x_i; \theta)$$

$$(9-3)$$

贝叶斯公式的概率密度形式可以表示为：

$$P(\theta \mid x) = \frac{L(x \mid \theta)\pi(\theta)}{m(x)}$$

$$(9-4)$$

式中，$P(\theta\mid x)$ 为后验概率；$L(x\mid\theta)$ 为条件分布，表示 θ 给定某个值时 x 的条件概率；$\pi(\theta)$ 为先验分布；$m(x)$ 为 x 的边缘密度函数，不包含 θ 的任何信息，在后验分布中的作用为一个正则化因子，用于对计算结果进行校正，其值多数条件下为1。

当获得参数 θ 的后验分布时，可对 θ 落在某区间内的概率进行估计。若给定概率 $1-\beta$，找到一个区间 $[a,b]$，满足：

$$P(a\leqslant\theta\leqslant b\mid x)=1-\beta \tag{9-5}$$

称区间 $[a,b]$ 为 θ 的可信水平为 $1-\beta$ 贝叶斯可信区间，表示 θ 落入这个区间的概率为 $1-\beta$。用概率区间对每个点进行估计，落入区间内的点被认为是处于正常状态的，否则处于故障状态。进行区间估计可以将数据转化为过程的状态，得到某节点正常或故障的概率。

对于具有多个父子关系的节点，假设 B 为子节点，具有 i 个父节点 $[A_1,A_2,\cdots,A_i]$，条件概率公式可以表示为：

$$P(B\mid A_i)=\frac{P(A_iB)}{P(A_i)} \tag{9-6}$$

子节点故障的概率用全概率公式可以表示为：

$$P(B)=\sum_{i=1}^{n}P(A_i)P(B\mid A_i) \tag{9-7}$$

依据贝叶斯公式进行根节点故障诊断推理：

$$P(A_j\mid B)=\frac{P(A_j)P(B\mid A_j)}{\sum\limits_{i=1}^{n}P(A_i)P(B\mid A_i)} \tag{9-8}$$

进行相应的过程监控故障诊断，是为了确定过程实时的运行状态。贝叶斯网络计算与推理恰好完全符合这种通过对数据状态分析得到一定结论的情形。当网络结构确定的时候，可以通过统计的方式进行监控，依据变量的贡献度缩小需要计算的变量范围，快速确定工艺的状态，其中故障发生后如何将变量转化为具体的状态值得探讨。当贝叶斯网络结构确立后，需要对流程中的每一个变量进行分析，从而确定网络的先验概率。进行状态转化时，需要确定每个变量的状态，所以采用区间估计的思想对每个变量进行状态转化。

对于过程中的连续变量，进行变量之间条件概率的求取存在一定难度，一般采用最大后验估计或者是极大似然估计，将变量表示为与概率有关的函数。对于一个具有 n 个父节点的变量来说，它的条件概率参数有 2^{n+1} 个，所以适当简化网络结构可以有效地减少参数计算上的资源浪费。对于变量较多的过程，估计两两变量之间的联合概率密度过程比较复杂。对贝叶斯网络而言，参数的求取主要是得到某一条件下其余节点的状态。为了解决这一难题，提出一种新的计算条件概率的方法：将过程中变量的数据转化为状态进行存储，从而抓住变量不同时刻的特征，直接得到不同父节点状态下对应子节点的状态。利用抽样样本进行状态转化，从而进行变量概率的求取。当计算节点的条件概率时，仅需要计算两个有箭头连接节点之间的条件概率，如一个节点同时有多个父节点，则对应的状态组合相应增加。

将抽样样本的历史数据转换为各变量在不同时刻的状态，直接对不同状态下的条件概率进行求取。在求得贝叶斯置信区间后对数据样本进行状态转化，将抽样样本 X 转化为状态

矩阵 S。已知变量 x_i 的后验分布估计得到的 $1-\beta$ 置信区间为 $[a,b]$，则对应样本点的状态可以表示为：

$$S_i^{(t)}(x_i^{(t)})=\begin{cases}0, & a<x_i^{(t)}<b \\ 1, & x_i^{(t)}\leqslant a, x_i^{(t)}\geqslant b\end{cases} \tag{9-9}$$

转换后的状态参数可作为过程故障监测的依据，当状态参数值为 1 时，表示变量已处于故障状态。为了放大过程的故障状态，对某时刻所有采样点的状态参数进行累加，得到过程状态指数 $S^{(t)}$：

$$S^{(t)}=\sum_{i=1}^{l}S_i^{(t)} \tag{9-10}$$

因此，可以计算具有 n 个父节点的子节点的条件概率和贝叶斯贡献，分别为：

$$P(B^S\mid A_i^S)=\frac{P(A_i^S B^S)}{P(A_i^S)}=\frac{\sum_{i=1}^{n}S_i^{(t)}(A_i)\bigcap S_i^{(t)}(B)}{\sum_{i=1}^{n}S_i^{(t)}(A_i)} \tag{9-11}$$

$$\mathrm{BC}=\frac{\sum_{i=1}^{n}S_i^{(t)}}{T}p(x_i\mid pa(x_i)) \tag{9-12}$$

式中，T 是故障样本的总长度；$p(x_i\mid pa(x_i))$ 是第 i 个节点的故障概率。从式(9-12)可以看出，变量对故障状态的贝叶斯贡献与节点的条件概率有关，范围为 0～1。当该值越接近 1 时，故障程度越大。当该值为 1 时，所建立的父节点中的所有观测样本都处于故障状态且节点本身的故障概率也为 100%。

对于结构已知的贝叶斯网络，只需要计算父子节点之间子网络的条件概率参数，变量之间的关系可以从矩阵 R 中获取。

综上所述，网络参数的计算步骤如下：

① 依据关系矩阵 R 得到节点 i 的父子结构矩阵 r_i，其中节点 i 是有父节点的节点，r_i 仅包含节点 i 及其父节点。

② 依据 r_i 结合过程的状态矩阵 S 构建父子节点状态矩阵 S_i。

③ 通过统计样本点的过程状态计算网络的参数。

以一个有两父节点的节点为例进行说明（表9-1），假设节点 A、B 是 C 的父节点：

表 9-1　条件概率说明表

A	状态1				状态2			
B	状态1		状态2		状态1		状态2	
C	状态1	状态2	状态1	状态2	状态1	状态2	状态1	状态2
$P(C\mid A,B)$	p_1	p_2	p_3	p_4	p_5	p_6	p_7	p_8

求解节点 C 的条件概率相当于求其父节点 A、B 在一定条件下，节点 C 某状态的概率。以 p_1 为例此时相当于统计在 $A=\mathrm{State1}$、$B=\mathrm{State1}$ 情况下，C 节点所有状态中为状态1的概率。将数据转化为节点的状态时，不仅限于正常与故障两种，可以拓展至多状态领域，如

在正常与故障状态中间设立一个危险区域（报警区域）等，从而达到更好的监测效果。对于一个具有 m 种状态的节点，当其父节点为 n 时，其状态参数有 m^{n+1} 个，可以制订相应的简化规则，在保证节点状态与父节点关系的情况下，尽可能做到精简。

存在这样的情况：当不同故障发生时，节点的状态变化不完全相同，对于某一故障状态下的抽样样本，有些状态出现的概率为 0，因此节点的所有状态并不能完全取得。例如，在某故障状态下，如果变量 X_i 自始至终都表现为故障，则不能获得包含变量 X_i 为正常的所有条件概率。所以此处规定，在 X_i 是父节点的情况下，如其对应的子节点的状态为 N 种，其无法获得的子节点条件概率为 $1/N$，其中 N 表示子节点的总状态。此时 X_i 代表的节点的正常概率几乎为 0，根据贝叶斯公式可知，在 X_i 正常情况下，子节点的条件概率趋近于 0。

通过对历史数据的分析，利用贝叶斯置信区间估计及相关公式计算节点的先验概率，然后根据一定的推理机制可以进行故障的根原因诊断或者预测。目前推理机制一般是确定一个证据节点后，对网络的参数进行更新推理。但是可能存在着这样的情况：故障的根节点不一定包含在观测的变量中。由此给出定义，对诊断出的根原因进行过程干预后，过程仍然无法恢复正常状态的故障称为根原因未包含在观测变量中的故障。此时需要结合故障的表现状态与过程经验知识进行分析，确定故障的真正原因。

9.1.3　案例应用分析

为了验证本章所提出方法的有效性，将该方法应用于 TE 仿真流程当中。故障 2、故障 8 均是由于进料组分变化导致的故障，在已有的文献中针对这两种故障进行根原因诊断以及故障路径传播的研究很少。一方面原因是根节点不一定在可观测变量之列，另一方面原因是根节点可能不止一个，因此故障的传播路径与根原因的诊断相对而言更加困难。所以采用本节提出的方法进行故障 2 和故障 8 的传播路径的识别后，针对传播路径的最上游节点进行分析，从而对故障的根原因进行推测。

（1）TE 过程贝叶斯网络构建

依据化工过程的知识找寻每个设备所含变量之间的机理关系，分为质量相关、热量相关、相平衡相关，对于两设备之间的关系，依据变量之间的转移相关将其设备连接起来。

对过程的连续测量变量重新进行命名，将变量名称表示为与单元设备、变量性质、变量号相关的组成。以 XMEAS(1) 为例，该变量进入反应器设备中，为物质的流量，变量号为 1，将其更改为 RF1，以此类推。首先得到变量在不同设备上的分布，见表 9-2，对每个设备单元所包含变量之间的机理关系进行分析，构建整个工艺的 BN 结构。

表 9-2　连续测量变量在操作单元中的分布

操作单元	变量
反应器	RF1,RF2,RF3,RF5r,RF6,RP7,RL8,RT9,RT21
冷凝器	—
气液分离器	SeF10,SeT11,SeL12,SeP13,SeF14,SeT22
汽提塔	StF4,StL15,StP16,StF17,StT18,StF19
压缩机	CPow20

如果过程中存在反应原则上需要考虑变量之间的反应相关，特别是当反应物料与故障相关的时候，但是本节中未予考虑。这是由于反应物之间存在相互影响，表示变量之间的关系是双向的（以过程反应中 ACG 物料说明，见图 9-3），这不符合贝叶斯有向无环图的基本假设。虽然反应器中存在着 ACDE 物料的反应，但是在连续稳态的过程中物料之间不存在明显的影响，故在正常运行状态下不考虑反应物之间的相互影响，由此暂时忽略了反应变量之间相互对故障的影响。

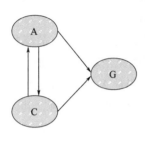

图 9-3　物料相互作用图

通过机理相关分析，可以得到反应器和其余各设备之间的机理相关性，如表 9-3 所示。

表 9-3　TE 过程变量机理相关关系

项目	反应器	气液分离器	汽提塔	压缩机
质量相关	RF1,RF2,RF3;RF5∝RF6	SeL12∝SeF14	StrL15,StF19∝StF17; StT18∝StF19	—
热量相关	RT9∝RT21	SeT11∝SeT22	StF4∝StF18	—
相平衡相关	RP7∝RL8;RT9∝RP7	SeT11∝SeP13; SeP13∝SeL12	StT18∝StP16; StP16∝STL5; StF4∝STP6	—
转移相关	RT9∝SeT11; RP7∝SeL12	SeP13∝CPow20,SeF10; SeF14∝StrL15	StP16∝StF17	CPow20∝RF5
其他相关	RF6∝RP7,RT9,RL8	—	—	—

利用正常条件下的历史数据进行贝叶斯的区间估计，得到观测变量的正常区间。以正常条件下得到的贝叶斯区间为基准对过程的数据进行状态转换，进而对过程进行故障检测。当数据点位于区间内时，认为变量处于正常状态；当数据点落在区间外时，认为变量处于故障状态。对过程正常状态下的历史数据进行分析得到其网络参数，从而得到正常状况下的贝叶斯网络。用软件 GeNIe 将贝叶斯网络可视化，如图 9-4 所示。

（2）故障场景后验推理

① 故障场景1——故障2，B组分变化　故障2状态变化如图 9-5 所示，虚线是第 161 个采样点，即故障开始加入的时间。从图 9-5 可以看出，在正常样本中，有些样本被误诊为故障状态，在随后的故障样本中，也有少量样本被误诊为正常状态，经计算，其概率分别为 0.04375 和 0.00875。利用本章提出的贝叶斯贡献法，得到图 9-6 中各变量的贡献度，贡献最大的变量是 SeF10，单个变量的相对变化程度更明显，可以更好地反映单个变量的变化状态。

故障检测后，利用历史数据进行状态转换和参数学习，得到故障2下的贝叶斯网络，如图 9-7 所示。SeF10 的故障概率高达 97%，故将其作为证据。从图 9-7 中也可以看出故障的变化主要反映在气液分离器和汽提塔上。结果表明，尽管 SeF10 的故障概率很大，但其父节点没有表现出明显的故障，说明存在未观测到的节点导致了 SeF10 的故障，由于 SeF10 有两个父节点，因此有两个位置可以用来解释未观测的节点。

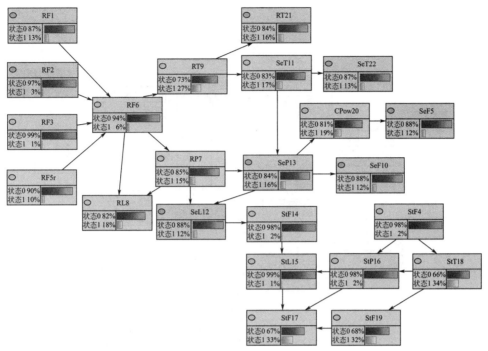

图 9-4　TE 过程贝叶斯网络

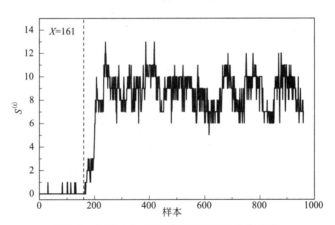

图 9-5　故障 2 条件下 TE 过程变量状态变化

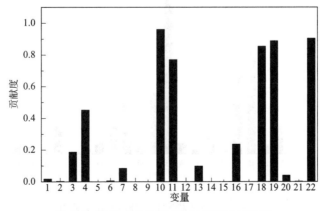

图 9-6　故障 2 条件下 TE 过程变量贡献度

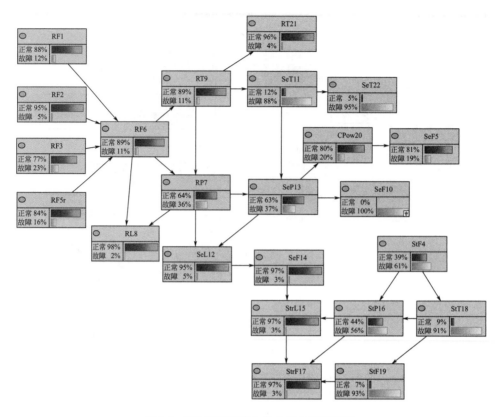

图 9-7　TE 过程故障 2 条件下贝叶斯网络

　　由于故障表现在与组分相关变量中，因此使用 PCA 方法分析故障 2 状况下不同采样处的组分变化，并与正常情况下的各组成成分进行比较，以进一步确定故障原因，各成分变化的贡献度如图 9-8 所示。通过分析间歇组分的测量变量，发现进料成分中的 B 组分含量与正常成分相比变化很大，在放空气体中的 E 组分含量也随着 B 成分的变化而增加。

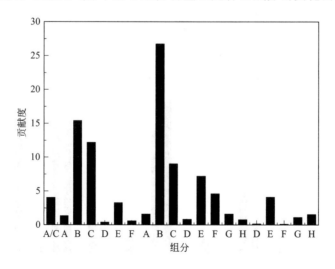

图 9-8　故障 2 状况下组分的变化贡献图

对进料、放空气体以及产品组成的分析表明，故障的变化体现在气液分离器的气相产品与汽提塔的液相产品中，证明产品的质量受到较大的影响。从进料与放空气体中分析发现，进料与放空气体中的 B 组分影响都是最大的，而气液分离器与汽提塔中的变化，均是由 B 组分变化导致的，因此可以确定组分 B 的变化是故障产生的根本原因。通过连续测量变量构造的贝叶斯网络得到的图 9-7 中的推理路径不包含故障原因，这是由于 B 组分流量并未包含在 BN 网络中，所以根原因只能通过进一步分析来获得。通过分析，结合图 9-7，有两条主要的断链传播路径，如图 9-9 所示。

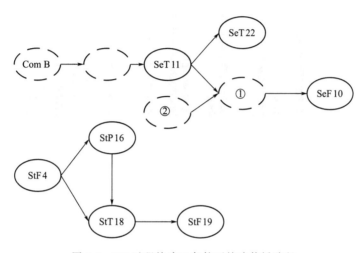

图 9-9　TE 过程故障 2 条件下故障传播路径

② 故障场景 2——故障 8：A、B、C 进料组成变化　图 9-10 显示了故障 8 的过程变量的状态。通过计算发现，样本点的误诊率和漏诊率分别为 0.0125 和 0.0075。在故障 8 的条件下，变量的贝叶斯贡献如图 9-11 所示，其中对故障贡献最大的是 StP16。将该工况下的概率输入贝叶斯网络中，并使用 StP16 作为证据更新参数，得到贝叶斯网络、如图 9-12 所示。图 9-12 显示出故障 8 的传播路径有两条：其一是最终导致气液分离器中变量

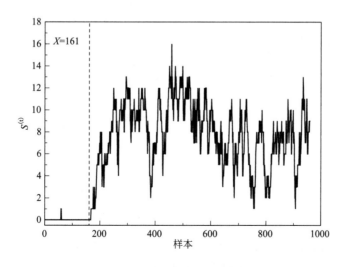

图 9-10　TE 过程故障 8 过程状态图

发生故障，根原因是由变量 1 引起的；其二是导致汽提塔中的变量产生故障，根原因是由变量 4 引起的。

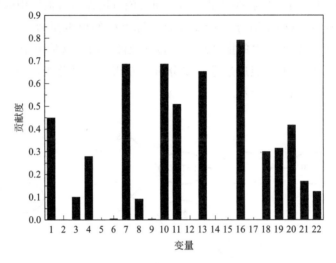

图 9-11　故障 8 贝叶斯贡献图

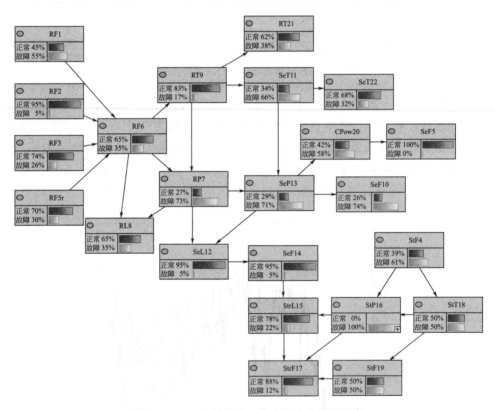

图 9-12　TE 过程故障 8 状态下贝叶斯网络图

　　故障 8 也是与组分相关的故障，与故障 2 一样，可以进一步分析这种情况下各组分的变化，如图 9-13 所示。汽提塔产品组成中的 G 确实有超出正常范围的波动。由于进料组成的变化，反应受到影响，导致一些反应物未反应，因此，在放空气体中，除大量的惰性气体之外，在正常条件下未反应的反应物组成也超过正常条件下的阈值范围。结果的确表明，除了进料中 A、C 组分波动超出正常范围外，进料中的惰性气体 B 的组成也有较大改变。因此，故障 8 的根本原因是进料中 A、B 和 C 成分的变化。图 9-13 中，RF1 的子节点和 SeT11 的父节点都没有出现明显的故障，证明存在未观测到的节点导致故障的传播，因此将虚拟的未观测节点添加为未观察到的故障节点。通过综合图 9-11 和各组成变化分析，得到故障 8 的传播路径，如图 9-14 所示，主要为进料中 A 组分和 C 组分的变化导致。

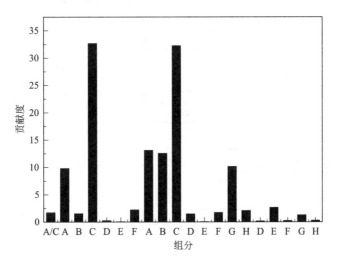

图 9-13　TE 过程故障 8 组分变化贡献图

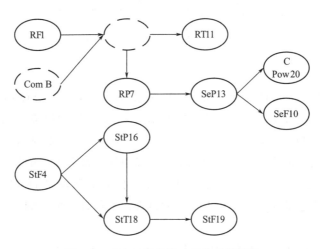

图 9-14　TE 过程故障 8 故障传播路径

9.2　基于动态机理模型的异常反演

在已知故障类型的前提下，还需要对故障原因及故障参数的变化进行深入分析。本节基于非稳态模型的精馏过程进行故障参数的分析，利用动态模拟方法监测精馏过程，并在测量变量发生较大偏差时识别异常源。通过最小二乘法（least squares，LSQ）和偏最小二乘法

(partial least squares，PLS) 不断更新内部参数，进行在线校正，并同时分析测量变量的趋势[11]。

9.2.1 反演模型

(1) 模型结构

图 9-15 显示了由最小二乘法求解参数估计反问题的故障诊断结构。

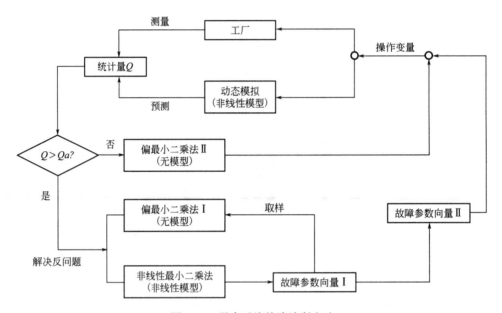

图 9-15 混合反演故障诊断方法

(2) 反演过程

在故障诊断过程中，故障参数被认为是反问题的解，而混合 LSQ 和 PLS 的最小二乘法被用于求解反问题。偏最小二乘法（PLS）利用由 LSQ 产生的故障参数来分析故障参数的发展趋势，当统计量 Q 位于阈值内时，也可以进行连续故障参数估计。因此，上述混合反问题的参数估计方法是由非线性模型和无模型的简单回归部分组成的复杂优化方法。

LSQ 的本质是最小化系数矩阵所张成的向量空间到观测向量的欧氏误差距离。最小二乘法的一种常见的描述是残差满足正态分布的最大似然估计，模型如式(9-13) 所示：

$$y = w^t b(x) + \varepsilon \tag{9-13}$$

式中，$b(x)$ 是基函数。残差 ε 满足正态分布，于是有式(9-14)～式(9-16)：

$$p(y|w,x) = G(y; w^t b(x), \sigma^2) = \frac{1}{\sqrt{2\pi}\sigma} e^{-(y-w^t b(x))^2/(2\sigma^2)} \tag{9-14}$$

$$p(y_{1,n}|w,x_{1,n}) = \prod_{i=1}^{n} G(y_i; w^t b(x_i), \sigma^2) = \frac{1}{(2\pi\sigma^2)^{n/2}} \exp\left(-\sum_{i=1}^{n} \frac{(y_i - w^t b(x_i))^2}{2\sigma^2}\right) \tag{9-15}$$

$$p(w|y_{1,n}, x_{1,n}) = \frac{p(w|x_{1,n})}{p(y_{1,n}|x_{1,n})} p(y_{1,n}|w, x_{1,n}) \tag{9-16}$$

w 与 $y_{1,n}$、$x_{1,n}$ 独立，得到最大似然估计，如式(9-17)～式(9-19) 所示：

$$\arg \max_{w} p(w \mid y_{1,n}, x_{1,n}) = \arg \min_{w} -\ln p(y_{1,n} \mid w, x_{1,n}) \tag{9-17}$$

$$L(w) = -\ln p(y_{1,n} \mid w, x_{1,n}) = \frac{1}{2\sigma^2} \sum_{i=1}^{n} (y_i - w^{t} b(x_i))^2 + C \tag{9-18}$$

$$w = \arg \min_{w} L(w) = \arg \min_{w} \sum_{i=1}^{n} (y_i - w^{t} b(x_i))^2 \tag{9-19}$$

得到最小欧氏距离 $||Y - X_{\mathrm{W}}||$，即最小二乘法，见式(9-20)：

$$Y = (y_1, y_2, \cdots, y_n) X = (b(x_1), b(x_2), \cdots, b(x_n))^{\mathrm{T}} \tag{9-20}$$

LSQ 是一种迭代优化算法，迭代变量的初始值和迭代次数对算法的性能影响较大，下面的内容将讨论这两个因素对 LSQ 性能的影响。

在图 9-15 中，为了进行动态模拟，非线性模型在一个采样间隔要被求解一次，以在线诊断故障。但由于优化算法的迭代性质，非线性模型在故障诊断过程中会被求解多次。因此，与基于相同非线性模型的动态仿真相比，故障诊断需要更多的计算时间来执行。混合反问题的解决策略是尽可能地用 PLS 替代 LSQ，以减少故障诊断工作的计算量。

PLS 是一种与主成分回归有关的统计方法。通过将预测变量和可测变量投影到一个新空间，找到一个线性回归模型，而不是寻找响应和自变量之间最大方差的超平面。PLS 模型将尝试在 X 空间中找到解释 Y 空间中最大多维方差方向的多维方向。PLS 通过拟合系统输出和故障参数之间的关系直接计算故障参数，并不需要迭代计算，更能节省时间。因此，这种混合反问题方法能够大大地减少故障诊断的计算量。

本节利用 TE 过程汽提塔的模拟数据，将这种故障反演方法应用于故障的测试，并讨论了影响其效率的几个因素。

9.2.2　案例应用与分析

汽提塔是 TE 中净化产品的核心操作单元。以主要含 A、C 的流股作为汽提流股，将残存的未反应组分分离，并从汽提塔的底部进入界区之外的精制工段。12 个测量变量和 4 个操纵变量的 500 个样本和 960 个样本，构成了汽提塔的训练和测试数据集，采样间隔为 3min。表 9-4 列出了汽提塔操作中的六种潜在故障。

表 9-4　汽提塔相关故障

TE 中序号	故障原因	故障类型
1	固定 B 下底部进料 A/C 比值变化	阶跃
2	固定 A/C 下底部进料 B 比值变化	阶跃
7	底部进料气源压力降低	阶跃
8	底部进料中 A、B、C 的组成变化	随机
10	底部进料温度变化	随机
21	底部进料阀门堵塞	阶跃

如表 9-4 所示，与该汽提塔有关的故障集包括阶跃和随机两种类型。本节选择故障 7 作为阶跃例子并进行精度测试。

（1）不同初始值求解 LSQ 反问题

进行反演的第一步是讨论用不同的方法设置最小二乘法的初始值。下面的测试是基于故障 7 下的故障诊断过程。图 9-16 和图 9-17 展示了仅使用最小二乘法的故障诊断结果，可以看出在 8h 后，故障参数值在减小，同时函数估计数急剧增加。这一结果已经发表在以前的工作中，并以此作为比较的基准。在基准情形下，整个运行时间和函数估计数分别为 539s 和 1826s。

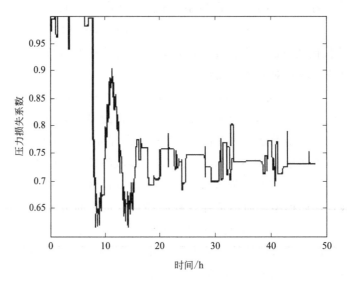

图 9-16　故障 7 故障参数基准曲线

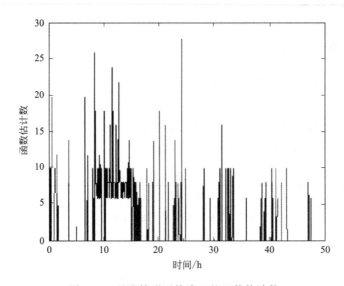

图 9-17　基准情形下故障 7 的函数估计数

① 前一时间点　最简单的初始值设定方法是直接使用前一个时间点的数值。如果两个连续时间点的故障参数只发生微小变化，则可以给出初始值，这也是基本情况下采用的初始值设定方法。

② 线性拟合　图 9-18 展示了线性拟合方法给出 LSQ 初始值的诊断结果。结果表明，拟合点数等于 30 之前，函数估计数大大减少。之后，由于拟合直线的增长时间滞后，函数估计数增加。因此，选择 5 或 8 作为最佳拟合点数。由于拟合点较多，计算工作量较大，最后选择 5 为最佳拟合点数。即使函数估计数仅减少 2%，对诊断算法的计算效率也有贡献。

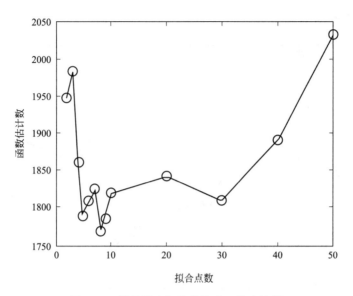

图 9-18　线性拟合初值的故障 7 故障诊断

③ 抛物线拟合　在线性拟合方法的基础上，采用最简单的非线性拟合方法——抛物线拟合法，预测初始值。图 9-19 显示了使用这种方法的诊断结果，展示了比基准情形数量更多的总体函数估计，这反映了相邻时间点故障参数的本质线性变化。因此，非线性拟合方法并没有达到降低总体函数估计数的目的。

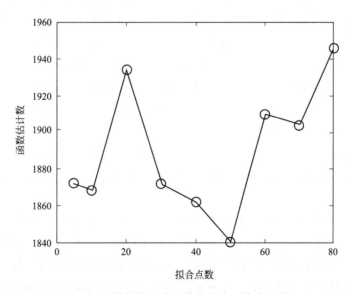

图 9-19　抛物线拟合初值的故障 7 故障诊断

④ 灰色模型　与上述回归方法不同，灰色模型理论利用系统的局部描述信息生成灰色

序列，以系统白化为目标揭示数据的潜在规则。它具有数据量小、运算速度快、迭代容易、精度高的优点。图 9-20 给出了灰色模型预测初值的诊断结果。结果表明，采用 15 作为采样点数时，函数估计数最多减少 4.7%。迄今为止，利用灰色模型得到的函数估计与基函数的约简率最大，是估计初值的最佳方法。同时，灰色模型的改进说明了基于其他因素的诊断算法进一步改进的必要性。

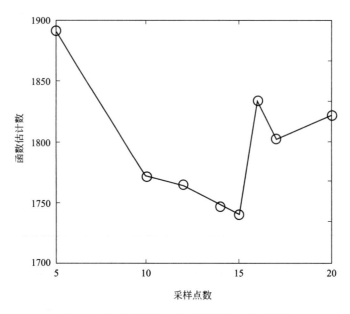

图 9-20　灰色模型拟合初值的故障 7 故障诊断

（2）不同迭代次数求解 LSQ 反问题

作为一种流行的优化算法，LSQ 需要大量的迭代，才能在每个采样时刻获得精确的故障参数，因此计算成本高是其主要缺点。事实上，故障诊断的目的是在给定的时间间隔内及时发现故障参数的异常趋势。在这个过程中，每个时间点的完全收敛计算是不必要的。所以，本节尝试将内部迭代计算分配到外部积分过程中，以减少每个采样时间内的最大迭代次数。图 9-21 显示了不同最大迭代次数的诊断结果。在减少最大迭代次数时，它会大大减少函数估计的次数。特别是当迭代次数为 1 时，函数评估数比基础情况下降了 55%，远远大于用灰色模型修正初始值后的数。

该策略获得的故障诊断结果如图 9-22 所示，与基本情况下的结果相同。这两种情况下的故障参数的精确一致性证明这种快速算法不会丢失精确性。同时，由于该算法迭代计算量少，因此参数波动较小。

在上述部分中，对最小二乘法进行了两种改进，增加了初始值的预测准确度并减少了迭代次数。计算结果表明，后者对故障诊断速度有显著影响。一般来说，这些算法采用被动试错法来解决故障诊断的反问题。故障参数被定义为 LSQ 使用的系统模型的输入变量，与它们在反问题中定义的输出变量不同。接下来，将考虑使用从测量中直接映射故障参数的另一种反问题模型，以避免耗时的模型求解过程。

故障诊断的反问题是典型的多输入多输出（MIMO）系统，其中可测量/可控变量和故

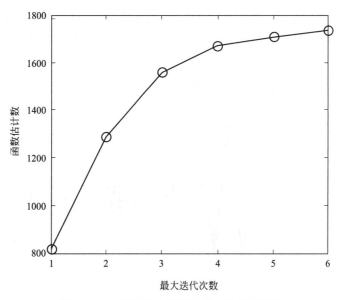

图 9-21　不同迭代次数下故障 7 的故障诊断

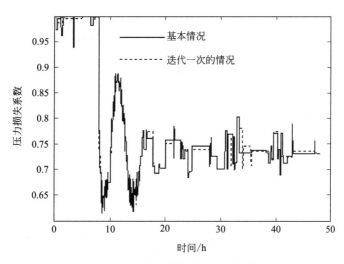

图 9-22　迭代一次故障 7 的诊断结果

障参数分别构成输入和输出部分。在这项工作中，因为在短采样间隔内，输入和输出变量的数据变化较小，所以线性 MIMO 模型由 PLS 方法给出。此外，为了保持其准确性，需要通过 LSQ 对该线性模型进行周期性修正。

图 9-23 显示了基本情况与使用混合策略之间的故障诊断的比较结果，证明了该策略的可行性和准确性，并表明在使用混合算法的情况下故障参数波动较大。所以 PLS 适合取代 LSQ，但应同时对 PLS 应用次数进行控制，影响这一策略效率的因素将在下文中讨论。

（3）混合求解策略

① PLS 应用次数　PLS 是多元线性回归与主成分分析的综合运用，它在考虑自变量和因变量之间相关性的基础上构造原始变量的线性组合。因此，PLS 单元的数量对于模型的准确性至关重要。图 9-24 描述了 PLS 主元解释的方差百分比。因为独立变量由 TE 过程中

汽提塔的总共 16 个变量组成,所以图 9-24 中假定最多有 16 个变量。可以看出,95% 以上的差异可以由前 3 个主元解释,因此它们被选为后续 PLS 建模过程中的主元。

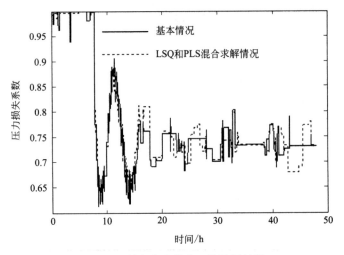

图 9-23　混合方法故障 7 的诊断结果

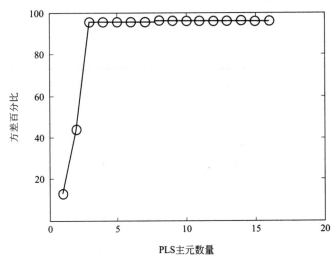

图 9-24　故障 7 下 PLS 主元数量分析

② 采样数据集　用于 PLS 建模的训练数据集由 12 个测量变量、4 个操作变量和 1 个故障参数组成。如图 9-25 所示,故障参数可以从 LSQ 或 PLS 获得,因此 PLS 模型可以建立在 LSQ 生成的故障参数集(向量Ⅰ)或混合集(向量Ⅱ)上。

图 9-25(a) 和 (b) 显示了向量Ⅱ作为 PLS 的训练数据集的故障诊断结果,图 9-25(c) 和 (d) 给出了向量Ⅰ作为训练数据集的结果。基本情形和本工作情形下故障参数的均方根误差(RMSE)也被计算出来。如图 9-25 所示,执行第二次 PLS(PLS Ⅱ)是为了在未检测到异常信号时保持故障参数的连续性。图 9-25 表明,使用 PLS 比不使用 PLS 预测故障参数的结果更差,证明 PLS 预测误差对 PLS 模型具有不利影响。从图 9-25(c)、(d) 可以看出,使用向量Ⅰ作为 PLS 训练数据集的诊断结果与基本情况完全一致。因此,应该根据 LSQ 算法产生的故障参数进行 PLS 建模,以保证其准确性。

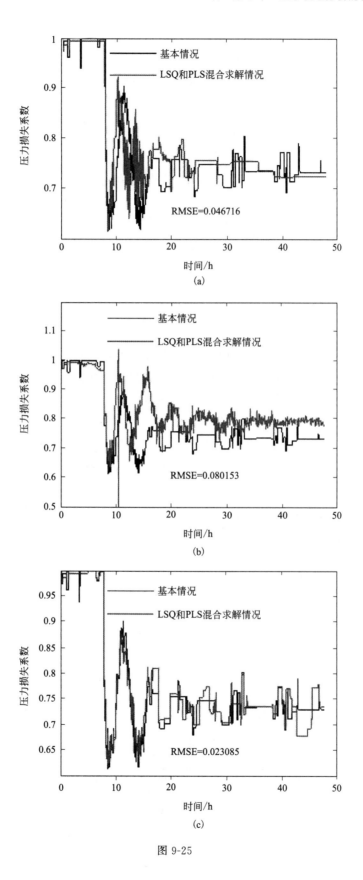

图 9-25

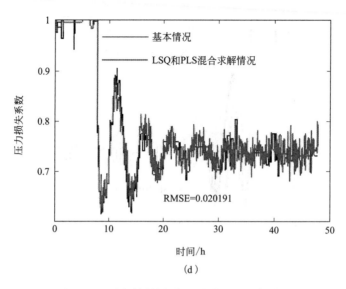

图 9-25   不同采样数据集的故障 7 的诊断结果

③ PLS 使用频率   一般情况下，用 PLS 方法进行故障参数的分析，可能会在图 9-25 中的每个 LSQ 之前运行几次。虽然该方案可以大大缩短故障诊断的运行时间，但 PLS 的使用频率应限制在一个允许的范围，因为 PLS 精度强烈依赖 LSQ 产生的新故障参数。换句话说，在连续调用 PLS 之后，用 LSQ 产生的数据校正 PLS 模型是非常重要的。

图 9-26 分别显示了校正间隔对函数估计数、运行时间和 RMSE 的影响。如图 9-26(a) 和 (b) 所示，当增加校正间隔时，函数估计数与故障诊断过程的运行时间同样减少。尤其是，当校正间隔超过 5 时，其下降幅度变小。但是从图 9-26(c) 可以看出，计算误差出现快速增长。因此，适当的修正间隔可以选为 5。最后，与具有同样修正间隔的基本情况相比，函数估计数减少了 81.6%，运行速度增加了约 1.7 倍。

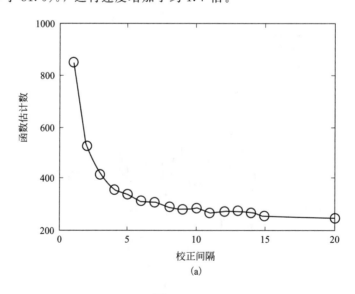

图 9-26

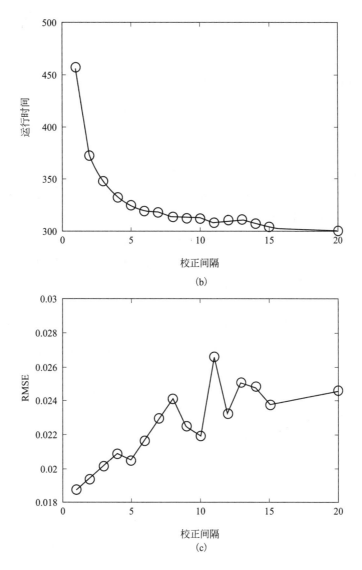

图 9-26　PLS 不同修正间隔下故障 7 的诊断结果

表 9-5 总结了有效地改进故障诊断算法的各种方法，并列出了减少过程模型的估计数。由此得出结论：本章提出的方法能够比早期工作中使用的纯 LSQ 算法更快地获得故障参数，且精度损失不大。

表 9-5　函数估计算法改进

序号	改进方法	函数评估数	减少比例/%
0	基本情况	1826	—
1	线性拟合初值	1790	1.97
2	用灰色模型提供初值	1740	4.71
3	只迭代一次	816	55.31
4	**PLS 混合算法**	**336**	**81.60**

本章小结

本章针对工艺流程提出了一种机理相关分析的贝叶斯故障诊断方法，依据机理模型相关分析的贝叶斯网络结合了专家经验知识与数据的分析，优点是可以真实地反映过程中每个变量的变化，机理分析为网络结构的确定提供了便利，贝叶斯区间估计可以方便地确定不同状况下变量分布的先验概率，而且可以对每个变量的贡献程度进行分析。其不足之处是诊断需要结合深度的专业知识，单变量贝叶斯区间估计得到的贡献程度割裂了变量之间的空间相关性，对于小样本的工况具有一定的误差，要想进行实时的故障诊断还需要得到比较精确的变量后验概率分布。本章探讨了根原因为不可测变量或者根原因不止一个的化工过程故障状况，它们的根原因均不完全包含在贝叶斯网络中。对于断链式的故障传播路径，增加虚拟节点代表未观测变量对故障传播的影响，虚拟节点的添加位置和数量依据故障变量父子节点的关系确定，给出一种故障根节点可能的存在位置，并且通过进一步信息确认可得到最终的根原因。通过 TE 案例的应用研究发现，本章提出的方法能够准确地判断过程变量变化，找到故障的传播路径，并且结合故障的现象进一步分析可以确定出故障的根原因。

此外，针对单元设备提出了一种 LSQ 和 PLS 组合的混合反问题方法来实现装置的异常参数分析。LSQ 用于在非线性动力学模型的基础上，能够识别最能代表异常精馏状态的参数。然后使用 PLS 回归将这些参数与输入/输出信号进行拟合，并分析其发展轨迹。PLS 的修正间隔对基于模型的故障诊断过程的速度和精度有着显著影响。该方法已被成功地用于识别 TE 内的汽提塔的相关故障，并被证明是有效的诊断方案。综上所述，与单一非线性 LSQ 方法相比，混合反演方法更适合实时故障诊断，并能同时保证诊断的精度和速度。

参考文献

[1] Weidl G, Madsen A L, Israelson S. Applications of object-oriented Bayesian networks for condition monitoring, root cause analysis and decision support on operation of complex continuous processes. Computers & Chemical Engineering, 2005, 29（9）: 1996-2009.

[2] Gharahbagheri H, Imtiaz S A, Khan F. Root Cause Diagnosis of Process Fault Using KPCA and Bayesian Network. Industrial & Engineering Chemistry Research, 2017, 56, 2054-2070.

[3] Md Tanjin Amin, Syed Imtiaz, Faisal Khan. Process system fault detection and diagnosis using a hybrid technique. Chemical Engineering Science, 2018, 189, 191-211.

[4] Yazhen Wang, Yi Liu, Faisal Khan, et al. Semiparametric PCA and Bayesian Network based Process Fault Diagnosis Technique. Canadian Journal of Chemical Engineering, 2017, 95, 1800-1816.

[5] Yu H , Khan F , Garaniya V . Modified Independent Component Analysis and Bayesian Network-Based Two-Stage Fault Diagnosis of Process Operations. Industrial & Engineering Chemistry Research, 2015, 54（10）: 2724-2742.

[6] Yu J, Rashid M M. A novel dynamic bayesian network-based networked process monitoring approach for fault detection, propagation identification, and root cause diagnosis. AIChE Journal, 2013, 59（7）: 2348-2365.

[7] Huang B. Bayesian methods for control loop monitoring and diagnosis. Journal of Process Control, 2008, 18（9）: 829-838.

［8］　Li X, Chen G , Zhu H . Quantitative risk analysis on leakage failure of submarine oil and gas pipelines using Bayesian network. Process Safety and Environmental Protection, 2016: 163-173.

［9］　Cai B, Liu Y, Zhang Y, et al. A dynamic Bayesian networks modeling of human factors on offshore blow-outs. Journal of Loss Prevention in the Process Industries, 2013, 26（4）: 639-649.

［10］　Md A, Faisal K, Ahmad I S, et. al. A bibliometric review and analysis of data-driven fault detection and di-agnosis methods for process systems. Industrial & Engineering Chemistry Research, 2018, 57: 10719-10735.

［11］　Suli Sun, Zhe Cui, Xiang Zhang, et al. A hybrid inverse problem approach to model-based fault diagnosis of distillation column. Processes, 2020, 8: 55.

第10章

化工过程异常的动态定量后果分析

化工过程异常识别后，还需要对其可能造成的设备、人员和环境的影响后果进行分析，以便制订针对性的防范措施，提高化工装置的本质安全性。

10.1 化工过程异常的动态定量风险评估

安全评估是化工过程正常运行的前提[1,2]，预先危险性分析作为一种广泛用于安全评估的方法，其确定工艺可能的事故类型，并给出合理的预防措施。尽管它可以减少事故发生的频率，但还存在两大缺陷：第一，其在很大程度上取决于专家的经验，且费时费力，经验不足还可能造成误判断；第二，传统的风险评估方法难以捕捉由动态化工过程扰动引起的潜在事故风险。不论是误判断还是对潜在事故的忽视都可能影响工艺生产，甚至造成工艺停车或者火灾、爆炸事故。可见，在工艺开车前制订一套完备、可靠的危险分析和控制方案是整个工艺流程平稳运行的先决条件。

10.1.1 研究思路

本章针对预先危险性分析方法的不足，提出了一种智能的动态定量风险评估方法[3]，包括三个部分：机理模型搭建、网络预测及安全分析。Aspen Dynamics 为数据集引入时间变量，LSTM 将基于动态机理模型各种工况下的模拟结果作为标签数据源，从而减少了对新工况重新训练的成本。训练完成的 LSTM 模型能够记住长时间序列的工艺特征并准确、快速地预测不同异常条件下的风险相对变量，且很少依赖专家经验。QRA 与风险矩阵模拟潜在工况的动态的危害范围，为制订可靠的工程和管理控制方案提供参考。

动态 QRA 方法的思路框图如图 10-1 所示。在机理模型搭建部分，动态模型的搭建与前面相同，并以工业中常见的失效类型为例，通过添加扰动的方式模拟泄漏情况下的动态过程数据。

在网络预测部分，将归一化的动态数据集分为训练集和测试集，训练集是用于网络训练的已知工况，测试集为潜在工况，通过正交试验的思想优化 LSTM 的超参数，LSTM 深入挖掘变量之间的复杂关系，预测对工况风险影响最大的变量。

　　在安全分析部分，QRA 根据环境参数和风险变量计算各种工况下混合气泄漏的危害。通过将危害严重性与失效频率结合，可以评估各种工况下的潜在风险。最后，根据失效类型和动态危害范围，提出相应的安全控制方案和预防措施。

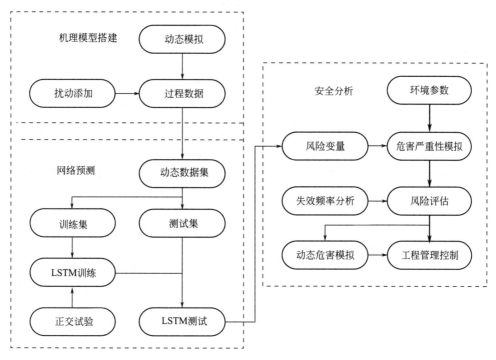

图 10-1　动态 QRA 模型流程框图

10.1.2　定量风险计算

　　风险是失效频率和危害后果的函数。风险评价的一般描述如图 10-2 所示，一般情况下，后果较为严重的事件的发生频率低，发生频率相对高的事件造成的危害后果小。通过对事件进行风险评价可以确定事件的发生频率和后果，进而将事件分为可接受和不可接受。对于不可接受的事件需采取相应的预防措施，包括：控制方案设计、被动防护设计等。

　　定量风险评价是指利用大量的实验分析数据、过往事故的经验总结出的规律或模型，对系统可能发生的安全事故和风险进行定量计算的方法。其评价结果是定量的指标，如事故发生概率、事故危害

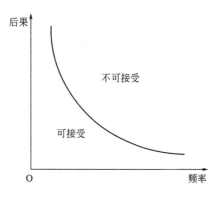

图 10-2　风险评价图

范围、对人员造成的危害等。工业中初始事件的失效频率多通过经验值的方式进行估计，常见初始事件的失效频率如表 10-1 所示。

表 10-1 初始事件的典型失效频率

初始事件	频率	初始事件	频率
压力容器残余失效	$10^{-7} \sim 10^{-5}$	泵密封垫失效	$10^{-2} \sim 10^{-1}$
管道残余失效	$10^{-6} \sim 10^{-5}$	卸载/装载软管失效	$10^{-2} \sim 1$
空气罐失效	$10^{-5} \sim 10^{-3}$	调节器失效	$10^{-1} \sim 1$
垫圈/包装冒气	$10^{-6} \sim 10^{-2}$	小的外部火灾	$10^{-2} \sim 10^{-1}$
安全阀误开	$10^{-4} \sim 10^{-2}$	挂牌上锁程序失效	$10^{-4} \sim 10^{-3}$
冷却水失效	$10^{-2} \sim 1$	人员误操作	$10^{-3} \sim 10^{-1}$

化工中常见的风险类型包括：火灾、爆炸、中毒、喷射和气云扩散等。其中，喷射火的热通量被认为是高压管道泄漏的主要危害。喷射火是指加压的可燃物质在泄漏口被点燃形成的射流，虽然它没有池火灾的发生频率高，但其增加了与其他设备发生火焰交汇的可能性，从而导致多米诺骨牌事故和不可弥补的损失[4]。由气体泄漏引起的喷射火射流长度和火焰边界到中心轴线的距离分别由式(10-1)、式(10-2) 计算：

$$L = \frac{3.5d}{C} \sqrt{\frac{T_f}{\alpha T_n} \left[C + (1-C) \frac{M_s}{M_a} \right]} \tag{10-1}$$

式中，L 为火焰长度；d 为喷射直径；C 为燃料空气混合物的物质的量浓度；T_f 为火焰温度；α 为混合物中反应物的物质的量与燃烧产物的物质的量之比；T_n 为环境温度；M_s 为燃料气体的分子量；M_a 为空气的分子量。

$$Y_s = \left(\frac{2c_i^2 c_c^2}{2c_i^2 - c_c^2} \right)^{1/2} X \left(\ln \frac{L}{X} \right)^{1/2} \tag{10-2}$$

式中，X 为到喷射口的距离；c_i，c_c 为变换系数，可由式(10-3)、式(10-4) 计算。

$$c_i = 0.07 - 0.0103 \left(\frac{\rho_0}{\rho_i} \right) - 0.00184 \ln^2 \left(\frac{\rho_0}{\rho_i} \right) \tag{10-3}$$

$$c_c \approx 1.16 c_i \tag{10-4}$$

式中，ρ_0 为管道内气体的密度；ρ_i 为环境气体密度。

辐射热通量是衡量喷射火危害的重要指标。将射流作为点源，使用点源模型计算热通量，如式(10-5) 所示，不同大小热通量的危害如表 10-2 所示。

$$q = \frac{2.2 \tau_a R H_c m_f^{0.67}}{4 \pi r^2} \tag{10-5}$$

式中，m_f 为燃料质量泄漏速率；H_c 为单位质量燃烧热；R 为燃烧热辐射系数；r 为目标物到点源的距离；τ_a 为大气传输率。

表 10-2 热通量危害等级表

辐射热通量/kW·m^{-2}	对设备的危害	对人的危害
37.5	所有操作设备损坏	10s,1%死亡 1min,100%死亡
25	无明火情况下,长期辐射燃烧木材所需的最低能量	10s,重大伤亡 1min,100%死亡

续表

辐射热通量/kW·m⁻²	对设备的危害	对人的危害
12.5	在有火焰的情况下,用于木材燃烧和塑料熔化的最低能量	10s,1 级烧伤 1min,1%死亡
4.0	—	20s 以上,感到疼痛

为了进一步量化喷射火的风险，引入致死率计算其对人员的危害，如图 10-3 所示。在人员处于火场中或周围环境的热通量超过 $35kW·m^{-2}$ 时，人员死亡的概率为 100%，当热通量小于 $35kW·m^{-2}$ 时，人员的死亡概率可由式(10-6)、式(10-7) 和式(10-8) 计算[5]。

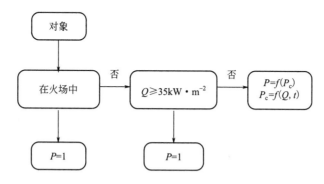

图 10-3　喷射火对人员的热辐射影响

$$P = \frac{1 + \mathrm{erf}\left[(P_e - 5)/\sqrt{2}\,\right]}{2} \tag{10-6}$$

$$P_e = -36.38 + 2.56\ln(Q^{4/3}t) \tag{10-7}$$

$$\mathrm{erf}(x) = \frac{2}{\sqrt{\pi}} \int_0^{x-t^2} e\, \mathrm{d}t \tag{10-8}$$

式中，P 为人员暴露于火场外的死亡概率；P_e 为人员暴露于火场外的死亡单位；Q 为热辐射通量；t 为暴露时间。

10.1.3　案例应用与分析

本节中的 LSTM 模型为预测模型，通过动态模拟采集氨合成过程中的泄漏事故数据，LSTM 学习数据并预测各工况下的泄漏量，通过泄漏量和工况发生频率评估喷射火危害并制订了有效的控制方案，证明了所提出方法的可靠性。

(1) 异常工况泄漏模拟

在氨合成过程中，进入水冷却器（E103）的反应气体被压缩机（COM3）压缩至17.7MPa，这是该过程中的最高压力点，也是最可能的泄漏点。因此，以水冷却器出口作为泄漏点，以评估该过程的潜在风险。将分流器模块添加到此物流，并使用分流器的分支物流模拟泄漏，在工况模拟中，实时检测过程中的压力是否超过工程的最大测试压力，一旦超过便记录随时间变化的泄漏量，搭建动态数据集。三种可能的异常工况引起的泄漏路径如

图 10-4所示。

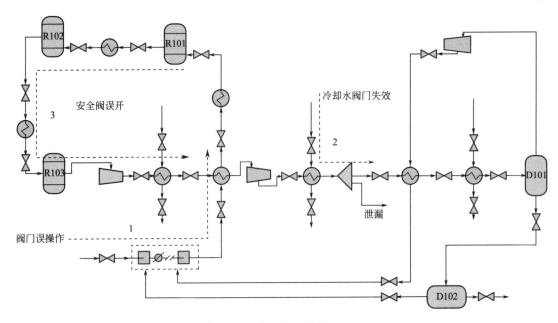

图 10-4 氨合成工艺的泄漏路径

① 阀门误操作 进料阀门误操作会引起从混合气压缩机到反应工段和换热工段整个流程的压力波动，从而导致泄漏，如图 10-4 中的路径 1 所示。进料阀误开时对应的气体泄漏流量如图 10-5 所示，在 1h 时，进料阀门的流量突然升高，随着工艺中压力的升高，泄漏在 1.3h 发生，并在 1h 后达到 1500kmol·h^{-1}。最终，当进料流速达到 5389kmol·h^{-1} 时，泄漏流量稳定在 1442kmol·h^{-1}，这证明了添加的控制器在异常工况发生时通过合理控制能够使系统回到稳定状态。

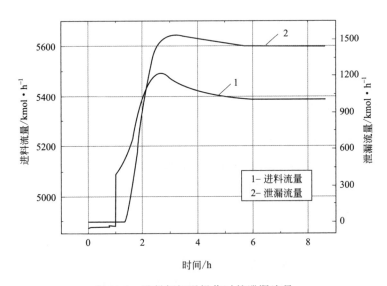

图 10-5 进料阀门误操作时的泄漏流量

② 冷却水阀门失效 泄漏的另一个可能原因是热交换器（E103）的冷却水阀发生故障，

如图 10-4 的路径 2 所示，冷却水阀门失效会导致热交换器换热不充分，局部管道温度升高，进而导致压力增加和泄漏。冷却水阀门失效工况的泄漏流量变化如图 10-6 所示，泄漏在换热器温度升高 0.3h 后发生，最终达到 30℃，泄漏流量达到 1242kmol·h^{-1}，泄漏后稳定的冷物流温度也证明了控制器的作用。

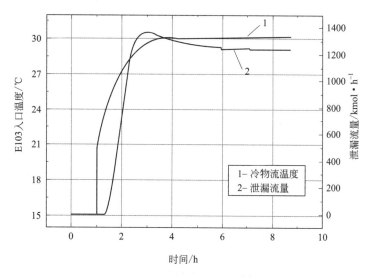

图 10-6 冷却水阀门失效的泄漏流量

③ 安全阀误开 氨合成过程的反应段具有高温高压的特点，因此反应器泄压阀的设计对过程中的压力保护很重要。一旦泄压阀门出现故障，它将带来不可控制的超压和泄漏，如图 10-4 的路径 3 所示。图 10-7 显示了一级反应器（R101）的泄压阀误开时压力和泄漏流量的变化。可以看出，压力在 3h 从 15.9MPa 急剧增加到 18.7MPa，虽然在控制器的作用下，R101 的压力有所下降，但此后 0.7h 仍然出现泄漏，经过 1h 泄漏流量达到最大值 1036kmol·h^{-1}，最终稳定在 908kmol·h^{-1}，R101 的压力稳定在 17.4MPa。

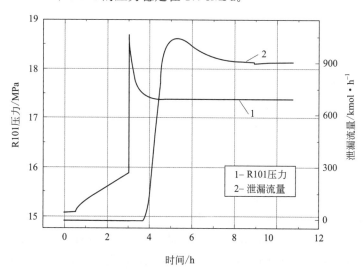

图 10-7 安全阀误操作时的泄漏流量

（2）LSTM 预测模型搭建

在 10.1.3 节中模拟的三个异常工况下的动态结果构建 LSTM 训练过程的训练集，另外选取六个异常工况用作测试集以验证 LSTM 的预测效果，LSTM 通过学习三种异常工况下各变量之间的复杂关系和保持长时间序列记忆来预测六种潜在异常工况的泄漏量。网络使用专家选择的 9 个关键变量作为输入变量，泄漏流量作为预测变量，如表 10-3 所示。每组由 3600 个连续时间序列数据组成，分别包括用于训练集的每个异常工况 800 个数据，共计 2400 个数据和用于测试集的每个异常工况 1200 个数据，总共 6 组数据被分批次送入 LSTM 输入门。表 10-4 列出了 LSTM 用于训练和测试的所有异常情况。

表 10-3　网络输入变量一览表

变量序号	变量描述	变量序号	变量描述
1	进料流量	6	一段反应器压力
2	冷却水流量	7	二段反应器压力
3	液氨流量	8	三段反应器压力
4	氨分离器液位	9	冷交换器热物流进口流量
5	闪蒸槽液位		

表 10-4　合成氨过程异常工况表

工况编号		工况描述
训练集	1	进料阀门误操作
	2	E103 冷却水阀门失效
	3	R101 泄压阀误开
测试集	1	R102 泄压阀误开
	2	R103 泄压阀误开
	3	D101 液位控制器失效
	4	D102 液位控制器失效
	5	E105 冷却水阀门失效
	6	E104 热物流进口阀门误操作

在网络训练前通过正交试验的思想优化网络的超参数，正交试验作为遗传算法的特例，是一种高效的寻找最优实验参数的实验设计方法，其通过设计因素数和水平数确定实验的次数并找到最优的实验方案。根据 LSTM 网络的特点，分别讨论了网络层节点数、激活函数和批处理大小对预测结果的影响。

网络层节点数决定了网络的学习和泛化能力，但并不代表节点数越多越好，第一是训练成本增加，第二是网络结构越复杂可能会带来不必要的过拟合。激活函数是网络通过神经元传递信息的机制，不同的激活函数可能导致网络的分类或预测性能的差异。训练神经网络的三大常见激活函数为：Sigmoid、ReLU 和 tanh。batch size 指一次训练所选取的样本数，它的大小影响模型的优化程度和速度。batch size 较大意味着梯度更准确，但达到一定程度后，梯度值差别巨大，难以使用一个全局的学习率，合适的 batch size 可以减少网络训练时的迭代次数，提高训练速度，使梯度下降方向更加准确。根据以上超参数的特点，设计三因素三水平的实验方案为：A，网络层节点的数量（10、30、50）；B，激活函数（Sigmoid、ReLU、tanh）；C，batch size（50、100，150）。表 10-5 列出了正交试验方案的详细信息。

表 10-5　正交试验方案

实验方案	因素组合	优化超参数		
		网络层节点数	激活函数	batch size
a	$A_1B_1C_1$	10	Sigmoid	50
b	$A_1B_2C_2$	10	ReLU	100
c	$A_1B_3C_3$	10	tanh	150
d	$A_2B_1C_2$	30	Sigmoid	100
e	$A_2B_2C_3$	30	ReLU	150
f	$A_2B_3C_1$	30	tanh	50
g	$A_3B_1C_3$	50	Sigmoid	150
h	$A_3B_2C_1$	50	ReLU	50
i	$A_3B_3C_2$	50	tanh	100

LSTM 预测的实验结果如图 10-8 所示，可以看出，不同实验方案下的网络预测性能具有很大的差异。如图 10-8（a）、（d）和（g）所示，与激活函数 ReLU 和 tanh 相比，使用 Sigmoid 的网络预测性能更好，而较小的网络层节点数和 batch size 造成了 Sigmoid 网络的误差增大。从图 10-8（b）、（e）和（h）可以看出 ReLU 函数在预测前期表现出了更好的预测，而在后期预测值出现了误差。

由于较大的预测误差可能造成错误的风险评估等级，进而导致保护措施和控制方案设计不当。为了更直观地评价模型的性能，引入了平均绝对百分比误差（mean absolute percentage error，MAPE）来计算 LSTM 的预测误差，它不仅考虑了预测值与真实值之间的绝对误差，还考虑了与真实值的误差比，其公式如式（10-9）所示。

$$MAPE = \sum_{i=1}^{n}\left|\frac{真实值(i)-预测值(i)}{真实值(i)}\right| \times \frac{100}{n} \tag{10-9}$$

表 10-6 列出了不同实验方案的 MAPE，它表明实验方案 d 具有最小的 MAPE，为 1.1905%，因此选择实验方案 d 作为最优实验方案。最终，LSTM 预测模型采用 Sigmoid 作为激活函数，网络层节点数为 30，batch size 为 100，采用优化器 Adam 计算每个参数的自适应学习率，损失函数采用平均绝对误差（mean absolute error，MAE），添加 Dropout 层防止网络训练过拟合。

表 10-6　正交试验方案 MAPE 对比

实验方案	a	b	c	d	e	f	g	h	i
MAPE/%	2.7105	6.3226	6.4902	**1.1905**	5.8014	5.9323	1.7060	4.4935	3.7003

（3）LSTM 预测结果

由于泄漏过程是一个长期的数据变化过程，为了深入分析每个时间段潜在工况的动态变

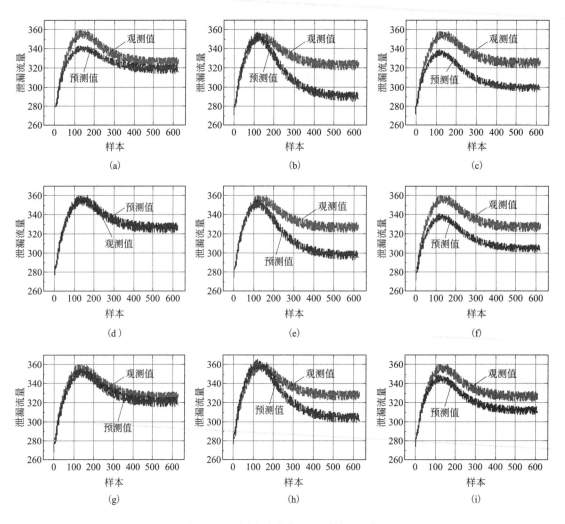

图 10-8 不同实验方案的预测结果比较

化，六种异常工况条件下 LSTM 在 0.5h、1h、1.5h 和 2h 的预测结果分别如图 10-9（a）、（b）、（c）和（d）所示。可以看出，每个时间点的预测数据与每种异常工况下的实际数据基本一致，证明 LSTM 有效地学习了每个输入变量的特征和它们之间的非线性关系，并且在处理由未经训练的异常工况引起的泄漏时表现出较高的预测精度。

在图 10-9（a）中，工况 1 和 2 在 0.5h 内的泄漏流量很小，均低于 100kmol·h^{-1}，而工况 3 和 6 在 0.5h 内的泄漏流量达到 500kmol·h^{-1} 以上，这说明了工况 3 和 6，即 D101 液位控制器故障和 E104 入口热物流阀门误操作将在短时间内造成相对较大的危害。泄漏发生 1h 后，各个工况的泄漏量有了不同程度的增加，其中工况 3 的泄漏量高于其他工况分别在 1h 和 1.5h 达到 1278kmol·h^{-1} 和 1381kmol·h^{-1}。在图 10-9（d）中，工况 5 的泄漏量超过了其他工况，最终达到 1400kmol·h^{-1}，比较图 10-9（c）、（d）图可以看出，除了工况 1 和 5，其余工况在 1.5～2h 的泄漏量均出现下降趋势，这表明在长期安全响应管理中需要更加注意反应器 R102 泄压阀和氨冷器 E105 冷却水阀门的故障。

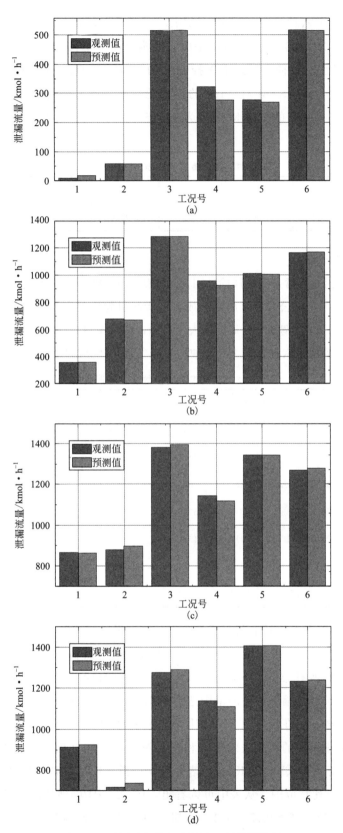

图 10-9　不同时间的六种测试工况预测结果

表 10-7 中显示了六种异常工况的 MAPE，可以看出，工况 4 相比于其他工况出现了相对较大的误差，为 2.038%。这可能是由于闪蒸分离器 D102 的设备位置位于工艺流程的末端引起的，其变量特征会受到更多控制器的干扰，并且时间序列信息相较于其他过程变量更长，从而导致 LSTM 对 D102 的信息记忆和存储出现偏差。最小的 MAPE 为工况 6，仅有 0.049%，模型的平均 MAPE 为 0.6356%，保证了用于风险评估的预测数据源的可靠性。

表 10-7 测试集异常工况 MAPE 一览表

工况序号	1	2	3	4	5	6	平均值
MAPE/%	1.4017	0.0741	0.1115	**2.0380**	0.1390	**0.0490**	**0.6356**

（4）动态风险评估

为了评估六种潜在异常工况的风险，引入风险矩阵根据频率和严重性对工况风险进行综合评价。通过 10.1.2 节中的公式计算出氨合成过程泄漏引起喷射火的危害范围和致死率，假设人员的停留时间为 1min，调查工厂周围的大气环境，将风速设置为 3m·s⁻¹，大气稳定性等级设置为 E。表 10-8 列出了六种异常工况详细的物流参数和计算结果。

表 10-8 测试集工况参数及危害严重性

工况序号	温度/K	压力/MPa	泄漏流量/kg·h⁻¹			不同热辐射通量的范围/m			致死率（距目标源20m）
			H₂	N₂	NH₃	37.5kW·m⁻²	12.5kW·m⁻²	4kW·m⁻²	
1	310.0	17.62	921.29	4283.35	3415.96	0	18.6	23.4	**0**
2	311.1	17.61	672.52	3130.57	2656.20	0	16.1	20.1	**0**
3	309.3	17.78	1463.67	6811.71	5045.67	**9.4**	23.1	29.3	**60.1%**
4	309.0	17.73	1313.25	6113.82	4514.33	0	22.0	27.7	51.2%
5	309.5	17.66	1584.18	7354.29	5511.00	**10.4**	23.5	30.5	**72.2%**
6	308.7	17.63	1230.10	5714.27	4242.57	0	21.2	26.8	34.8%

从表 10-8 中可以看出不同工况的严重性差异较为明显，其中工况 5 具有最严重的危害，距目标源 20m 范围内的死亡率为 72.2%，37.5kW·m⁻² 热辐射通量的范围达到 10.4m，这意味着该范围内的所有操作设备都将被破坏。工况 3 的危险性仅次于工况 5，死亡率达到 60.1%，37.5kW·m⁻² 热辐射通量的范围达到 9.4m。相反，泄压阀的误操作（工况 1 和 2）造成的危害严重性较小，在目标源 20m 范围内的死亡率为 0。

根据工厂初始事件中的典型失效频率和严重程度，表 10-9 列出了六种异常工况的风险等级结果，其中①、②、③、④和⑤分别表示低、中低、中、中高和高风险，i 代表人员烧伤范围，j 代表人员死亡范围。从表中可以看出，R102、R103 泄压阀误开（工况 1、2）为中低风险，D102 液位控制器故障（工况 4）属于中高风险，高风险工况包括 D101 液位控制器故障（工况 5）和 E105 冷却水故障（工况 3）。

表 10-9　风险矩阵评估表

频率（每年）＼严重性		A($i<10$)	B($i<20$)	C($i>20, j=0$)	D($0>j>10$)	E($j>10$)
1	安全阀误开($10^{-4}\sim10^{-3}$)	A1①	B1(工况1,2)②	C1②	D1②	E1③
2	人员误操作($10^{-3}\sim10^{-2}$)	A2②	B2②	C2(工况6)③	D2③	E2④
3	冷却水失效($10^{-2}\sim10^{-1}$)	A3②	B3③	C3③	D3④	E3(工况5)⑤
4	控制器失效($10^{-1}\sim1$)	A4③	B4③	C4(工况4)④	D4(工况3)⑤	E4⑤

①表示低风险；②表示中低风险；③表示中风险；④表示中高风险；⑤表示高风险。

　　动态危害模拟通过实时物流信息和环境参数直观地反映了危害范围随时间的变化，它为异常工况的安全管理和应急方案提供了宝贵的参考。根据风险矩阵得出的风险分类结果，计算了 2h 内中高风险和高风险条件下的热通量（$4kW\cdot m^{-2}$）随时间的危害变化范围。由于工况 3 和 4 都属于控制器失效，具有相同的发生频率和控制措施，因此选择更高风险的工况 3 来代表工况 4。分别模拟工况 3 和 5 热通量随时间的动态变化过程，如图 10-10(a) 和 (b) 所示。

　　图 10-10 显示，辐射热通量的危害范围在约 1h 内快速扩散，但是随着气云在空气中扩散，泄漏的气体浓度将逐渐减少，最终达到稳定值。在这两种工况中，工况 5 的危害严重性更大，在 2h 内达到 31.1m，结合热通量危害等级表 10-2，人员在该区域 20s 以上会感动疼痛。工况 3 在 1.5h 的危害范围最大，2h 范围减小为 29.3m，证明气云已经与外界环境达到稳定状态，不会造成更严重的危害。但工况 3 在泄漏发生 0.5h 显示的热通量范围为 18.5m，比工况 5 扩大了 6.5m，这意味着在泄漏初期，工况 3 表示出了更为严重的危害性。

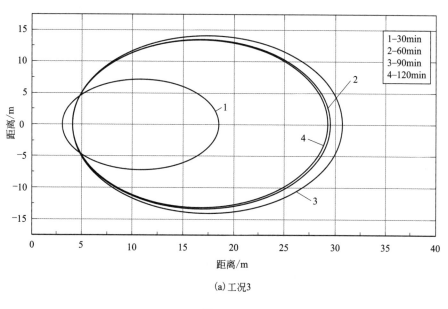

(a) 工况3

图 10-10

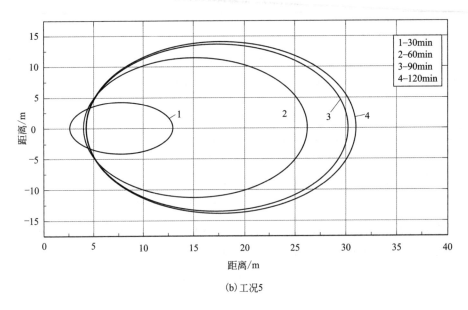

(b) 工况5

图 10-10　高风险工况的热通量动态模拟

(5) 过程安全控制

化工厂工艺流程采用多种过程安全方案来控制风险，包括被动的安全方案和主动的安全控制，当本质安全方法无法根除工艺中的风险时，最好的选择就是设计安全控制方案。根据动态风险评估分析，本节针对合成氨工艺的两种潜在高风险工况：D101 控制器失效（工况 3）和 E105 冷却水阀门失效（工况 5）分别提出了安全控制方案。

① 控制器失效　针对液位控制器失效，须在液位报警器和排液阀之间安装一个报警联锁装置，通过液位报警器检测异常波动，当液位超过报警线时及时打开排液阀。安装联锁装置后，液位控制器失效的 D101 液位和压力关系曲线如图 10-11 所示（1bar＝$1×10^5$Pa）。从

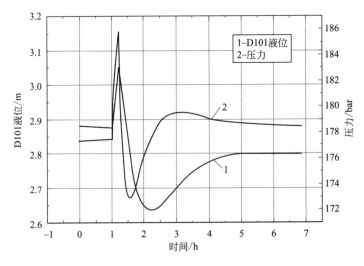

图 10-11　添加联锁装置的控制器失效曲线

图中可以看出，在 1h 时，D101 控制器失效导致液位异常升高，进而伴随着压力的迅速增加，当液位升高至 3.15m 时排液阀打开，D101 的液位和压力迅速下降，并最终通过自动控制使系统稳定，证明了该控制方案的可靠性。由于液位控制器的故障会在短时间内造成相对严重的伤害，因此还需添加被动防护措施，如安装气体检测设备，以帮助工厂快速做出应急响应，避免人员伤亡。

② 冷却水阀门失效 针对冷却水阀门等进料阀失效，应添加与主控制阀并联的分支阀，通过调节流量来避免管道压力持续增加，如图 10-12 所示。应用控制方案后的冷却水失效曲线如图 10-13 所示。从图中可以看出，冷却水阀门在 1h 时失效导致 E105 进口温度升高，进而 E105 压力逐渐升高。由于串级控制的作用，主物料流量减少时，对应的分支阀门开度增大，确保冷物流的流量回到正常值，最终系统的温度和压力回归平稳状态，再次证明了所提出的控制方案的可靠性，避免了异常工况的发生。

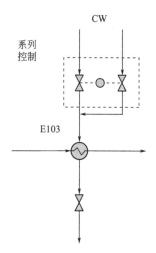

图 10-12 分支阀门
安装示意图

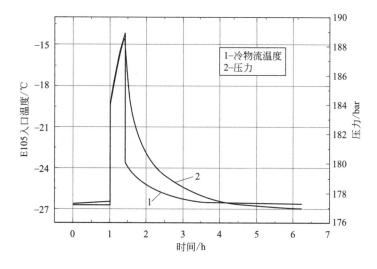

图 10-13 添加分支阀的冷却水阀失效曲线

10.2 基于计算流体力学的后果分析

后果分析作为一门科学发展到今天，不断地为企业或企业主管部门提供关于重大事故后果的信息，为企业决策者和设计者提供关于采取何种防护措施的信息。在这个过程中，以计算流体力学为基础的后果分析方法以其在后果分析的准确性方面的优势逐渐受到研究者的青睐。本节结合计算流体力学模拟乙炔气泄漏情况，并对乙炔气泄漏事故进行后果分析，给出乙炔气泄漏事故后果的信息。

10.2.1 计算流体力学简介

计算流体力学（CFD）或计算流体动力学是用电子计算机和离散化的数值方法对流体力学问题进行数值模拟和分析的一个分支。

计算流体力学是目前国际上一个强有力的研究工具，是进行传热、传质、动量传递及燃烧、多相流和化学反应研究的核心和重要技术，广泛应用于航天设计、汽车设计、生物医学工业、化工处理工业、涡轮机设计、半导体设计、HAVC&R 等诸多工程领域。

（1）CFD 的发展状况

流体力学和其他学科一样，是通过理论分析和实验研究两种手段发展起来的。很早就已有理论流体力学和实验流体力学两大分支。理论分析是用数学方法求出问题的定量结果。但能用这种方法求出结果的问题毕竟是少数，计算流体力学正是为弥补分析方法的不足而发展起来的。

在 20 世纪初，理查德就已提出用数值方法来解流体力学问题的思路。但是由于这种问题本身的复杂性和当时计算工具的落后，这一思路并未引起人们重视。自从 20 世纪 40 年代中期电子计算机问世以来，用电子计算机进行数值模拟和计算才成为现实。1963 年美国的 F. H. 哈洛和 J. E. 弗罗姆用当时的 IBM7090 计算机，成功地解决了二维长方形柱体的绕流问题并给出尾流涡街的形成和演变过程，受到普遍重视。1965 年，哈洛和弗罗姆发表《流体动力学的计算机实验》一文，对计算机在流体力学中的巨大作用作了引人注目的介绍。从此，人们把 20 世纪 60 年代中期看成是计算流体力学兴起的时间。

计算流体力学的历史虽然不长，但已广泛深入流体力学的各个领域，相应地形成各种不同的数值解法。目前主要有有限差分方法和有限元法。有限差分方法在流体力学中已得到广泛应用。而有限元法是从求解固体力学问题发展起来的。近年来在处理低速流体问题中，已有相当多的应用，而且还在迅速发展中。

计算流体力学在最近 20 年中得到飞速的发展，除了计算机硬件工业的发展给它提供了坚实的物质基础外，还主要因为无论分析的方法或实验的方法都有较大的限制，例如由于问题的复杂性，既无法作分析解，也因费用昂贵而无力进行实验确定，而 CFD 的方法正具有成本低和能模拟较复杂或较理想的过程等优点。经过一定考核的 CFD 软件可以拓宽实验研究的范围，减少成本昂贵的实验工作量。在给定的参数下用计算机对现象进行一次数值模拟相当于进行一次数值实验，历史上也曾有过首先由 CFD 数值模拟发现新现象而后由实验予以证实的例子。

（2）CFD 的基本方程和机理

为了说明计算流体力学主要方法，需先了解流体力学运动的基本方程的性质和分类。流体力学的基本方程是在 19 世纪上半叶由 C. L. M. H. 纳维和 G. G. 斯托克斯等建立的，称为纳维-斯托克斯方程，简称 N-S 方程。二维非定常不可压缩流体的 N-S 方程如式（10-10）所示：

$$\begin{cases} \rho\left(\dfrac{\partial v_x}{\partial \tau}+v_x\dfrac{\partial v_x}{\partial x}+v_y\dfrac{\partial v_x}{\partial y}+v_z\dfrac{\partial v_x}{\partial z}\right)=\mu\left(\dfrac{\partial^2 v_x}{\partial x^2}+\dfrac{\partial^2 v_x}{\partial y^2}+\dfrac{\partial^2 v_x}{\partial z^2}\right)-\dfrac{\partial p}{\partial x}+\rho g_x \\[2mm] \rho\left(\dfrac{\partial v_y}{\partial \tau}+v_x\dfrac{\partial v_y}{\partial x}+v_y\dfrac{\partial v_y}{\partial y}+v_z\dfrac{\partial v_y}{\partial z}\right)=\mu\left(\dfrac{\partial^2 v_y}{\partial x^2}+\dfrac{\partial^2 v_y}{\partial y^2}+\dfrac{\partial^2 v_y}{\partial z^2}\right)-\dfrac{\partial p}{\partial y}+\rho g_y \quad(10\text{-}10) \\[2mm] \rho\left(\dfrac{\partial v_z}{\partial \tau}+v_x\dfrac{\partial v_z}{\partial x}+v_y\dfrac{\partial v_z}{\partial y}+v_z\dfrac{\partial v_z}{\partial z}\right)=\mu\left(\dfrac{\partial^2 v_z}{\partial x^2}+\dfrac{\partial^2 v_z}{\partial y^2}+\dfrac{\partial^2 v_z}{\partial z^2}\right)-\dfrac{\partial p}{\partial z}+\rho g_z \end{cases}$$

式中，ρ 是流体密度；p 是压力；v_x、v_y、v_z 是流体在 t 时刻、在点（x，y，z）处的速度分量；g_x、g_y、g_z 是外力的分量；常数 μ 叫作黏性系数，依赖于流体的性质。

10.2.2　爆燃气体的扩散

近年来，生产、储存或使用化学危险性气体过程中因故障导致气体泄漏而造成人员伤亡的事故时有发生。所以，如何快速预测该类气体的扩散趋势和浓度分布，是编制事故应急救援预案或进行事故应急救援过程急需解决的问题。

（1）气体扩散的影响因素

在生产过程中，气体由生产管线或生产设备泄漏扩散到厂房或大气中。泄漏发生后，大气中的泄漏气体被风以烟羽的方式或烟团的方式带走。这些扩散的方式都有其相应的扩散模型，大气中有很多的因素会影响气体扩散模型的参数。一般来讲，常见的影响气体扩散的参数有风向、大气稳定度、气温或太阳辐射、地面的地形和地物、泄漏源位置、泄漏气体相对密度。

① 风向　风向是决定泄漏气体扩散的主要因素。风速影响泄漏气体的扩散速度和被空气稀释的速度，风速越大，大气湍流越强，空气的稀释作用就越强，风的输送作用也越强。一般情况下当风速为 $1\sim5\mathrm{m\cdot s^{-1}}$ 时，有利于泄漏气体的扩散，危险区域较大；若风速再大，则泄漏气体在地面的浓度降低。

② 大气稳定度　大气稳定度是评价空气层垂直对流程度的指标。大气越稳定，泄漏气体越不易向高空消散，而贴近地表扩散；大气越不稳定，空气垂直对流运动越强，泄漏气体消散得越快。

③ 气温或太阳辐射　气温或太阳辐射强弱主要是通过影响大气垂直对流运动而对泄漏气体的扩散产生影响。大气湿度大不利于泄漏气体的扩散。

④ 地面的地形和地物　地面的地形和地物会改变泄漏气体扩散速度，也会改变扩散方向。地面低洼处泄漏气体团易于滞留。建筑物、树木等会加强地表大气的湍流程度，从而增加空气的稀释作用，而开阔平坦的地形、湖泊等则正相反。在低矮的建筑物群、居民密集处或绿化地带泄漏气体不易扩散；高层建筑物则有阻挡作用，泄漏气体会从风速较大的两侧迅速通过。

⑤ 泄漏源位置　当泄漏源位置较高时，泄漏气体扩散至地面的垂直距离较大，在相同的泄漏源强度和气象条件下，扩散至地面同等距离处的气体浓度会降低。若气体向上喷射泄漏，泄漏气体具有向上的初始动量，其效果如同增高泄漏源的位置。

⑥ 泄漏气体相对密度　泄漏气体密度相对于空气密度的大或小，分别表现在扩散中以

重力作用或以浮力作用为主。重力作用导致其下降，地面浓度增加，下降趋势会因空气的不断稀释作用而减弱。浮力作用在泄漏气体扩散初期导致其上升，地面浓度降低，被空气不断稀释后其上升的趋势减弱。对于泄漏的高温气体，其浮力作用大小受温度的影响，当其被冷却至大气温度后，浮力作用便会消失。

了解了各种因素对气体扩散的影响，有利于建立气体泄漏扩散模型，并进一步预测泄漏气体扩散的危险区范围，以制订相应的应急措施。

（2）气体扩散模型

目前，比较常见和应用较为广泛的有害气体泄漏与扩散机理有高斯云羽扩散、高斯云团扩散、重气云扩散和非重气云扩散、FEM3（三维有限元计算）模型等，这里主要介绍高斯模型。

高斯模型是模拟气体扩散时最常用的模型，高斯模型具体的模型如式（10-11）所示：

$$\frac{\partial c}{\partial t} + u\frac{\partial c}{\partial x} + v\frac{\partial c}{\partial y} + w\frac{\partial c}{\partial z} = \frac{\partial}{\partial x}\left(k_x\frac{\partial c}{\partial x}\right) + \frac{\partial}{\partial y}\left(k_y\frac{\partial c}{\partial y}\right) + \frac{\partial}{\partial z}\left(k_z\frac{\partial c}{\partial z}\right) + \sum_{p-1}^{N} S_p$$

$$(10\text{-}11)$$

式中，c 为气体浓度；x，y，z 为三个方向坐标；u，v，w 为三个方向速度分量；k_x，k_y，k_z 为三个方向扩散系数；t 为扩散时间；S_p 为泄漏源强度。

应用高斯模型有一定的适用条件，在应用时需要满足以下四个条件：

① 大气流动稳定，表明气体浓度不随时间改变，即 $\frac{\partial c}{\partial t}=0$。

② 有主导风向，表明 u 是常数，$v=w=0$。

③ 气体在大气中只有物理运动和变化，且扩散范围内没有其他同类泄漏源。表明 $S_p(p=1,2,3,\cdots)$ 为 0，此时三维的动态模型就可简化为三维的稳态模型，如式（10-12）所示：

$$u\frac{\partial c}{\partial x} = \frac{\partial}{\partial x}\left(k_x\frac{\partial c}{\partial x}\right) + \frac{\partial}{\partial y}\left(k_y\frac{\partial c}{\partial y}\right) + \frac{\partial}{\partial z}\left(k_z\frac{\partial c}{\partial z}\right) \tag{10-12}$$

④ 有主导风的情况下，主导风对气体输送应远远大于湍流运动引起的气体在主导风方向上的扩散。即 $u\frac{\partial c}{\partial x}$（平流输送作用）远远大于 $\frac{\partial}{\partial x}\left(k_x\frac{\partial c}{\partial x}\right)$（湍流弥散作用）。此时方程又可简化为式（10-13）：

$$u\frac{\partial c}{\partial x} = \frac{\partial}{\partial y}\left(k_y\frac{\partial c}{\partial y}\right) + \frac{\partial}{\partial z}\left(k_z\frac{\partial c}{\partial z}\right) \tag{10-13}$$

由于 y 和 z 方向上气体浓度不发生变化，故规定 k_y 与 y 无关，k_z 与 z 无关，即得到式（10-14）：

$$u\frac{\partial c}{\partial x} = k_y\frac{\partial^2 c}{\partial y^2} + k_z\frac{\partial^2 c}{\partial z^2} \tag{10-14}$$

由质量守恒原理，运用连续点源源强计算方式，按照单元体积对简化的方程进行积分，结合边界条件求解。设 $x=ut$，令 $\sigma_y^2=2k_y t$，$\sigma_z^2=2k_z t$。化简求解得到高斯扩散模型的标准形式，如式（10-15）所示：

$$c(x,y,z) = \frac{Q}{2\pi\sigma_y\sigma_z}\exp\left[-\frac{1}{2}\left(\frac{y^2}{\sigma_y^2} + \frac{z^2}{\sigma_z^2}\right)\right] \tag{10-15}$$

其他的气体扩散模型大部分是由高斯模型改进或修正而来的，比如重气云扩散模型中的箱模型。

10.2.3　基于 MATLAB 的气体扩散模拟

MATLAB(Matrix Laboratory) 是功能十分强大的工程计算及数值分析软件，它以矩阵计算为基础，能满足科学、工程计算、控制系统和绘图等的需要。其特点是功能强大、开放性强、界面友好、语言自然。MATLAB 主要有五大功能：数值计算功能、符号计算功能、数据可视化功能、数据图形文字统一处理功能、建模仿真可视化功能。正是由于这些特点和功能，使它获得了对应用学科极强的适应力，并很快成为应用学科计算机辅助分析设计、仿真、教学乃至科技文字处理不可缺少的基础软件，同时在线性代数、矩阵分析、数值计算及优化、图像处理等方面得到了广泛应用。

(1) MATLAB 在化工生产中的应用

MATLAB 程序有分析计算、绘图优势，选用适当的气体扩散模型，对气体的扩散进行模拟与分析，可以快速精确地完成复杂的计算和分析，输出对应的可视化的数据和图形，因此受到广大研究者的喜爱。黄家友等[6]在 MATLAB 软件的基础上，研究了对流-扩散的问题，在 MATLAB 所绘出的图形上可以很直观地看出精确解与数值解的逼近程度。艾唐伟等[7]应用 MATLAB 研究了危险气体扩散的情形，通过对危险气体泄漏后的浓度计算和浓度等高线模拟等，迅速判断周边的安全状态。吴笑等[8]应用 MATLAB 研究了气体储罐在完全破裂后介质瞬间泄漏的情形，判断出危险范围的实时变化和维持时间。

偏微分方程（partial differential equation，PDE）就是涉及两个以上的微分方程。很多的物理现象都可以用 PDE 定量描述，所以它在科学研究和工程技术领域得到了广泛应用。前文提到的描述气体扩散的高斯模型就是典型的偏微分方程，解偏微分方程是很困难的，一般情况下很难得到分析解，所以工程上常常应用数学领域中的数值方法求出其数值解。常见的用数值法解 PDE 的方法有有限差分法（finite-difference methods，FDM）、正交配置法（collocation methods，CM）和有限元法（finite-element methods，FEM）。MATLAB 软件中有一个名为 PDETOOL 的工具箱，该工具箱是为研究者提供的一个专门解偏微分方程的工具箱，PDETOOL 工具箱是应用 FEM 来解 PDE 的。PDETOOL 工具箱中有三个偏微分方程模型：抛物线模型、椭圆模型和双曲线模型，各个方程名称和应用领域如表 10-10 所示。

表 10-10　常用的偏微分方程

名称	方程	应用范围
抛物线模型	$d\dfrac{\partial u}{\partial t}-\nabla(c\nabla u)+au=f$	定常和非定常传输问题
椭圆模型	$-\nabla(c\nabla u)+au=f$	静态电场和稳态分布模型
双曲线模型	$d\dfrac{\partial^2 u}{\partial t^2}\nabla-(c\nabla u)+au=f$	暂态和谐波在声音和电磁场中的传播

注：d，c，a，f 是方程系数，可以是常数，也可以是未知函数；u 是定义在求解域上的函数；∇ 是哈密顿算子。

(2) MATLAB 模拟气体扩散的实现

应用 PDETOOL 工具箱解方程的过程是确定待解的偏微分方程、确定边界条件、确定方程所在的几何形状、划分有限元和解方程的过程。归纳起来可以分为建立求解模型、求解域划分网格和模型求解三个步骤。

① 建立求解模型 通过对 PDETOOL 工具箱中三个基本 PDE 的比较，结合它们的应用范围，本节选用抛物线模型方程来模拟气体扩散情形。通过对生产工艺的分析，建立求解模型。

建立求解模型后，需要确定边界条件才能对 PDE 进行求解，在 PDE 中边界条件分为 Dirichlet 条件和 Neumann 条件。

Dirichlet 条件：$hu=r$

Neumann 条件：$n(c\nabla u)+qu=g$

式中，n 是求解域上的单位外法向矢量；g，q，h 和 r 是定义在求解域上的函数，对于抛物线模型方程系数 g，q，h 和 r 可以依赖于时间。

根据生产的实际情况，结合 PDE 边界条件的物理意义，确定求解域内各个边界的边界条件。

② 求解域划分网格 对求解域划分网格就是把整个的求解范围分割成一个个比较小的空间，为下一步利用有限元法在这些小的范围内求解作准备。PDETOOL 工具箱具有自动划分网格的功能，在 PDETOOL 工具箱的菜单选项里点击 Mesh 菜单中的 Initialize Mesh 命令就可以对求解域进行网格划分，选择 Mesh 菜单中的 Refine Mesh 命令可以对网格加密。

③ 模型求解 模型求解就是在建立求解模型和求解域划分网格的基础之上，利用有限元法对选定的 PDE 进行求解，得到方程的数值解。选择 Solve 菜单中 Solve PDE 命令，解 PDE 并显示图形。

10.2.4 实例应用

本节分别选取乙炔发生装置中，单台和两台乙炔发生器为研究对象，把三维的乙炔发生器简化成二维图形，分别从乙炔发生器的正前方和正上方研究乙炔气扩散情况。

(1) 单台乙炔发生器乙炔气扩散情况

利用 PDETOOL 工具箱里的绘图功能建立求解域模型，选取 Mesh 菜单中的 Initialize Mesh 命令和 Refine Mesh 命令分别对求解域模型进行网格的划分和网格的加密，网格划分完成后的求解域如图 10-14 和图 10-15 所示。

在利用乙炔泄漏模型得到的初始参数的基础之上，分析研究求解域模型各个边界的物理意义。选取边界，单击 Boundary 菜单中 Specify Boundary Conditions 选项，打开 Boundary Conditions 对话框，设定求解域的边界条件。

通过对气体扩散方程和 PDETOOL 工具箱提供的 3 个 PDE 的比较，选取抛物线模型方程为求解模型。选择 PDE 菜单中 PDE Mode 命令，进入 PDE 模式。单击 PDE 菜单中 PDE Specification 选项，打开 PDE Specification 对话框，设置抛物线模型方程参数。

选择 Solve 菜单中 Solve PDE 命令，解偏微分方程并显示图形解。选择 Plot 菜单中 Plot Selection 命令可以对求解结果进行处理，显示结果的矢量图、等值线图和带箭头的矢量图

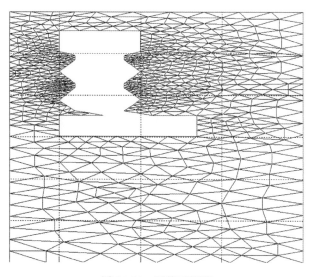

图 10-14　网格正视图

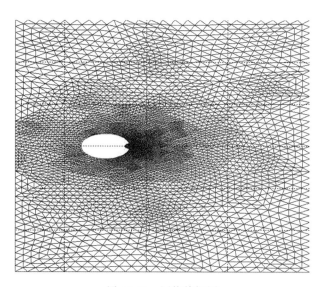

图 10-15　网格俯视图

等，泄漏乙炔气扩散 10s 后浓度分布等值线图分别如图 10-16 和图 10-17 所示，扩散 1000s 后浓度分布等值线图分别如图 10-18 和图 10-19 所示。

根据计算结果可知，泄漏点处的乙炔气浓度是最高的，跟乙炔发生器下储斗内的乙炔气浓度一样，达到了 77%。由于乙炔发生器本身作为障碍物对乙炔气扩散的阻挡作用，泄漏口同侧的乙炔气浓度要比另一侧的乙炔气浓度高。泄漏发生 10s 后，距泄漏点同侧 0.5m 和 1m 处的乙炔气浓度分别为 66% 和 60% 左右。距泄漏点另一侧 0.5m 和 1m 处的乙炔气浓度为 45% 左右。对比泄漏发生 10s 时和 1000s 时的乙炔气扩散情况，泄漏口附近乙炔气的浓度变化不大，但是由于扩散的进行，距泄漏口较远的位置乙炔气的浓度都有所增加，乙炔气的扩散使得计算区域内各个位置上的乙炔气浓度的差别变小。乙炔气的爆炸极限是 2.5% ～ 80%，爆炸范围很宽，所以整个计算区域内都有爆炸危险。乙炔气是微毒气体，能引起眩

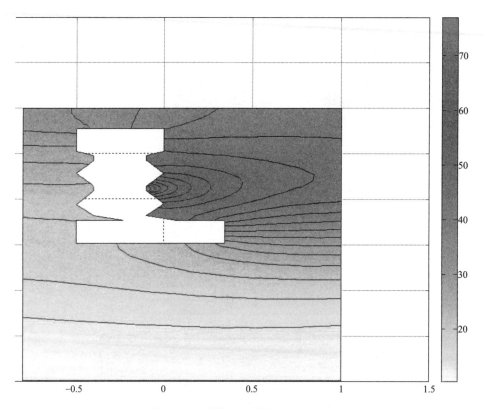

图 10-16　扩散 10s 时等高线正视图

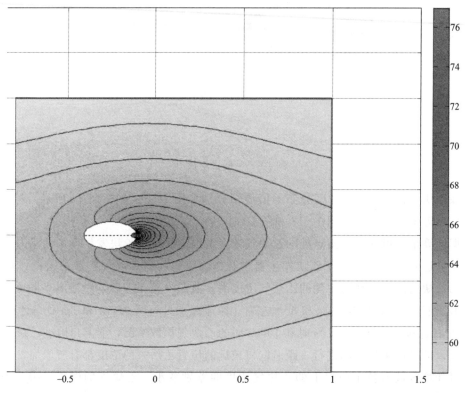

图 10-17　扩散 10s 时等高线俯视图

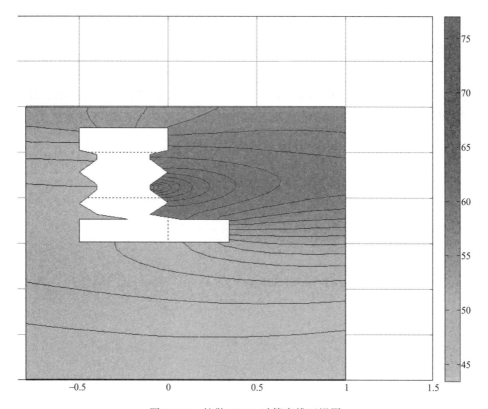

图 10-18　扩散 1000s 时等高线正视图

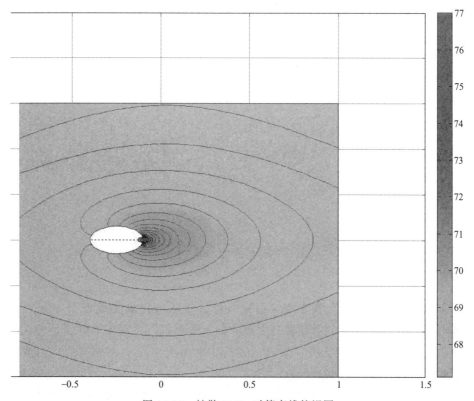

图 10-19　扩散 1000s 时等高线俯视图

晕、单纯性窒息等症状，所以泄漏口附近的区域更危险一些。

（2）双台乙炔发生器乙炔气扩散情况

在实际的乙炔生产流程中，乙炔发生工段一般都会包括多台乙炔发生器。乙炔发生器作为障碍物会对乙炔气的扩散产生影响，所以只研究单台发生器的乙炔气泄漏的扩散情况是不能全面展示生产中乙炔气泄漏扩散情形的，本节在对单台发生器乙炔泄漏扩散的基础之上，进一步研究了双台乙炔发生器乙炔泄漏扩散的情形。

利用 PDETOOL 工具箱里的绘图功能建立双台乙炔发生器求解域模型，对求解域模型进行网格的划分和网格的加密，网格划分完成后的求解域如图 10-20 和图 10-21 所示。

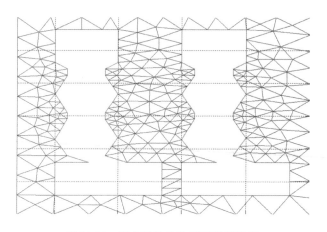

图 10-20　双台乙炔发生器网格正视图

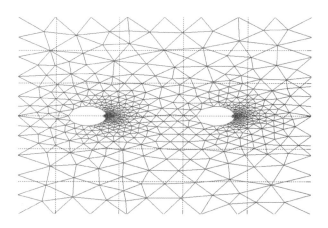

图 10-21　双台乙炔发生器网格俯视图

设定双台乙炔发生器求解域模型的边界条件，依然选择抛物线模型方程求解。选择 Solve 菜单中 Solve PDE 命令，解偏微分方程并显示图形解，并对图形解作处理，泄漏乙炔气扩散 10s 后浓度分布等值线图分别如图 10-22 和图 10-23 所示，扩散 1000s 后浓度分布等值线图分别如图 10-24 和图 10-25 所示。

根据计算结果可知，两台乙炔发生器泄漏点处的乙炔气浓度是最高的，跟乙炔发生器下

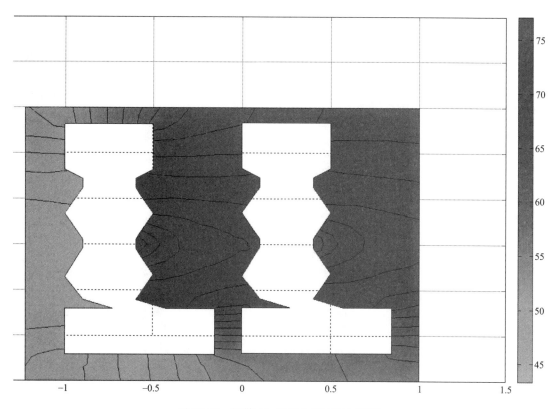

图 10-22　扩散 10s 时双台等高线正视图

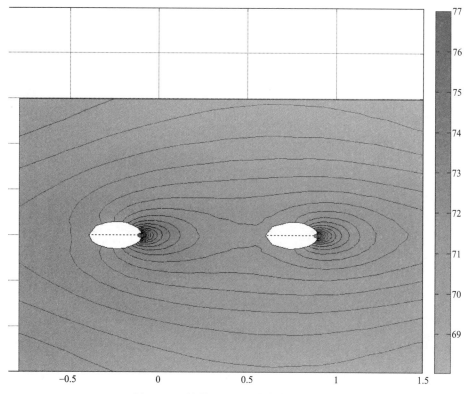

图 10-23　扩散 10s 时双台等高线俯视图

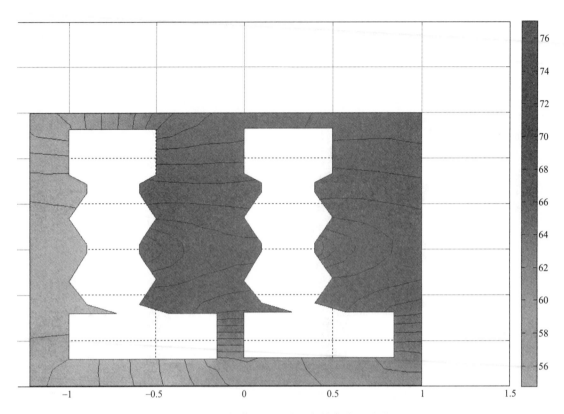

图 10-24　扩散 1000s 时双台等高线正视图

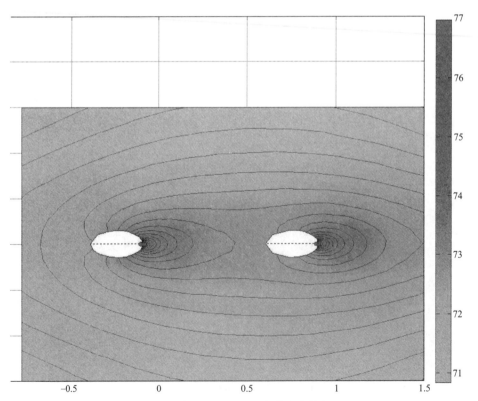

图 10-25　扩散 1000s 时双台等高线俯视图

储斗内的乙炔气浓度一样，达到了 77%。由于乙炔发生器本身作为障碍物对乙炔气扩散的阻挡作用，两个发生器泄漏口同侧的乙炔气浓度要比左边发生器另一侧的乙炔气浓度高。泄漏发生 10s 后，距泄漏点同侧 0.5m 处的乙炔气浓度为 70% 多。距左边发生器泄漏点另一侧 0.5m 处的乙炔气浓度为 45% 左右。对比泄漏发生 10s 时和 1000s 时的乙炔气扩散情况，泄漏口附近乙炔气的浓度变化不大，但是由于扩散的进行，距泄漏口较远的位置乙炔气的浓度都有所增加，乙炔气的扩散使得计算区域内各个位置上的乙炔气浓度的差别变小。

对比单台乙炔发生器和双台乙炔发生器的计算结果可知，由于另一台乙炔发生器的存在增加了泄漏乙炔气向泄漏点另一侧扩散的阻碍作用，使泄漏的乙炔气长时间聚集在泄漏口附近，增大了发生器两侧乙炔气浓度的差别。所以，与单台乙炔发生器相比，双台乙炔发生器情况下泄漏口附近乙炔气浓度增加，更容易发生乙炔中毒事故。

本章小结

本章提出了一种基于长短期记忆网络的动态定量风险评估方法。以工艺合成氨的 9 种异常工况为案例，证明了该方法可以捕捉工艺中的潜在事故，提出的控制方案更加安全、可靠。针对合成氨工艺的高压管道介绍了定量风险计算中喷射火辐射热通量和人员致死率的计算，首先通过 Aspen Dynamics 模拟了 9 种异常工况的泄漏数据集，3 种类型的工况为训练集，其余 6 种为测试集，搭建动态数据集。然后通过正交试验的思路确定 LSTM 网络的超参数，经过三因素三水平的实验，确定选用 Sigmoid 激活函数，网络层节点数 30，batch size 100，预测结果表明，LSTM 对测试集风险变量预测的平均 MAPE 仅为 0.6356%。进而引入风险矩阵，通过危害严重性计算和事件频率确定 E105 冷却水失效，D101 和 D102 液位控制器失效的风险等级较高。通过动态危害模拟得出，E105 冷却水失效引起的喷射火热通量（$4kW \cdot m^{-2}$）在 2h 内扩展到 31.1m 的范围，D101 控制器失效在泄漏初期的危害较大，30min 内达到 18.5m 的范围。最终，针对高风险工况提出了对应的安全控制方案，包括安装用于控制器失效的警报和气体检测设备，以及添加用于冷却水失效的分支阀，通过动态模型，证明了提出的安全方案可以实现对异常工况的稳定控制。

此外，本章还介绍了 CFD 的基本方程和机理，应用 CFD 的数值算法，并借助于 MAT-LAB 软件计算出了模拟气体扩散的偏微分方程的数值解，运用 MATLAB 的 PDETOOL 工具箱对数值解进行可视化的处理。结合乙炔生产的实际情况，本章选择从乙炔发生器的正上方和正前方分别对单台和双台乙炔发生器乙炔泄漏情况进行研究，得到了乙炔气泄漏扩散随时间变化的云图、矢量图和等值线图。

参考文献

[1]　Zhe Cui, Wende Tian, Xue Wang, et al. Safety Integrity Level of Fluid Catalytic Cracking Fractionating System based on Dynamic Simulation. Journal of the Taiwan Institute of Chemical Engineers, 2019, 104: 16-26.

[2]　Wende Tian, Tingzhao Du, Shanjun Mu. HAZOP analysis-based dynamic simulation and its application in chemical processes. Asia-Pacific Journal of Chemical Engineering, 2015, 10（6）: 923-935.

[3]　Wende Tian, Nan Liu, Dongwu Sui, et al. Early warning of internal leakage in heat exchanger network based

on dynamic mechanism model and long short-term memory method. Processes, 2021, 9: 378.

［4］ Liu J Y, Fan Y Q, Zhou K B, et al. Prediction of Flame Length of Horizontal Hydrogen Jet Fire during High-pressure Leakage Process. Procedia Engineering, 2018, 211: 471-478.

［5］ 沙锡东，姜虹 . LPG 喷射火灾危害的研究和分析 . 工业安全与环保，2010, 36（11）: 46-48.

［6］ 黄家友，陈燎原 . MATLAB 语言在对流-扩散问题中的简单应用 . 煤矿机械，2004,（6）: 56-58.

［7］ 艾唐伟，徐小贤，王洪 . MATLAB 在危险气体扩散模拟分析中的应用 . 工业安全与环保，2009, 35（3）: 24-26.

［8］ 吴笑，龙长江 . 安全评价中的气体扩散模型及应用 . 工业安全与环保，2005, 31（8）: 50-51.